计算机类技能型理实一体化新形态系列

信息技术基础

（微课版）（第2版）

主　编　王　俏　万继平
副主编　辛丹丹　孙一铭

清华大学出版社
北　京

内 容 简 介

本书是根据《高等职业教育专科信息技术课程标准（2021 年版）》编写，是一本校企联合开发的适合职业院校学生学习掌握信息技术基础应用的教材，同时能够为学习者提供综合性学习支持。本书从计算机基础结构、安全、配置优化等内容讲起，包括图文处理技术、电子表格技术、演示文稿制作、信息检索技术、新一代信息技术简介（包括物联网、云计算、区块链、人工智能等知识），同时还介绍了使用信息技术过程中应具备的职业素养。本书采用"项目引领、任务驱动"的组织模式，全书分为 7 个项目，采用"任务知识点→任务描述→知识与技能→任务实现→任务小结→职场赋能→习题小测"的编写模式，将工作场景中常用信息技术进行有机整合，使知识生动有趣且具有较高的实用性，既能满足信息素养教育提升，又能作为专升本、等级考试的教学参考。

本书不仅可供职业教育阶段学生使用，也可供对信息技术有兴趣的读者参考学习。

图书在版编目（CIP）数据

信息技术基础：微课版 / 王俏，万继平主编. 2 版. -- 北京 ：清华大学
出版社，2025. 8. --（计算机类技能型理实一体化新形态系列）. -- ISBN
978-7-302-69785-5

Ⅰ. TP3

中国国家版本馆 CIP 数据核字第 2025JS7725 号

责任编辑：张龙卿
封面设计：刘代书　钟明哲
责任校对：袁　芳
责任印制：刘　菲

出版发行：清华大学出版社
　　　　　网　　　址：https://www.tup. com. cn，https://www. wqxuetang. com
　　　　　地　　　址：北京清华大学学研大厦 A 座　　　邮　　编：100084
　　　　　社　总　机：010-83470000　　　　　　　　　邮　　购：010-62786544
　　　　　投稿与读者服务：010-62776969，c-service@tup. tsinghua. edu. cn
　　　　　质量反馈：010-62772015，zhiliang@tup. tsinghua. edu. cn
　　　　　课件下载：https://www. tup. com. cn，010-83470410
印 装 者：大厂回族自治县彩虹印刷有限公司
经　　销：全国新华书店
开　　本：185mm×260mm　　　　　印　　张：18　　　　　字　　数：434 千字
版　　次：2022 年 8 月第 1 版　2025 年 8 月第 2 版　　印　　次：2025 年 8 月第 1 次印刷
定　　价：54.00 元

产品编号：112907-01

前　言

信息技术应用能力是职业教育必备基础,是职业院校毕业生适应社会岗位要求的必备素养。与此同时,数字化已成为推动经济社会转型与升级的核心力量,信息技术驱动的数字技术,为构建创新型国家、制造强国、网络强国、数字中国以及智慧社会提供了坚实的支撑。数字经济持续繁荣,信息技术日新月异,这对职业院校毕业生提出了更高、更多的信息素养标准和要求。

为深入贯彻党的教育方针,切实履行立德树人的根本职责,满足国家信息化发展战略对人才培养的需求,我们围绕高等职业教育专科各专业对信息技术学科核心素养的培养目标,结合国家教学标准要求,设计了最为基础实用的学习内容。通过理论与实践相结合的教学方式,锻炼学生基础信息技术应用能力,特别是信息获取、处理、交流及应用能力,培养其信息素养,树立基本的信息道德观念和行为规范,为学生职业发展、终身学习及社会服务奠定坚实的基础。

第 2 版在第 1 版的基础上进行了大幅修订,弱化了理论讲解,加强了案例实训操作。全书内容划分为 7 个项目,全面覆盖新课标要求,确保知识达标、技能规范。以 Windows 和 Office 作为基本应用环境进行编排,涵盖了计算机使用、文档处理、电子表格处理、演示文稿制作、信息检索、新一代信息技术概览以及信息素养与社会责任等各专业都适合的基本信息技能。在编写过程中,我们注重项目引领、工学结合的“理实一体化”教学模式的实施,所有知识点和技能点均以项目形式组织,通过实践训练,使学习者获得直观的学习体验。同时,采用案例导入模式,将工作场景、信息技术与行业知识紧密结合,形成连贯的学习环节,逐步提升学生的知识和技能水平。

为了更好地提供企业真实案例,我们联合了青岛中天信通物联科技有限公司、烟台大数据中心等企事业单位共同编写,对书中案例的应用场景进行实地调研和论证。同时为了满足理论知识体系学习的需要,我们提供了图文并茂、资源丰富的电子活页内容,便于师生学习,且能够随时进行更新。教材配备二维码学习资源,实现纸质教材与数字资源的无缝对接,方便学生随时随地学习。此外,还提供了 PPT 课件、电子教案、微课视频等配套资源,可在清华大学出版社网站免费获取。

本书由王俏、万继平担任主编,辛丹丹、孙一铭担任副主编。陈守森教授审阅了全书,对全书编写过程提供了指导。高雨、郑贺权、刘晓英、杨福燕、兰秀霞、侯俊芳、马薇薇、孙昕、左洁、何玮红、孙晓静、姜颖、洪诚、赵元元、李颖、张岭松、刘涛、高婷婷、王蕾等教师参与了编写。

本书编写过程中,多位行业专家和企业专家给予我们具体的指导。本书的编写工作得到有关高校的大力支持。编写团队还广泛参阅了很多同类教材和参考资料,在此一并表示感谢。

鉴于编者水平有限,书中不足之处在所难免,恳请同行专家提出宝贵意见。

编 者

2025 年 2 月

目　录

项目 1　使用计算机

随着计算机教育的普及和计算机技术的快速发展,社会对信息的需求越来越大,同时也对人们的信息处理能力提出了更高要求。计算机是处理信息的基本工具,计算机系统包括硬件系统和软件系统,熟悉软硬件系统,是当前每名大学生必备技能。本项目以计算机的使用为主要任务,分解成计算机体系架构、Windows 10 操作系统、文件和文件夹操作、系统安全 4 个任务,通过 4 个任务掌握相关知识和技能。

思维导图

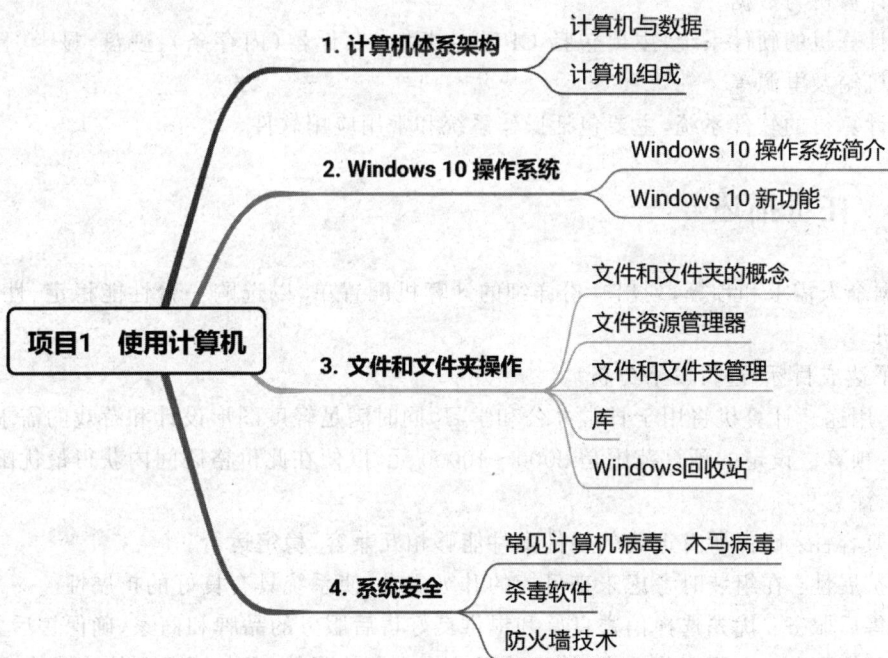

知识目标

- 理解信息、数据、信息技术、信息社会、计算机文化等基础概念。
- 掌握计算机中数据的表示、存储与处理的原理和方法。
- 了解计算机系统的组成及其主要技术指标。
- 掌握 Windows 10 操作系统的基本知识。
- 理解 Windows 10 文件和文件夹的基本概念,并掌握相关操作。
- 了解密码技术、防火墙技术、反病毒技术等信息安全技术的概念和基本原理。

技能目标

- 熟练进行 Windows 10 操作系统的基本操作。
- 高效进行文件和文件夹的管理,包括创建、复制、移动、删除等。
- 熟练应用基本的信息安全技术,如设置密码,使用防火墙和反病毒软件。

素质目标

- 重视信息安全,认识到保护个人和组织信息安全的重要性。
- 形成持续学习信息技术和计算机文化知识的习惯。
- 在面对信息技术和信息安全问题时能够进行批判性思考。

任务 1.1　计算机体系架构

1.1.1　任务知识点

- 计算机与数据。
- 计算机的硬件系统,主要包括 CPU、主板、内存储器(内存条)、硬盘、显卡、显示器、机箱及电源等。
- 计算机的软件系统,主要包括操作系统和常用应用软件。

1.1.2　任务描述

根据个人需求和预算,列出一份详细的计算机配置单,以选购一台性能稳定、性价比高的计算机。

为了达成目标,进行以下分析。

(1)用途。计算机将用于日常办公和学习,同时满足轻度图形设计和游戏的需求。

(2)预算。设定的预算范围是 8000~10000 元,以便在此价格区间内获得最优配置。

(3)注意事项。

① 兼容性:确保所有选购的硬件配件能够相互兼容,稳定运行。

② 扩展性:在组装时考虑未来可能的升级需求,使系统具有良好的扩展性。

③ 售后服务:优先选择信誉良好和提供良好售后服务的品牌和商家,确保售后无忧。

④ 预算控制:在预算范围内,精心选择性价比高的配件,避免不必要的浪费。

(4)提交要求。以表格形式详细列出计算机配置的各个部件和相关信息。

通过这样的分析,可以确保计算机配置既符合使用需求,又在预算范围内,同时具有良好的兼容性、扩展性和售后服务。

1.1.3　知识与技能

计算机作为当今社会不可或缺的一部分,它不仅改变了我们的生活方式,也极大地推动了社会的发展。计算机让信息处理速度大幅提升,数据存储更加便捷。它可以让人们快速获取各类信息。无论是个人日常事务处理还是机构的业务运转,都能在计算机的帮助下更有序、高效地推进。计算机技术还在不断更新,将会持续为社会各方面提供更多支持和帮助。

1. 计算机与数据

随着信息技术的发展,计算机已成为现代社会不可或缺的一部分,深刻地改变了我们的生活方式和工作模式。接下来,将探讨信息技术和计算机文化的基础知识,以及计算机中数据的表示、存储与处理方式。

1) 信息技术

信息技术(information technology,IT)利用计算机和通信技术来管理和处理信息。在当今社会,信息技术已广泛应用于商业、教育和娱乐等领域,其核心在于有效获取、存储、处理和传输信息,以更好地服务于人类需求。

2) 信息和数据

信息是任何可以被接收并引起认知变化的符号或消息,如文本、图像等。数据则是未加工的信息,它是构成信息的基本单元。数据可以是原始的、未经解释的事实或数值,只有通过处理和分析,数据才能转化为有意义的信息。

3) 计算机文化

计算机文化是指使用计算机和信息技术过程中形成的一种文化现象,它不仅涉及技术层面的操作和使用,还包括了对技术的理解、对信息伦理的认识等方面。

4) 计算机中数据的表示、存储与处理

(1) 数据的表示。数据在计算机中以二进制形式存在,二进制由 0 和 1 组成,简单且易于实现。每个比特(bit)代表一个二进制数字,8 个比特组成 1 字节(Byte)。

(2) 数据的存储。数据存储包括内存和外部存储。内存用于临时存储,访问速度快但容量小且断电后数据丢失;外部存储如硬盘、固态硬盘,容量大但访问速度较慢。

(3) 数据的处理。数据的处理包括运算、逻辑操作等,数据被加载到内存中,由 CPU 处理,处理后的数据可再次存储或写入外部存储设备。

计算机的数据处理能力非常强大,能够快速地执行复杂的算法和大量的计算。然而,随着技术的进步,我们也面临着数据安全和隐私保护的新挑战。在享受信息技术带来的便利的同时,也需要重视数据的合法合规使用,尊重他人的知识产权和个人隐私,确保技术的健康发展。

2. 计算机组成

计算机系统通常由硬件系统和软件系统两大部分组成,如图 1-1 所示。硬件系统和软件系统是一个有机的综合体,是组成计算机系统两个不可分割的部分,彼此相辅相成、缺一不可。

1) 硬件系统

计算机的硬件系统是看得见、摸得着的物理实体,是计算机进行工作的物质基础。随着计算机功能的不断增强,应用范围的不断扩展,计算机硬件系统也越来越复杂,但是其基本组成和工作原理还是大致相同的。

至今,计算机硬件体系结构基本上还是采用冯·诺依曼结构,即由运算器、控制器、存储器、输入设备和输出设备五大部件组成,其中运算器和控制器构成了中央处理器(CPU)。

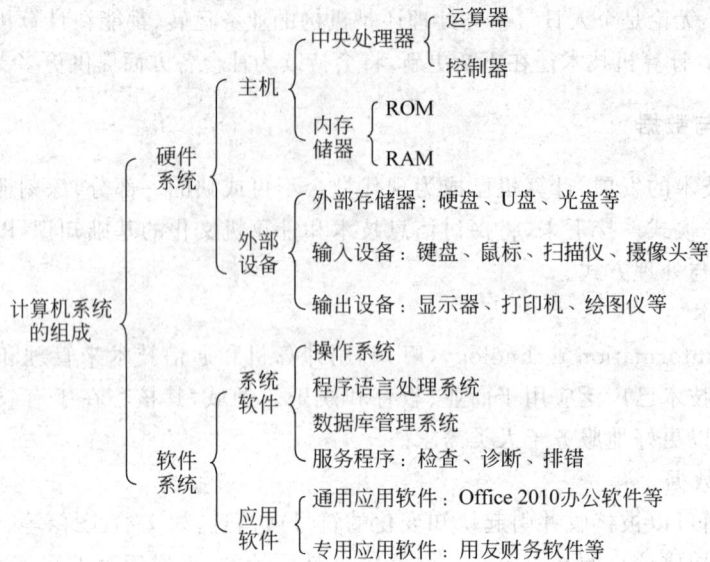

图 1-1　计算机系统的组成

它们之间的关系如图 1-2 所示,其中细线箭头表示由控制器发出的控制信息的流向,粗线箭头为数据信息的流向。冯·诺依曼结构的基本思想是程序存储和程序控制,即程序和数据一样进行存储,然后按程序编排的顺序一步一步地取出指令,自动完成指令规定的操作。

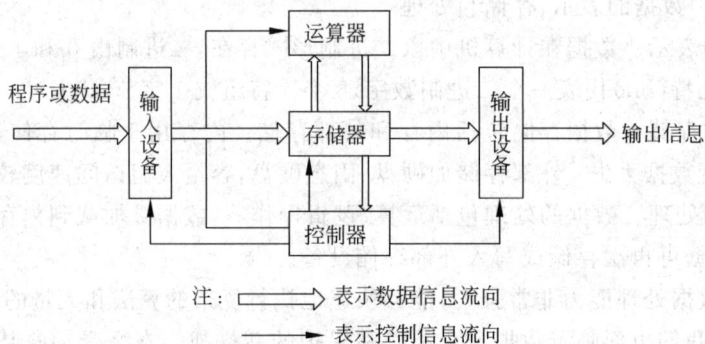

注: ⟹ 表示数据信息流向
　　 → 表示控制信息流向

图 1-2　计算机硬件体系结构之间的关系

常见的计算机硬件设备主要有以下几种。

(1) 中央处理器。中央处理器(CPU)是计算机最核心的部件,负责统一指挥、协调计算机所有的工作,它的速度决定了计算机处理信息的能力,其品质的优劣决定了计算机的系统性能。中央处理器由运算器和控制器组成。目前市面上流行的品牌主要有 Intel、AMD、VIA(威盛)等。下面我们来看看衡量微处理器性能的主要参数指标。

① 主频。主频是微处理器内部时钟工作频率(内核频率)的简称,是微处理器内核电路的实际运行频率。主频越高意味着微处理器的运行速度越快。现在微处理器主频的单位已经由 MHz(兆赫兹,就是每秒完成一百万次操作)发展到以 GHz(千兆赫兹)为标准单位了。

② 高速缓存。高速缓存又叫 cache,是位于微处理器与内存之间的临时存储器。高速缓存是微处理器性能表现的关键之一,在微处理器核心不变化的情况下,增加高速缓存容量能使微处理器性能大幅提高。

③ 字长。字长(也称为数据总线宽度)是微处理器一次能够同时运算的二进制数的最大位数。其他性能参数相同时,微处理器的字长值越大,功能就越强,运算速度也越快。

目前微处理器的生产商还通过在芯片内集成更多的处理核心、采用多线程技术和内置针对多媒体处理的指令集等方法来提高微处理器的执行效率。

一款微处理器的规格描述:"Intel Core i7 11700K 八核十六线程微处理器(3.6GHz/16MB 高速缓存)"。这些参数代表什么含义呢?这里 Intel 是指微处理器由 Intel(英特尔)公司生产的;Core 代表"Intel 酷睿产品系列";i7 11700K 是微处理器的型号,其中 11 表示是第 11 代微处理器;"八核十六线程"是指微处理器内集成了 8 个处理核心,同时可以有16 个线程处理任务;3.6GHz 表示微处理器的主频是 3.6GHz;16MB 高速缓存代表微处理器内置了 16MB 的高速缓存。图 1-3 所示的是一颗 Intel Core i7 微处理器的正背面。

图 1-3　Intel Core i7 微处理器的正背面

(2) 主板。主板(mainboard)(图 1-4)是计算机中最大的电路板,相当于计算机的躯干,是计算机最基本、最重要的部件之一。主板为中央处理器、内存条、显卡、硬盘、网卡、声卡、鼠标、键盘等部件提供了插槽和接口,计算机的所有部件都必须与它结合才能运行,它对计算机所有部件的工作起着统一协调的作用。目前,大部分主板上都集成了声卡和网卡,部分主板还集成了显卡。常见主板品牌有华硕、技嘉、微星、精英、七彩虹等。

图 1-4　主板

(3) 内存储器(内存条)。内存储器(图 1-5)是计算机的记忆中心,主要用于存放当前计算机运行所需的临时程序和数据。根据作用不同,内存储器分为只读存储器(ROM)和随机

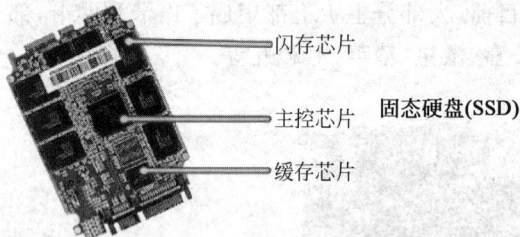

图 1-5　内存储器

存储器(RAM)。只读存储器只能读取而不能写入信息,断电或关机后存储的信息不会丢失;随机存储器既可读取又可写入信息,但断电或关机后存储的信息会丢失。常见的内存条品牌有三星、金士顿、威刚、现代、宇瞻等。

存储器的存储容量的基本单位为字节,用大写 B(Byte)表示;还有一个是小写 b(bit),表示信息的最小单位。它们之间的关系是:1Byte＝8bit。由于存储器的容量一般都较大,因此常用 KB、MB、GB、TB 等来表示。

$$1KB=2^{10}B=1024B$$

$$1MB=2^{20}B=1024\times1024B=1048576B=1024KB$$

$$1GB=2^{30}B=1024\times1024\times1024B=1024MB$$

$$1TB=2^{40}B=1024\times1024\times1024\times1024B=1024GB$$

(4) 硬盘。硬盘(hard disk)(图 1-6)是计算机中最重要的数据存储设备,计算机中的文件都存储在硬盘中。硬盘通常被固定在主机箱内部,其性能直接影响计算机的整体性能。其特点是速度快、容量大、可靠性高。硬盘分为固态硬盘(SSD)、机械硬盘(HDD)、混合硬盘(SSHD),固态硬盘速度最快,混合硬盘次之,机械硬盘最差。常见硬盘接口分为 IDE、SATA、SCSI 和光纤通道 4 种,SATA 接口又有 3.0 和 2.0 及 1.0 版本,SATA 3.0 速度高于 SATA 2.0。转速通常为 7200 转/分钟,容量一般有 500GB、1TB、2TB、3TB 等。常见硬盘品牌有希捷、西部数据等。

(5) 显卡。显卡又称显示卡(video card),是计算机中一个重要的组成部分(图 1-7),承担输出显示图形的任务。对于喜欢玩游戏和从事专业图形设计的人来说,显卡非常重要。显卡内置的并行计算能力现阶段也用于深度学习等方面。

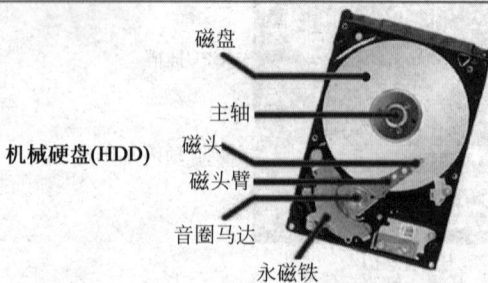

图 1-6　硬盘

图 1-7　显卡

显卡是插在主板上的扩展槽里的(一般是 PCI-E 插槽)。它主要负责把主机向显示器发出的显示信号转化为一般电器信号,使显示器能明白计算机在让它做什么。显卡主要由显卡主板、显示芯片、显示存储器、散热器(散热片、风扇)等部分组成。

显示芯片(video chipset)是显卡的主要处理单元,因此又称为图形处理器(graphic processing unit,GPU)。主流显卡的显示芯片主要由 NVIDIA(英伟达)和 AMD(超威半导体)两大厂商制造,通常将采用 NVIDIA 显示芯片的显卡称为 N 卡,而将采用 AMD 显示芯片的显卡称为 A 卡。显卡上也有和计算机存储器相似的存储器,称为"显示存储器",简称显存。

影响显卡性能高低的主要因素有显卡频率、显示存储器等性能指标。频率越高,显存越大,显卡性能越好。

(6)显示器。显示器是计算机最重要的输出设备,通过显示器能方便地查看输入的内容和经过计算机处理后的各种信息。它可以分为 CRT、LCD、LED、OLED 等多种类型。

CRT 显示器是一种使用阴极射线管(cathode ray tube)的显示器。它主要由五部分组成:电子枪、偏转线圈、荫罩、荧光粉层及玻璃外壳。CRT 显示器由于体积笨重、能耗高,目前已经退出市场。

LCD 显示器即液晶显示器(liquid crystal display)。它的优点有机身薄、占地小和辐射小。LCD 显示器内部有很多液晶粒子,它们有规律地排列成一定的形状,并且它们每一面的颜色都不同,分为红色、绿色和蓝色。这三原色能还原成任意的其他颜色。当显示器收到显示数据时,会控制每个液晶粒子转动到不同颜色的面,从而组合成不同的颜色和图像。也因为这样,LCD 显示器的缺点有色彩不够艳和可视角度不大等。

LED 显示器是一种通过控制半导体发光二极管(light-emitting diode)的显示方式来显示文字、图形、图像、视频等各种信息的设备。LED 显示器集微电子技术、计算机技术、信息处理技术于一体,以其色彩鲜艳、动态范围广、亮度高、寿命长、工作稳定可靠等优点,成为最具优势的新一代显示设备。目前,LED 显示器已广泛应用于大型广场、体育场馆、证券交易大厅等场所,可以满足不同环境的需要。

OLED 显示器是利用有机发光二极管(organic light-emitting diode)制成的显示屏。OLED 显示屏由于同时具备自发光,无须背光源、对比度高、厚度薄、视角广、反应速度快、可用于挠曲性面板、使用温度范围广、构造及制程较简单等优异特性,被认为是下一代的平面显示器新兴应用技术。

显示器的选购参数主要有屏幕尺寸、分辨率、屏幕比例和接口类型等。屏幕尺寸是指显示器屏幕对角线的长度;屏幕分辨率是指纵横向上的像素点数。屏幕分辨率确定计算机屏幕上显示多少信息,以水平和垂直像素来衡量。相同大小的屏幕而言,当屏幕分辨率低时,在屏幕上显示的像素少,单个像素尺寸比较大。屏幕分辨率高时,在屏幕上显示的像素多,单个像素尺寸比较小。屏幕比例是指屏幕画面纵向和横向的比例,又名纵横比或者长宽比,常见的比例有 4:3、5:4、16:10、16:9、21:9。一个好的显示器,要想画质好,不仅需要显卡支持,也由显示器的接口所决定。好的接口能带来好的画质,显示器接口有很多种,市场常见的显示器接口类型排名(按清晰度):DP>HDMI>DVI>VGA(图 1-8)。

(7)机箱及电源。机箱是计算机的外壳,从外观上可分为卧式和立式两种。机箱一般包括外壳,用于固定软硬盘驱动器的支架,面板上必要的开关、指示灯等。配套的机箱内还有电源,稳定的电源可以为计算机各个电子元件提供稳定的电压以及电流,并且在选购时最好预留一定额度的功率,这样为将来增加硬盘数量或者其他设备提供升级空间。

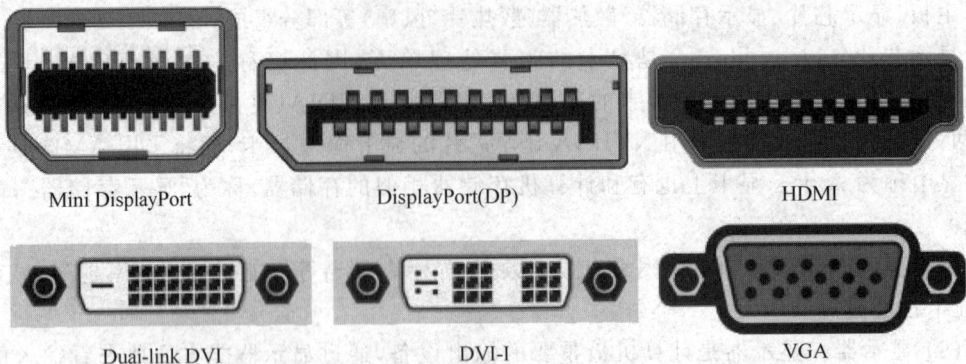

Mini DisplayPort　　　　　DisplayPort(DP)　　　　　HDMI

Duai-link DVI　　　　　　DVI-I　　　　　　VGA

图 1-8　显示器接口

2）软件系统

一台没有软件而只有硬件的计算机是无法正常工作的,必须为计算机安装软件系统,它才能正常工作。

计算机软件系统包括系统软件和应用软件两类。系统软件的任务是控制和维护计算机的正常运行,管理计算机的各种资源。而应用软件则是帮助用户处理实际任务的,我们可以使用应用软件播放视频、处理照片或编写论文。系统软件与应用软件又分成很多子类,如图 1-9 所示。

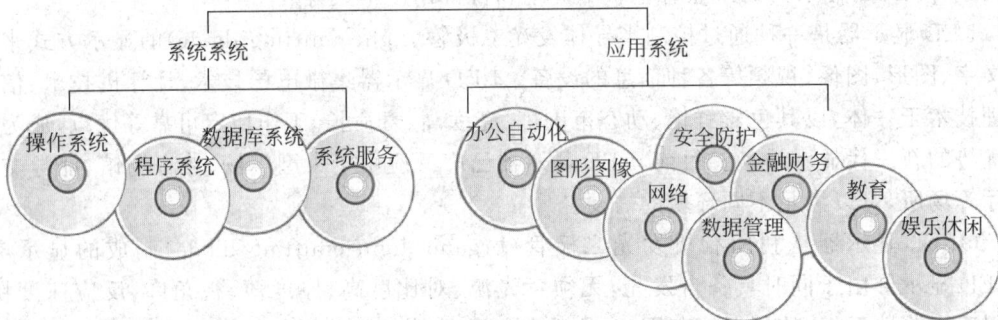

图 1-9　计算机的软件分类

（1）操作系统。系统软件的核心是操作系统。操作系统是用来控制和管理计算机系统的硬件资源和软件资源的组织者和管理者。它在用户和程序之间分配系统资源,为用户访问计算机提供了工作环境,并使之协调一致地、高效地完成各种复杂的任务,每个用户都是通过操作系统来使用计算机资源的。例如,程序执行前必须获得内存资源才能将程序装入内存;程序执行时要依靠处理器完成算术运算和逻辑运算;执行过程中可能还要使用外部设备输入原始数据和输出计算结果。操作系统会根据用户的需要合理而有效地进行资源分配。操作系统既是用户和计算机的接口,也是计算机硬件和其他应用软件的接口。计算机系统的层次结构如图 1-10 所示。

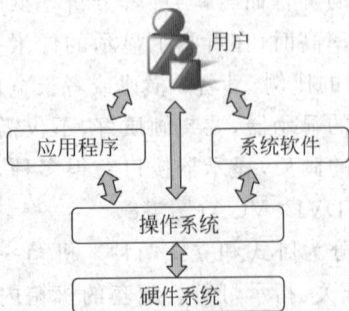

图 1-10　计算机系统的层次结构

（2）个人计算机操作系统。平时使用的桌面计算机或便携式计算机类设备都安装有操作系统，下面来看看这些操作系统都有什么不同，各有哪些优势和劣势。

① 微软的 Windows 系列。目前大部分的个人计算机都安装了微软的 Windows 操作系统。1985 年，美国微软公司（Microsoft）研发出 Windows 操作系统。最初的研发目标是在 MS-DOS 的基础上提供一个多任务的图形用户界面。之后微软不断更新升级整个系统，提升它的易用性，使 Windows 成了应用最广泛的操作系统。

早期的 MS-DOS 系统在使用时需要输入指令，而 Windows 采用了更为人性化的图形用户界面（GUI）。Windows 的架构从最开始的 16 位、32 位升级到 64 位，系统版本也从 Windows 1.0 更新到 Windows 95、Windows 98、Windows 2000、Windows XP、Windows Vista、Windows 7、Windows 8、Windows 8.1、Windows 10、Windows 11 和 Windows Server 服务器企业级操作系统。移动端设备还经历过 Windows Mobile、Windows Phone 和 Windows 10 Mobile 等阶段，Windows 10 Mobile 是微软发布的最后一个手机系统，并已于 2019 年停止支持。

Windows 是目前使用最广泛的桌面操作系统，Windows 系统上运行的程序数量和多样性是其他任何操作系统都无法相比的。Windows 有着广大的硬件厂商和程序开发者的支持。现在微软为各种硬件平台推出了相应的 Windows 系统，也在努力使开发者开发的软件能在不同的硬件平台上都能运行。

Windows 系统有着广泛的用户基础，但也成为他人的首选攻击目标，Windows 系统是公认的最容易受到病毒、蠕虫或其他攻击侵扰的桌面操作系统。Windows 系统的稳定性也常常遭人诟病，其出现不稳定情况的频率往往要比其他操作系统高，不过从 Windows 7 系统开始，在稳定性方面较之前的 Windows 版本有所改善。

② 苹果的 macOS 系列。苹果公司是一家非常著名的电子科技产品生产商，苹果公司的产品既有计算机设备，也有其他电子科技产品。苹果公司为它的计算机产品提供的是 macOS 系列操作系统，后来为全触摸式平板计算机和智能手机专门开发了 iOS 系列操作系统。

苹果先于微软使用图形界面和鼠标，它的开发人员走在直观用户界面设计领域有不少探索前沿。苹果操作系统是被公认的易用、可靠而且安全的操作系统。

苹果操作系统上运行的软件与其他操作系统存在兼容性差异，这意味着很多我们非常熟悉的软件在苹果系统上可能无法正常运行。苹果桌面计算机的价格相对其他相同性能的 IBM PC 系列计算机价格会高一些。

③ Linux 系列。Linux 是一种开放源码操作系统，存在着许多不同的 Linux 版本。Linux 不仅系统性能稳定，而且是开源软件。使用者不仅可以直观地获取该操作系统的实现机制，而且可以根据自身需要来修改完善 Linux，使其最大化地适应用户需要。其核心防火墙组件性能高效、配置简单，保证了系统的安全。在很多企业网络中，为了追求速度和安全，Linux 不仅是被网络运维人员当作服务器使用，甚至当作网络防火墙使用，这是 Linux 的一大亮点。

Linux 以它的高效性和灵活性著称，Linux 模块化的设计结构，使它既能在价格昂贵的工作站上运行，也能在普通的个人计算机上运行。不过目前能在 Linux 上运行的程序相对比较有限，需要的修补程序较多，普通用户使用起来还不是很方便。

④ 谷歌的 Android 系统。Android 由谷歌公司推出,它是一种以 Linux 为基础的开放源代码操作系统,主要用于便携式计算机设备和智能手机。因为是开放式平台架构,所以它获得了很多移动设备生产商的支持。Android 目前在智能手机上的占有率是世界第一,遥遥领先于其他的智能手机操作系统。

⑤ 华为的鸿蒙系统。华为鸿蒙系统(Huawei HarmonyOS)是华为基于开源项目 OpenHarmony 开发的面向多种全场景智能设备的商用版本。华为鸿蒙系统是一款全新的面向全场景的分布式操作系统,创造一个超级虚拟终端互联的世界,将人、设备、场景有机地联系在一起,将消费者在全场景生活中接触的多种智能终端实现极速发现、极速连接、硬件互助、资源共享,用最合适的设备提供最佳的场景体验。

(3) 常用应用软件。配置一台计算机是为了完成多种任务,所以应用软件的类型也非常多,下面将介绍一些常用的应用软件。

① 办公自动化软件。办公软件主要是指能提高日常办公效率的应用软件。应用较为广泛的有微软公司开发的 Office 套装,它由文字处理软件 Word、电子表格 Excel、幻灯片演示软件 PowerPoint 等组成。类似软件还有金山公司的 WPS、IBM 的 Lotus 等软件。

② 图像图形处理软件。图形图像处理软件分为两大类:一类是擅长处理图像的 Adobe Photoshop,另一类是主要处理图形的 Adobe Illustrator 和 CorelDRAW 等软件。

③ 辅助设计软件。如机械和建筑辅助设计软件 AutoCAD、网络拓扑设计软件 Visio、电子电路辅助设计软件 Protel。

④ 网络应用软件。如网页浏览器软件 IE 和 Chrome、即时通信软件 QQ 和微信、网络下载软件 FlashGet 和迅雷。

⑤ 多媒体制作软件。有动画设计软件 Flash、音频处理软件 Audition、视频处理软件 Premiere、多媒体创作软件 Authorware 等。

⑥ 企业管理软件。国内比较知名的有用友、金蝶、速达、管家婆等。

⑦ 安全防护软件。有瑞星、火绒、卡巴斯基、360 安全卫士等。

⑧ 系统维护工具软件。如文件压缩与解压缩软件 WinRAR、系统管理软件 360 软件管家、磁盘克隆软件 Ghost、数据恢复软件 Easy Recovery Pro 等。

1.1.4 任务实现

为了确保新购置的计算机能够满足日常办公、学习、轻度图形设计和游戏的需求,并且在预算范围内进行选购,我们将遵循以下步骤来进行配置的选择与购买。

第一步:确定用途和预算。计算机主要用于日常办公、学习、轻度图形设计和游戏。设定预算范围为 8000~10000 元,确保在预算内选购配置。

第二步:选择合适的处理器(CPU)。根据用途,选择了适合的处理器型号,确保性能满足需求。考虑到该计算机主要用于日常办公、学习、轻度图形设计和游戏,选择了性能均衡且性价比高的处理器。例如,可以选择一款主流的六核心十二线程的处理器,基础频率不低于 2.5GHz,最大频率在 4.4GHz 左右。

第三步:选择内存(RAM)。根据用途,选择了足够的内存容量,以确保多任务处理流畅,同时选择主流的内存类型和频率。例如,可以选用 16GB 容量的 DDR4 内存条,频率为 3200MHz。

第四步：选择存储设备。主硬盘选择高速 SSD 以提高系统响应速度,辅助存储选择大容量 HDD 以满足大量数据存储需求。例如,可以选用一块 512GB 的 NVMe SSD 作为系统盘,加上一块 1TB 的 HDD 作为数据存储盘。

第五步：选择显卡(GPU)。根据用途,选择了性能合适的显卡,既能满足轻度图形设计的需求,又能支持轻度游戏。例如,可以选择一款具有 4GB 显存的入门级独显,这类显卡通常能够提供足够的性能来处理日常的图形设计任务和一些不太要求图形处理能力的游戏。

第六步：选择主板。选择与 CPU 兼容且扩展性好的主板,以便未来升级。例如,可以选择支持上述 CPU 的主流芯片组主板,确保有足够的 PCI-E 插槽数量。

第七步：选择显示器。根据用途,选择了高分辨率和合适尺寸的显示器,以提供更好的视觉体验。例如,可以选用一台 24 英寸的 1080p 分辨率、75Hz 刷新率的显示器。

第八步：选择电源。根据整机功耗选择合适的电源功率,并选择通过 80＋认证的电源以确保效率和稳定性。例如,可以选择一款额定功率为 550W 的 80＋金牌认证电源。

第九步：选择机箱。根据主板尺寸选择合适的机箱,并考虑散热性能和扩展性。例如,可以选择一款中塔式的机箱,具有良好的散热设计。

第十步：选择散热系统。根据 CPU 发热量选择合适的散热方案,确保系统稳定运行。例如,可以选择一款四热管的风冷散热器,以确保 CPU 在高负载下的温度可控。

第十一步：选择外设。根据个人喜好和用途选择合适的外设,以提高使用舒适度。例如,可以选择无线键盘、光电鼠标等,根据个人喜好挑选。

根据上述步骤构建的配置清单示例见表 1-1。

表 1-1　配置清单

类　别	选　择　项	说　明
CPU	六核心十二线程	基础频率不低于 2.5GHz,最大频率在 4.4GHz 左右
内存	16GB DDR4	3200MHz
存储	512GB NVMe SSD	PCIe Gen4
硬盘	1TB HDD	7200RPM
显卡	4GB GDDR6 显存	入门级独显
主板	支持主流芯片组	多个 PCI-E 插槽
显示器	24 英寸	1920×1080 分辨率,75Hz 刷新率
电源	550W	80＋金牌认证
机箱	中塔式	良好的散热设计
散热器	四热管风冷	适用于六核心处理器
外设	无线键盘、光电鼠标	根据个人喜好选择

1.1.5　任务小结

本任务详细介绍了计算机体系架构的核心内容,涵盖了计算机的历史发展、硬件系统的各个组件、软件系统的分类等。在硬件系统方面,详细介绍了中央处理器(CPU)、主板、内存储器(内存条)、硬盘、显卡、显示器、机箱及电源等关键部件的功能和重要性。在软件系统

11

方面,探讨了操作系统的基础作用以及常用应用软件,如办公软件、图形设计软件、音视频处理软件、企业管理软件、安全防护软件和系统维护工具软件等的实际应用。此外,本任务还教授了计算机内部数据表示和处理逻辑。最后通过综合这些知识,实现了根据个人需求和预算制作一份详细的计算机配置单。这一过程要求考虑硬件的兼容性和性能,同时权衡软件的适用性。本任务通过实际操作和案例分析,加深了对计算机配置的理解,提升了在实际情况下选择和搭配计算机硬件与软件的能力。

1.1.6 职场赋能

在学习计算机体系架构的过程中,不仅要掌握计算机硬件和软件的基本原理,还要培养全局性的思维模式。计算机的每个组件,无论是硬件还是软件,都有其独特功能和价值,共同构成一个高效、协调的计算平台。这类似于社会中的每个个体,每个人都有自己的专长和贡献,共同推动社会的发展。计算机技术的发展离不开无数科学家和技术人员的辛勤付出和创新精神,这种勇于探索、敢于创新的态度值得学习和传承。在未来的学习和工作中,无论遇到何种挑战,都应保持积极的态度,不断学习新知识,为社会的进步贡献力量。

1.1.7 习题小测

一、单选题

1. 将程序像数据一样存放在计算机中运行,是 1946 年由(　　　)提出的。

    A. 图灵　　　　　　B. 布尔　　　　　　C. 爱因斯坦　　　　　　D. 冯·诺依曼

2. 计算机中对数据进行加工与处理的部件通常称为(　　　)。

    A. 运算器　　　　　B. 控制器　　　　　C. 显示器　　　　　　D. 存储器

3. 计算机的主频是指(　　　)。

    A. 硬盘的读写速度　　　　　　　　B. 显示器的刷新速度

    C. CPU 的时钟频率　　　　　　　　D. 内存的读写速度

4. 计算机中用于暂时存储数据的部件是(　　　)。

    A. 硬盘　　　　　　B. 内存　　　　　　C. 光驱　　　　　　D. 软驱

5. 计算机病毒是一种(　　　)。

    A. 计算机硬件　　　　　　　　　　B. 计算机软件

    C. 计算机操作系统　　　　　　　　D. 计算机文件

二、判断题

1. 信息高速公路是指利用高速铁路和公路传递电子邮件。(　　　)

2. 1 字节(Byte)占 8 个二进制位。(　　　)

3. 从信息的输入/输出角度来说,磁盘驱动器和磁带机既可以看作输入设备,又可以看作输出设备。(　　　)

4. 裸机是指刚装好了操作系统,其他软件都没有安装的计算机。(　　　)

5. 操作系统是用户与软件的接口。(　　　)

任务 1.2　Windows 10 操作系统

1.2.1　任务知识点

- Windows 10 操作系统基本知识。
- 任务栏的组成、跳转列表、查找程序、库的使用等桌面操作。
- 窗口的组成、多窗口的管理、对话框的使用。
- 画图、步骤记录器、数学输入面板、远程桌面连接、快速助手、截图工具、计算器、录音机、磁盘清理等 Windows 附件和管理工具。

1.2.2　任务描述

针对 Windows 10 操作系统,实现个性化桌面环境的定制与系统实用工具的设置,以提高用户的使用体验和工作效率。

为满足个性化桌面和高效工作的需求,将任务分为以下子任务。

子任务一:个性化桌面定制

(1)调整任务栏。调整任务栏的位置和大小。设置任务栏的显示选项,如自动隐藏、任务栏图标的合并方式等。

(2)设置任务栏缩略图预览。启用或禁用任务栏缩略图预览功能。自定义缩略图预览的行为,如预览的触发方式和显示内容。

(3)管理通知区域。配置系统托盘图标的显示和隐藏。自定义通知设置,以控制哪些应用程序可以发送通知。

(4)启用跳转列表。启用或禁用应用程序的跳转列表功能。定制跳转列表显示的内容,以快速访问常用命令和文件。

(5)优化搜索功能。配置搜索索引选项,提高搜索效率。个性化搜索结果,如调整结果排序和显示内容。

(6)管理和使用库。创建和管理自定义库,集中存储和组织文件。优化库的搜索和显示设置,以提高工作效率。

子任务二:系统实用工具应用

(1)使用附件工具。熟悉并使用 Windows 10 附件中的画图、记事本、计算器等工具。掌握工具的高级功能,提高日常任务的效率。

(2)使用高级实用工具。利用步骤记录器记录操作步骤。使用数学输入面板进行数学公式的输入和识别。

(3)远程桌面连接。设置和使用远程桌面连接,进行远程工作或协助。

(4)快速助手。使用快速助手进行远程协助,解决技术问题。

(5)截图工具。掌握截图工具的多种截图方式,如全屏、窗口、自由选区等。编辑和分享截图,以便文档编写和问题描述。

1.2.3　知识与技能

1. Windows 10 操作系统简介

Windows 10 是由微软公司开发的操作系统,应用于计算机和平板计算机等设备。

Windows 10 在易用性和安全性方面有了极大的提升,除了针对云服务、智能移动设备、自然人机交互等新技术进行融合外,还对固态硬盘、生物识别、高分辨率屏幕等硬件进行了优化完善与支持。

Windows 10 共有家庭版、专业版、企业版、教育版、专业工作站版、物联网核心版 6 个版本,如表 1-2 所示。

表 1-2　Windows 10 各个版本

版　　本	说　　明
家庭版 (Home)	Cortana 语音助手(选定市场)、Edge 浏览器、面向触控屏设备的 Continuum 平板计算机模式、Windows Hello(脸部识别、虹膜、指纹登录)、串流 Xbox One 游戏的能力、微软开发的通用 Windows 应用(Photos、Maps、Mail、Calendar、Groove Music 和 Video)、3D Builder
专业版 (Professional)	以家庭版为基础,增添了管理设备和应用,保护敏感的企业数据,支持远程和移动办公,使用云计算技术。另外,它还带有 Windows Update for Business,微软承诺该功能可以降低管理成本、控制更新部署,让用户更快地获得安全补丁软件
企业版 (Enterprise)	以专业版为基础,增添了大中型企业用来防范针对设备、身份、应用和敏感企业信息的现代安全威胁的先进功能,供微软的批量许可(volume licensing)客户使用,用户能选择部署新技术的节奏,其中包括使用 Windows Update for Business 的选项。作为部署选项,Windows 10 企业版将提供长期服务分支(long term servicing branch)
教育版 (Education)	以企业版为基础,面向学校职员、管理人员、教师和学生。它将通过面向教育机构的批量许可计划提供给客户,学校将能够升级 Windows 10 家庭版和 Windows 10 专业版设备
专业工作站版 (Pro for Workstations)	Windows 10 Pro for Workstations 包括了许多普通版 Windows 10 Pro 没有的内容,着重优化了多核处理以及大文件处理,面向大企业用户以及真正的"专业"用户,如 6TB 内存、ReFS 文件系统、高速文件共享和工作站模式
物联网核心版 (IoT Core)	面向小型低价设备,主要针对物联网设备。已支持树莓派 2 代/3 代、Dragonboard 410c(基于骁龙 410 处理器的开发板)、MinnowBoard MAX 及 Intel Joule

Windows 10 启动之后,可以看到整个计算机屏幕的桌面,如图 1-11 所示。

桌面由任务栏和桌面图标组成,任务栏位于屏幕的底部,一般情况下任务栏从左向右依次显示的是:"开始"按钮、"任务视图"按钮、快速启动栏、任务栏、通知区域以及其他一些托盘图标。桌面图标主要包括以下几方面。

(1)用户的文件。系统当前登录用户个人文件默认的存放区是一个文件夹。

(2)此电脑。即指用户使用的这台计算机,计算机管理员用户可以通过"此电脑"查看并管理计算机中的所有资源。

(3)网络。查看活动网络并能更改网络设置。

(4)回收站。用于暂时存放被删除的文件或其他对象。只要不是彻底删除,一般删除的文件都是先存放在回收站里。回收站中的文件可以复原。

(5)控制面板。用户通过控制面板来进行一些系统设置,比如添加或卸载应用程序,更

图 1-11　桌面

改或删除用户账户,更改日期、时间或时区等。

（6）各种应用程序的快捷方式图标。快捷方式有很多种,桌面上出现的左下角带有黑色箭头的图标属于桌面快捷方式,实际上是与它所对应的对象建立了一个链接关系。删除或者移动快捷方式不会影响对象本身的内容和位置。如果想打开程序,只要用双击该程序的快捷方式图标即可。"开始"菜单中出现的属于菜单快捷方式,任务栏左边出现的图标属于快速启动快捷方式。一般安装完一个软件程序之后,会在桌面上默认建立一个快捷方式,用户也可以自己为某些程序文件建立快捷方式。

2.Windows 10 新功能

（1）资讯和兴趣。通过 Windows 任务栏中的"资讯和兴趣"功能,用户可以快速访问动态内容的集成馈送,如新闻、天气、体育等,这些内容在一天内更新。用户还可以量身定做自己感兴趣的相关内容来个性化设置任务栏。从任务栏中无缝地阅读资讯的同时,因为内容比较精简,所以不太会扰乱日常工作流程。"资讯和兴趣"功能开启或者关闭方式如图 1-12 所示。

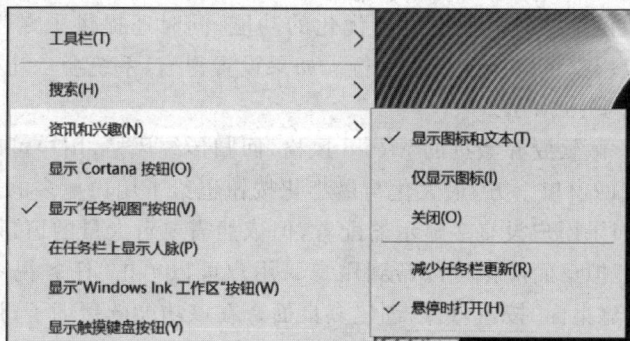

图 1-12　"资讯和兴趣"功能开启或者关闭方式

（2）生物识别技术。Windows 10 新增的 Windows Hello 功能将带来一系列对于生物识别技术的支持。除了常见的指纹扫描，系统还能通过面部或虹膜扫描来让你进行登录。当然，你需要使用新的 3D 红外摄像头来获取这些新功能，如图 1-13 所示。

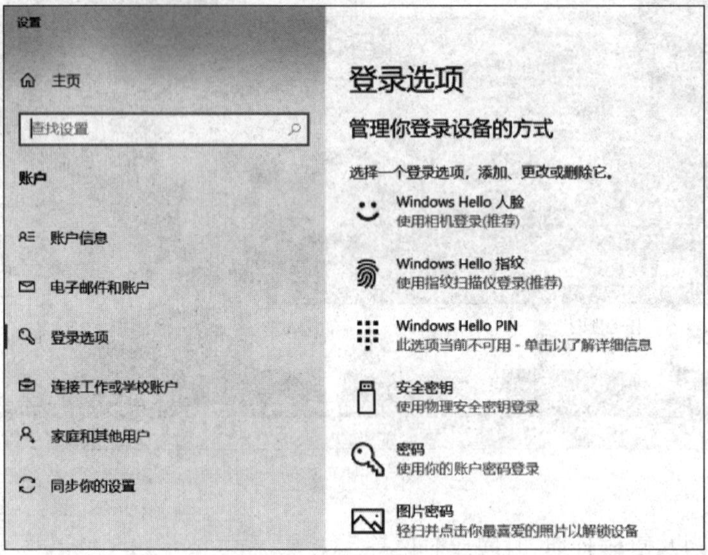

图 1-13　Windows Hello 功能

（3）Cortana 搜索功能。Cortana 可以用它来搜索硬盘内的文件、系统设置、安装的应用程序，甚至可以搜索互联网中的其他信息。作为一款私人助手服务，Cortana 还能像在移动平台那样帮你设置基于时间和地点的备忘录，如图 1-14 所示。

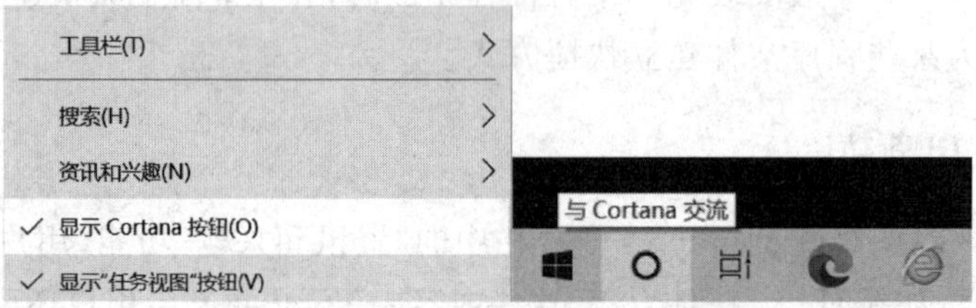

图 1-14　Cortana 搜索功能

（4）平板模式。微软在照顾老用户的同时，也没有忘记随着触控屏幕成长的新一代用户。Windows 10 提供了针对触控屏设备优化的功能，同时还提供了专门的平板计算机模式，"开始"菜单和应用都将以全屏模式运行。如果设置得当，系统会自动在平板计算机与桌面模式间切换，如图 1-15 所示。

（5）桌面应用。微软放弃激进的 Metro 风格，回归传统风格，用户可以调整应用窗口大小，久违的标题栏重回窗口上方，最大化与最小化按钮也给了用户更多的选择和自由度。

（6）多桌面。如果用户没有多显示器配置，但依然需要对大量的窗口进行重新排列，那么 Windows 10 的虚拟桌面应该可以帮到用户。用户可以单击"任务视图"按钮，进入虚拟桌面界面；单击"新建桌面"按钮，可以创建多桌面。在该功能的帮助下，用户可以将窗口放进不同的虚拟桌面，并在其中进行轻松切换，使原本杂乱无章的桌面变得整洁起来，如图 1-16 所示。

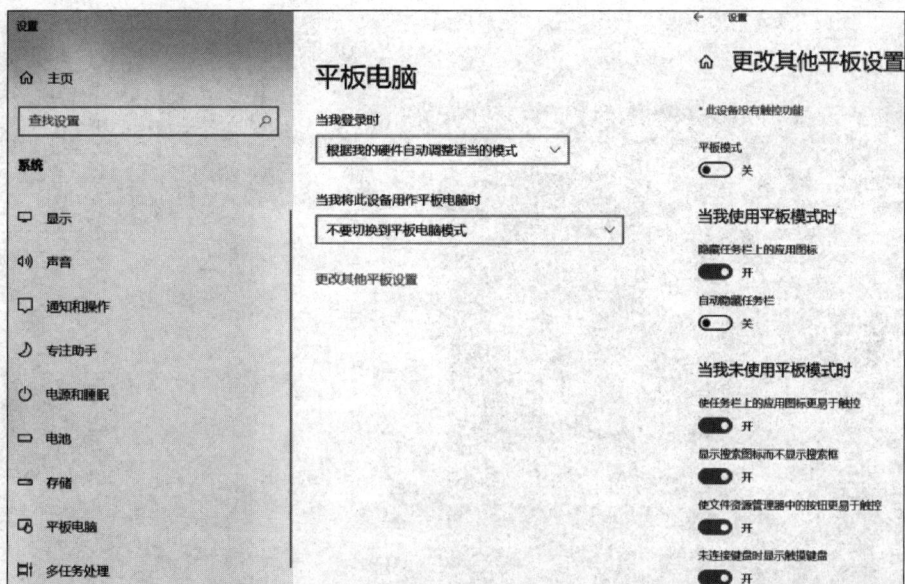

图 1-15　平板模式

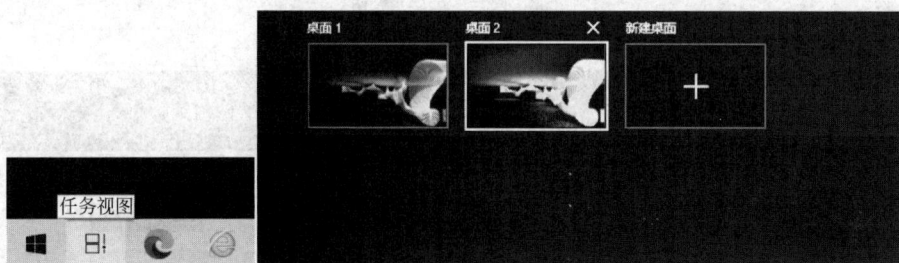

图 1-16　多桌面

（7）"开始"菜单的进化。微软在 Windows 10 中带回了用户期盼已久的"开始"菜单功能，并将其与 Windows 8 开始屏幕的特色相结合。用户可以单击屏幕左下角的"开始"按钮或者键盘上的 Windows 键，如图 1-17 所示，打开"开始"菜单，这样不仅会在左侧看到包含了系统关键设置和应用的列表，标志性的动态磁贴也会在右侧出现，如图 1-18 所示。

图 1-17　屏幕左下角的"开始"按钮和键盘上的 Windows 键

（8）任务切换器。Windows 10 的任务切换器不再仅显示应用图标，而是通过大尺寸缩略图的方式进行预览，如图 1-19 所示。

（9）任务栏的微调。在 Windows 10 的任务栏中新增了 Cortana 和任务视图按钮，与此同时，系统托盘内的标准工具也匹配上了 Windows 10 的设计风格。可以查看可用的 Wi-Fi

图 1-18 "开始"菜单

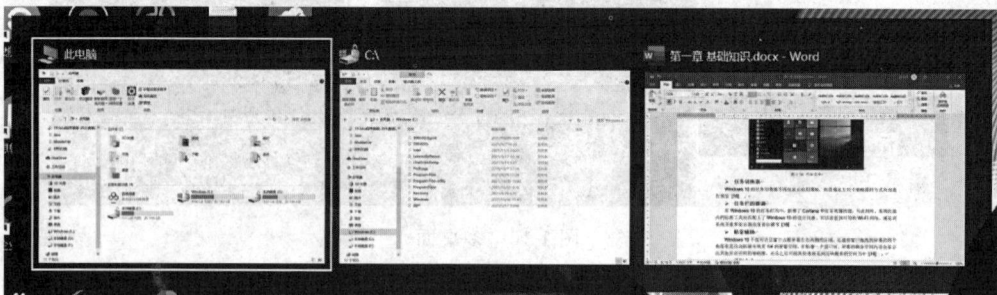

图 1-19 任务切换器

网络,或是对系统音量和显示器亮度进行调节。

(10)贴靠辅助。Windows 10 不仅可以让窗口占据屏幕左右两侧的区域,还能将窗口拖曳到屏幕的 4 个角落使其自动拓展并填充 1/4 的屏幕空间。在贴靠一个窗口时,屏幕的剩余空间内还会显示出其他开启应用的缩略图,单击之后可将其快速填充到这块剩余的空间当中。

(11)通知中心。Windows Phone 8.1 的通知中心功能也被加入了 Windows 10 当中,让用户可以方便地查看来自不同应用的通知,此外,通知中心底部还提供了一些系统功能的快捷开关,比如平板模式、便签和定位等,如图 1-20 所示。

(12)命令提示符窗口升级。在 Windows 10 中,用户不仅可以对 Cmd 窗口的大小进行调整,还能使用辅助粘贴等熟悉的组合键。

(13)文件资源管理器升级。Windows 10 的文件资源管理器会在主页面上显示出用户常用的文件和文件夹,让用户可以快速获取自己需要的内容。

（14）新的 Edge 浏览器。为了追赶 Chrome 和 Firefox 等热门浏览器，微软淘汰掉了老旧的 IE，带来了 Edge 浏览器。Edge 浏览器虽然尚未发展成熟，但它的确带来了诸多便捷功能，比如和 Cortana 的整合以及快速分享功能。

（15）计划重新启动。在 Windows 10 中，系统会询问用户希望在多长时间之后进行重新启动。

（16）设置和控制面板。Windows 8 的设置应用同样被沿用到了 Windows 10 当中，该应用会提供系统的一些关键设置选项，用户界面也和传统的控制面板相似。而从前的控制面板也依然会存在于系统当中，因为它依然提供着一些设置应用所没有的选项，如图 1-21 所示。

2020 年，在 Windows 10 20H2 最新版本中，单击 Windows 控制面板链接入口后，将不再打开经典控制面板，取而代之的是"设置应用"，同时资源管理器、第三方应用中的快捷方式也都从控制面板改到了"设置应用"。

（17）兼容性增强。一台计算机只要能运行 Windows 7 操作系统，就能更加流畅地运行 Windows 10 操作系统。针对固态硬盘、生物识别、高分辨率屏幕等硬件都进行了优化支持与完善。

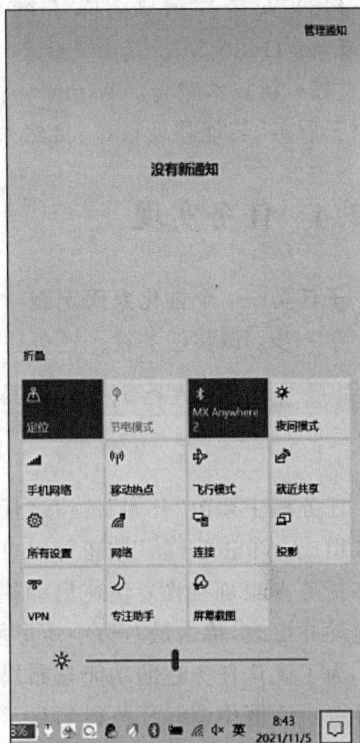

图 1-20　通知中心

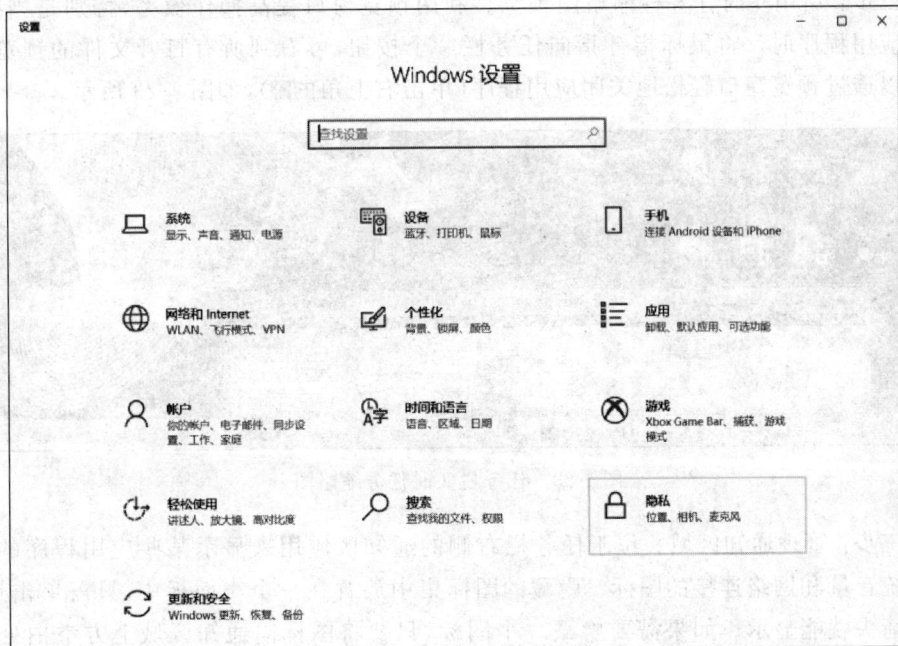

图 1-21　设置和控制面板

(18) 安全性增强。除了继承旧版 Windows 操作系统的安全功能外,还引入了 Windows Hello、Microsoft Passport、Device Guard 等安全功能。

(19) 新技术融合。Windows 10 在易用性、安全性等方面进行了深入的改进与优化。针对云服务、智能移动设备、自然人机交互等新技术进行融合。

1.2.4 任务实现

子任务一:个性化桌面定制

第一步:调整任务栏。任务栏是指位于桌面最下方的小长条,如图 1-22 所示。

图 1-22 Windows 任务栏

任务栏主要由"开始"按钮、"任务视图"按钮、快速启动栏、应用程序区、语言选项带和托盘区组成。单击"开始"按钮可以打开安装的软件与控制面板;单击"任务视图"按钮可以启动多任务多桌面视图;快速启动栏里面存放的是最常用程序的快捷方式,可以按照个人喜好拖动并更改,单击最右边小矩形块可以"显示桌面"。

为了优化任务栏的功能与布局,可以通过右击任务栏空白处并选择"任务栏设置"命令,在设置对话框中调整任务栏的显示方式、锁定状态等,并选择将常用程序固定到任务栏,以此来实现更快速地访问所需内容。当光标停在任务栏图标上方时,可以看到所打开的内容预览,单击感兴趣的内容预览即可开始工作。拖动任务栏图标,可以重新排序图标,也可以将常用程序附加到任务栏。可以根据个人使用习惯调整任务栏的布局,以达到最佳的使用体验。

第二步:启用实时任务栏缩略图预览。利用预览窗口提高操作效率,特别是当同时打开多个应用程序时。将鼠标指针指向任务栏一个按钮,可看到所有打开文件的预览界面。用户可以透过预览窗口轻松地关闭应用程序(单击右上角的⊠),如图 1-23 所示。

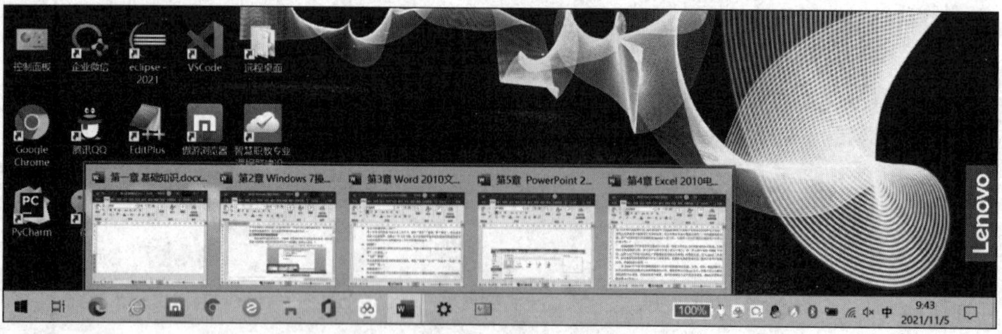

图 1-23 任务栏实时任务缩略图

第三步:管理通知区域。位于任务栏右侧的通知区域用来显示某些应用程序的图标,还有系统音量和网络连接的图标。隐藏的图标集中放置在一个小面板中,只需单击通知区域右侧箭头就能显示。如果需要隐藏一个图标,只要将图标向通知区域上方空白处拖动;反之,如果要显示一个图标,只要将其从隐藏面板中拖回下方通知区域即可,如图 1-24 所示。

如果要全部显示所有图标,可以在任务栏中右击,选择"任务栏设置"命令,在设置对话框中打开"任务栏"选项,找到通知区域,单击"选择哪些图标显示在任务栏中"。进入后,可以选择"通知区域始终显示所有图标"或者只对个别图标进行显示。另外,单击"打开或关闭系统图标"可以针对个别的系统进行显示,如图 1-25 所示。

图 1-24　隐藏图标面板

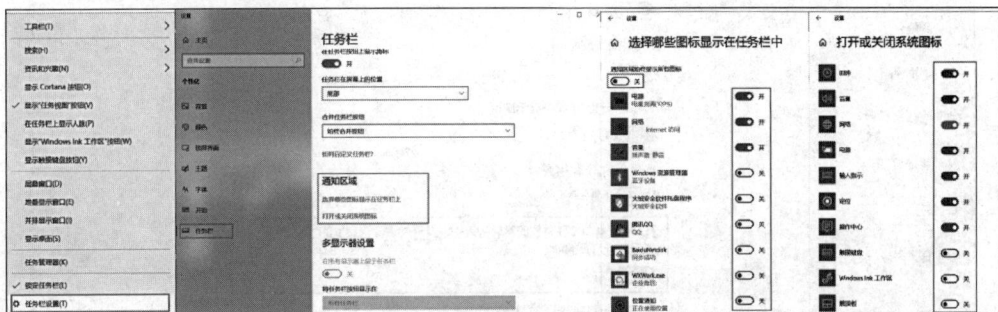

图 1-25　通知区域设置

第四步:启用跳转列表。从 Windows 7 开始,在系统中就多了"跳转列表"这一实用功能,在后续的各版本 Windows 中,此功能能有增无减。开启一个应用程序、文档、文件夹或网页链接之后,右击任务栏中的图标,或者右击"开始"菜单中的某应用程序,会显示出一个因对象不同而动态变化的项目列表,这就是"跳转列表"。

单击跳转列表中某项目名右边的图标 ⇥ ,该项目就会移到列表中"已固定"类下,并且图标变为 ⚓ ,表示该项目被锁定,如图 1-26 所示。

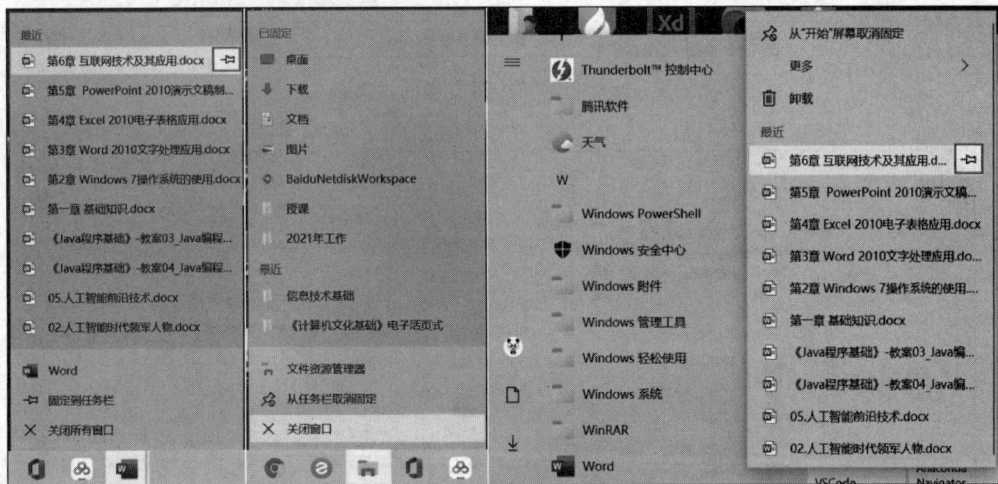

图 1-26　跳转列表

如果担心泄露隐私,也可以将跳转列表关闭。如果要关闭 Windows 10 中的跳转列表功能,可以通过"设置"应用程序来实现。右击桌面的空白区域,选择"个性化"命令,随后会打开"设置"应用的"个性化"部分,单击"开始"选项,关闭在"'开始'菜单或任务栏的跳转列表中以及文件资源管理器的快速使用中显示最近打开的项"开关即可,如图 1-27 所示。

图 1-27　关闭跳转列表

第五步：优化搜索功能。Windows 10 在"开始"按钮右侧和资源管理器的右上角添加了搜索框，可以搜索文件、文件夹、库和控制面板。"开始"按钮右侧的搜索框如图 1-28 所示，资源管理器的搜索框如图 1-29 所示。

图 1-28　"开始"按钮右侧的搜索框

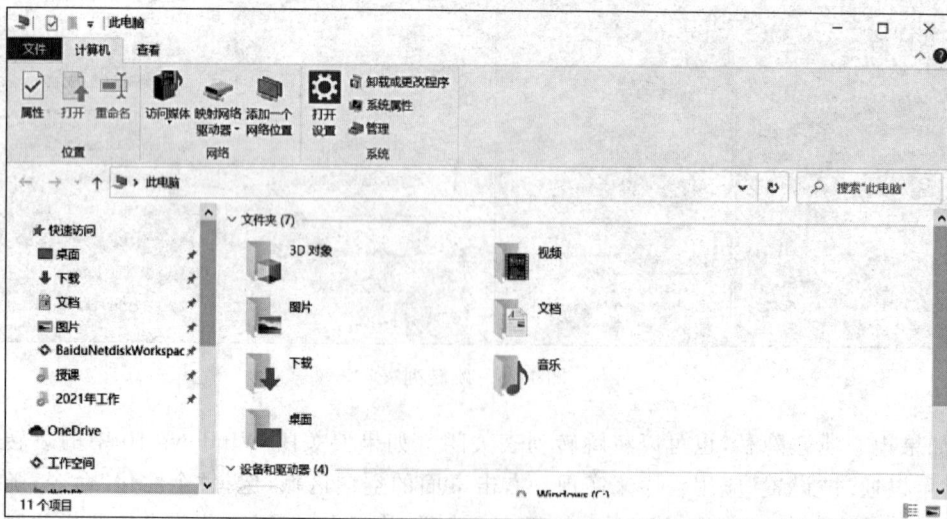

图 1-29　资源管理器的搜索框

"开始"按钮右侧的搜索框中可以选择"显示搜索图标"或者"显示搜索框"的形式。右击任务栏,以"搜索"命令中选择一种显示形式,如图 1-30 所示。

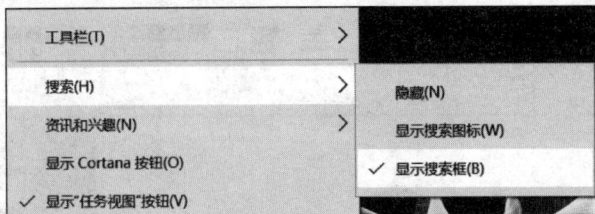

图 1-30 资源管理器的搜索框

如果正在使用具有触控板的笔记本计算机,可以使用三根手指单击触控板,搜索窗口便会应声而出;或者可以按下 Win+S 组合键,等效于按下任务栏中的"搜索"按钮;或者直接按 Win 键打开"开始"菜单,然后输入想要搜索的内容,再使用方向键和 Enter 键选定结果即可,如图 1-31 所示。

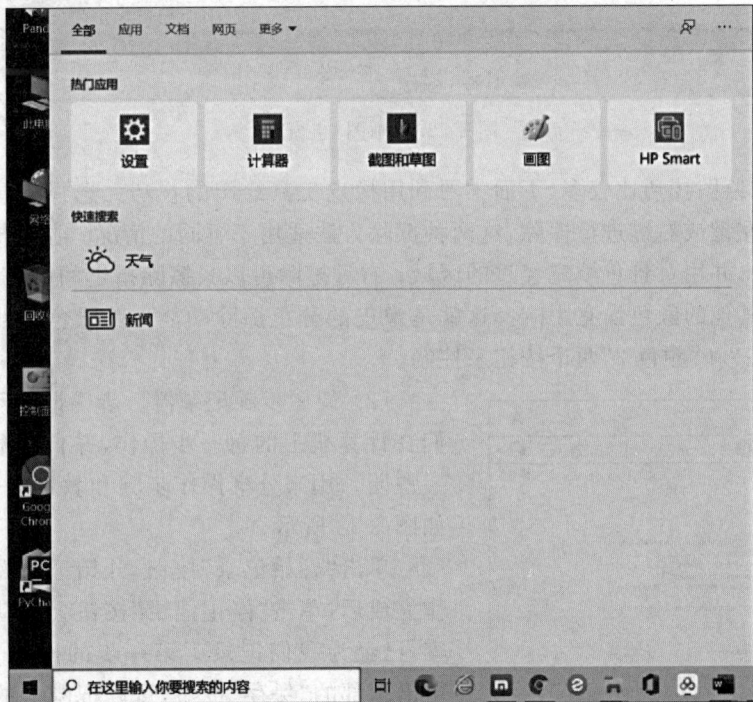

图 1-31 搜索窗口

子任务二:系统实用工具应用

第一步:启动附件工具。选择"开始"→"Windows 附件"命令,从打开的菜单中启动相应的工具命令。

(1) 使用画图工具。"画图"是 Windows 自带的一个绘图和编辑工具,它能以 BMP、JPG、GIF、PNG 等格式保存文件。"画图"主窗口如图 1-32 所示,使用以下步骤可绘制图形。

选取形状工具"四角星形"→选取前景色→绘制星图形→选取"文本"工具→选字体、字

23

号,写文字"星星"→拖动文本区域定位→保存文件。

图 1-32   "画图"主窗口

　　该软件的绘图技巧比较多,下面学习利用橡皮工具绘图的技巧。选择工具箱上的橡皮工具,可以用左键或右键进行擦除,这两种擦除方法适用于不同的情况。左键擦除是把画面上的图像擦除,并用背景色填充经过的区域;右键擦除可以只擦除指定的颜色,即所选定的前景色,而对其他的颜色没有影响。这就是橡皮的分色擦除功能。前景色和背景色的选取分别由"颜色 1"和"颜色 2"两个按钮来控制。

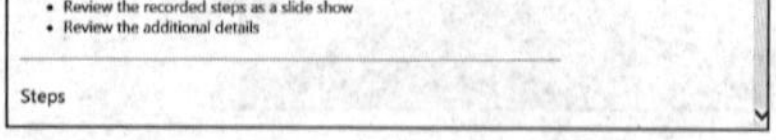

图 1-33   步骤记录器

　　(2) 使用步骤记录器。步骤记录器可以记录我们在计算机上的每一步操作,并自动配以截图和文字说明。用来分享操作步骤和教别人使用的方法,如图 1-33 所示。

　　单击"开始记录"按钮,开始记录操作步骤。操作完成后,单击"停止记录"按钮会自动打开记录内容,已经为我们记录了第一步的操作及文字说明。单击顶部的"保存"按钮,可以把刚才的操作步骤保存起来。

　　(3) 使用数学输入面板。数学输入面板是通过数学识别器来识别手写的数学表达式,然后可以将识别的数学表达式插入字处理程序或计算机程序,如图 1-34 所示。

　　在数学输入面板中可以用书写笔或者用鼠标书写一些数学公式,这时就会自动帮你把手写体改成印刷体,然后单击 Insert 按钮就可以插入数学程序。选择 History 命令,就可以查看书写过的数学公式。单击自己想要的公式就可以重新书写或编辑使用了。

　　第二步:使用高级实用工具。

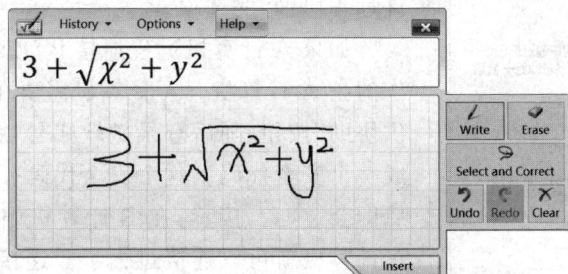

图 1-34　数学输入面板

（1）使用远程桌面连接。系统自带的远程桌面连接工具可以用来连接服务器远程桌面。对于在局域网内和自己想要操作的计算机身处两地的用户来说，设置远程桌面连接很有必要，这样即使不在计算机前，也能够对其他计算机进行操作，可以说是相当方便的操作。

假设 A 计算机对 B 计算机进行远程控制，需要先打开 A 计算机的远程连接功能。在桌面上右击"此电脑"，在打开对话框中单击左边的"远程设置"。再单击上面的"远程"选项卡，选中"允许远程协助连接这台计算机"选项，再选择"允许远程连接到此计算机"，如图 1-35 所示。

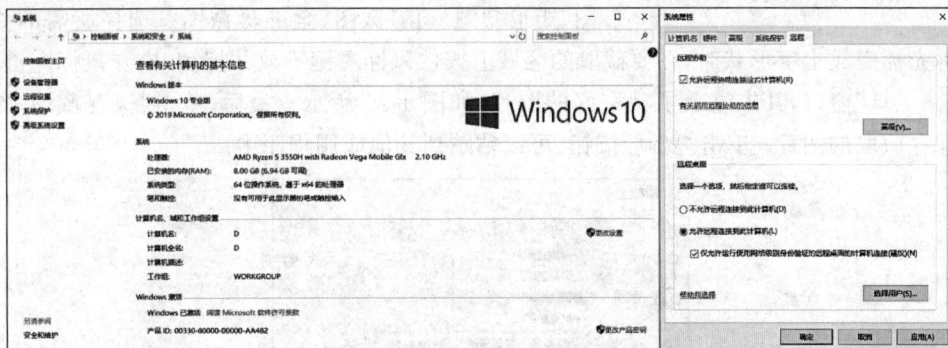

图 1-35　启用远程连接功能

然后在 B 计算机上启动程序，输入 A 计算机的 IP 地址，单击"连接"按钮。输入 A 计算机的用户名和密码，即可远程桌面连接 A 计算机，如图 1-36 所示。

图 1-36　远程桌面连接

（2）使用快速助手。快速助手使用 Windows 的远程连接机制。Windows 带有远程桌面连接 RDP 功能，快速助手正是基于此来实现。在使用前，被连接方需要开启系统中的"允

25

图 1-37　快速助手

许远程协助”的选项。

如果 A 计算机远程连接 B 计算机，那么首先需要操作的是 A 计算机。A 计算机需要在快速助手中单击“提供协助”按钮，随后登录微软账号，接着快速助手就会生成一个安全代码。这个安全代码有一个有效期，10 分钟后即会过期。接着，在 B 计算机中输入这个安全代码，A 计算机就可以连接过去了。连接完成后，A 计算机可以直接远程操作 B 计算机。微软还非常贴心，为任务管理器、重新启动等解决计算机问题的常用方案设置了一键触发按钮，甚至还有批注功能，告诉对方到底问题出在哪里，如图 1-37 所示。

（3）使用截图工具。用截图工具能够完成多种方式的屏幕截图，并能对截取的图片进行编辑，如图 1-38 所示。

在“模式”下拉列表中有 4 种截图方式：任意格式截图、矩形截图、窗口截图、全屏幕截图。选择所需的方式，当鼠标光标变成十字形状时，在要截取的区域上按住鼠标左键不放并拖动，松开鼠标左键时打开“截图工具”窗口，其中显示了截取好的图片，如图 1-39 所示。最后，单击“保存截图”按钮，可以保存截取的图片；单击“复制”按钮，可以粘贴到其他应用程序中。

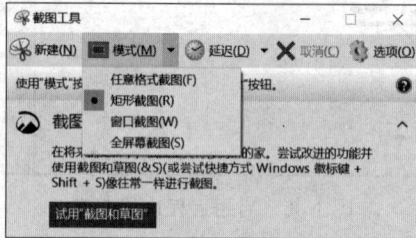

图 1-38　截图工具

图 1-39　矩形截图

第三步:使用其他系统工具。

(1)使用计算器。"计算器"是 Windows 10 众多工具软件中的一个数学计算工具。它包括标准、科学、绘图、程序员、日期计算 5 种模式。标准型计算器和科学型计算器与我们日常生活中的小型计算器类似,可完成简单的算术运算和较为复杂的科学运算,如函数运算等。

选择"开始"按钮,然后选择应用列表中的"计算器",打开"计算器"窗口,系统默认为"标准"计算器,如图 1-40 所示。单击 ≡ 按钮打开菜单,可以切换模式,如图 1-41 所示。也可以切换为"程序员"计算器,如图 1-42 所示。进制转换的操作方法为:选择原数据的进制(如十进制 DEC)→输入原数据(如 42)→选择将要转换的进制(如二进制 BIN)→显示区域显示出结果(101010)。

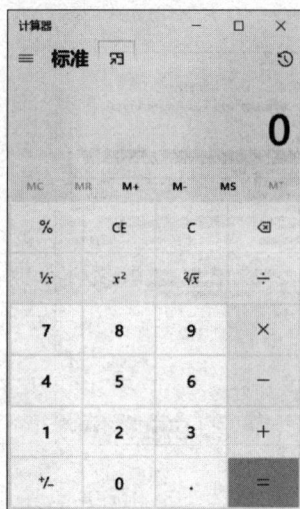

图 1-40 "标准"计算器　　图 1-41 模式切换　　图 1-42 "程序员"计算器

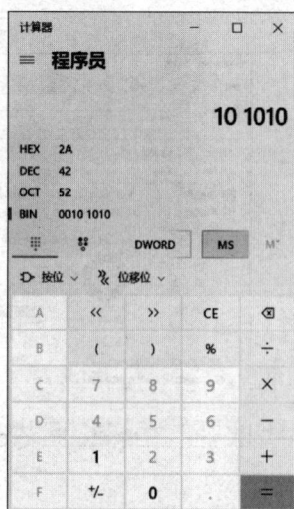

(2)使用录音机。录音机应用可用于录制讲课内容、对话以及其他声音。

选择"开始"按钮,然后启动应用列表中的"录音机"。在"录音机"主窗口中单击中间的"录制"按钮,开始录制音频。若要停止录制音频,就单击"停止录音"按钮 ▋▋。停止后就会显示已录制的音频文件。录制过程中,可以根据需要暂停录音,还可以添加录音标记,方便以后查看录音,如图 1-43 所示。

(3)使用磁盘清理功能。扫描并清理系统和软件产生的临时文件、旧的更新包、缓存等,释放磁盘空间。

在"此电脑"中右击要清理的磁盘,选择"属性"→"磁盘清理"命令,在打开对话框的"要删除的文件"中选择要删除的文件类型,单击"确定"按钮。

如果需要释放更多空间,还可以删除系统文件。在"磁盘清理"对话框中可以选择"清理系统文件"。等待清理结束,就可以看到清理栏多出了两项,叫"Windows 更新清理"和"Microsoft Defender 防病毒",可以看到"Windows 更新清理"所占的空间比较大,清理掉就不会占用这么多空间了,如图 1-44 所示。

27

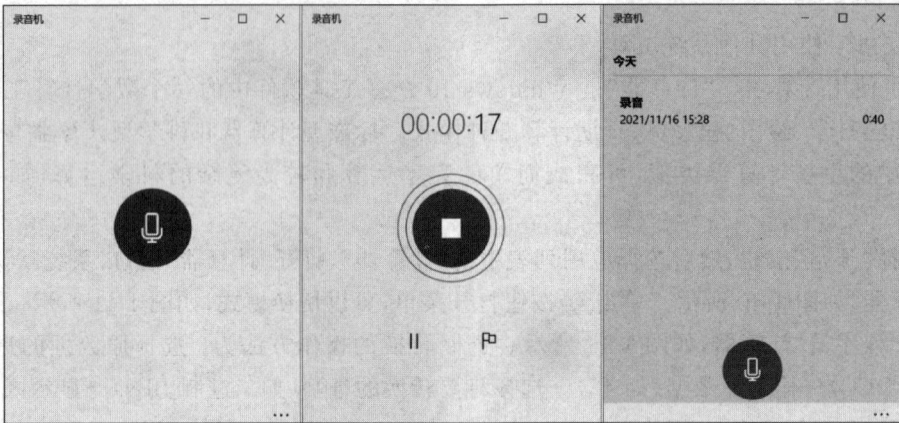

图 1-43　录音机

图 1-44　磁盘清理

通过这些步骤，用户可以有效地利用 Windows 10 系统提供的工具来提高工作效率，优化计算机性能，并进行有效的远程协作。

1.2.5　任务小结

本任务介绍了 Windows 10 操作系统的基本操作和实用工具，包括任务栏的组成、跳转列表、查找程序、库的使用等桌面操作，窗口的组成、多窗口的管理、对话框的使用，以及画图、步骤记录器、数学输入面板等 Windows 附件。此外，还介绍了远程桌面连接、快速助手、截图工具等高级功能。最后，通过实践磁盘清理等方法，实现了系统性能的优化和远程协作的效率提升。

1.2.6　职场赋能

通过学习 Windows 10 操作系统，不仅掌握操作系统的基本操作和管理技巧，还培养对技术的正确认知和责任感。操作系统作为用户与计算机之间的桥梁，其稳定性和安全性直接影响到用户的日常工作和生活。因此,应养成良好的使用习惯,如定期更新系统和软件,合理管理文件和数据,遵守网络安全规范等。这些习惯不仅有助于提高工作效率,还能为网络安全和社会稳定贡献力量。

1.2.7 习题小测

一、单选题

1. Windows 10 操作系统中,按( )键可以快速打开"开始"菜单。

A. Ctrl   B. Alt   C. Esc   D. Win(Windows 徽标键)

2. 如何快速访问 Windows 10 的任务管理器?( )

A. 按 Ctrl＋Shift＋Esc 组合键

B. 按 Ctrl＋Alt＋Delete 组合键,然后选择"任务管理器"命令

C. 右击任务栏并选择"任务管理器"命令

D. 以上都可以

3. 可以使用下列( )组合键快速锁定 Windows 10 计算机。

A. Win＋L   B. Ctrl＋L   C. Alt＋L   D. Shift＋L

4. Windows 10 的"设置"应用可以通过( )方式打开。

A. 在"开始"菜单中搜索"设置"   B. 按 Win＋I 组合键

C. 右击任务栏并选择"设置"命令   D. A 和 B 都可以

5. 如何更改 Windows 10 的桌面背景?( )

A. 右击桌面,选择"个性化"命令,然后选择"背景"选项

B. 打开"设置"界面,选择"个性化"命令,然后选择"背景"选项

C. 使用"控制面板"的"外观和个性化"设置

D. 以上都可以

二、判断题

1. Windows 10 的"开始"菜单只能显示固定的应用程序图标。( )

2. 在 Windows 10 中,可以通过"设置"→"系统"→"通知和操作"来管理通知的设置。( )

3. Windows 10 不允许用户更改任务栏的位置。( )

4. Windows 10 的"设置"应用可以完全替代"控制面板"。( )

5. 在 Windows 10 中,可以通过"设置"→"更新和安全"来检查系统的更新。( )

任务 1.3 文件和文件夹操作

1.3.1 任务知识点

- 文件和文件夹的概念。
- 文件资源管理器。
- Windows 的文件管理、有效地将计算机中的文件资料归类、库、Windows 回收站。

29

1.3.2 任务描述

本任务旨在通过系统化的文件管理,优化计算机中的文件和文件夹结构,确保数据的清晰性、可访问性和安全性。目标是实现文件的有序组织、高效检索和安全备份,防止数据丢失。

为达成目标,任务被细分为以下两个主要子任务。

子任务一:文件和文件夹的组织与管理

(1) 文件分类与命名:根据文件类型和用途进行分类,并采用一致的命名规则,使文件名具有描述性,便于识别和检索。

(2) 文件夹结构优化:创建合理的文件夹结构,以逻辑方式组织文件,便于存放和检索。

子任务二:文件的维护与备份

(1) 定期清理:定期审查和删除无用或过时的文件,释放存储空间,保持文件系统的有序。

(2) 备份策略实施:制订并执行文件备份计划,包括本地备份和云备份,确保重要文件的安全性。

通过完成这两个子任务,将能够提高用户文件管理的效率,确保数据的安全,并在需要时快速找到所需文件。

1.3.3 知识与技能

在 Windows 系统中,数据存放都是以文件的形式存储在磁盘上。Windows 系统中的文件类型有很多。

1. 文件和文件夹的概念

(1) 文件。文件是计算机中数据的存储形式,其种类很多,可以是文字、图片、声音、视频以及应用程序等。

(2) 文件夹。Windows 的文件夹可以用来保存和管理文件。文件夹既可以包含文件,也可以包含文件夹。它就像我们的书架一样,可以对文件归类存放。文件夹命名与文件命名相似,尽量做到见名知意。另外,对重要数据还应该做好备份,以防文件被误删除,或文件被病毒破坏。

2. 文件资源管理器

文件资源管理器即之前 Windows 版本中的“我的电脑”,Windows 8 之后叫“此电脑”。Windows 10 的资源管理器采用了 Ribbon 界面。Ribbon 是一种以面板及标签页为架构的用户界面(user interface),原先出现在 Microsoft Office 2007 后续版本的 Word、Excel 和 PowerPoint 等组件中,后来也被运用到 Windows 7 的一些附加组件等其他软件中,如画图和写字板,以及 Windows 8 中的资源管理器。它是一个收藏了命令按钮和图标的面板。它把命令组织成一组“标签”,每一组包含相关命令。每一个应用程序都有一个不同的标签组,展示了程序所提供的功能。在每个标签里,各种相关的选项被组织在一起。设计 Ribbon 界面的目的是使应用程序的功能更加易于发现和使用,减少了单击的次数。

3. 文件和文件夹管理

文件管理是操作系统中一项重要功能,是操作系统中负责存取和管理文件信息的机构。从系统角度来讲,文件系统是对文件存储器的存储空间进行组织、分配和回收,负责文件的存储、检索和保护。从用户角度来看,文件系统主要是实现"按名"存取,文件系统的用户只要知道所需文件名字,就可以存取文件中的信息,而无须知道这些文件究竟存放在什么地方。

4. 库

库是 Windows 7 及以上版本中的一项功能,允许用户集中管理不同位置的文件。用户可以将分散在多个文件夹中的文件汇集到一个库中,便于管理和访问。用户可以通过添加文件夹、驱动器或网络位置到库中,实现文件的集中管理。库可以包含子文件夹,并且可以进行搜索和过滤,以快速找到所需文件。

5. Windows 回收站

使用 Windows 的用户对回收站不会陌生,回收站保存了删除的文件、文件夹、图片、快捷方式和 Web 页面等。这些项目将一直保留在回收站中,直到清空回收站。许多被误删除的文件就是从它里面找到的。灵活地利用各种技巧可以更高效地使用回收站,使之更好地为自己服务。

1.3.4 任务实现

在数字时代,有效的文件和文件夹管理是提高生产力和保持数据有序的关键。Windows 系统中的文件资源管理器提供了一套工具,帮助用户组织、浏览和处理文件,确保数据的可访问性和安全性。

子任务一:文件和文件夹的组织与管理

第一步:理解文件结构。所有文件的外观都是由文件图标和文件名组成,文件名称由文件名和扩展名组成,中间用"."隔开。同类型文件的扩展名和图标相同,对文件命名,要尽量做到见名知意。例如,在图 1-45 中,"."前面的字符串是文件名称,后面的字符串是文件的扩展名,根据文件图标或扩展名可以知道文件类型,根据文件名字可以大概知道文件内容。

名称	修改日期	类型	大小
第1章 认识计算机.docx	2021/1/22 20:25	Microsoft Word 文档	3,063 KB
第2章 Windows 7操作系统的使用.docx	2021/1/22 20:26	Microsoft Word 文档	14,504 KB
第3章 Word 2010文字处理应用.docx	2021/1/22 20:26	Microsoft Word 文档	3,117 KB
第4章 Excel 2010电子表格应用.docx	2021/1/22 20:26	Microsoft Word 文档	3,640 KB
第5章 PowerPoint 2010演示文稿制作.docx	2021/1/22 20:27	Microsoft Word 文档	2,481 KB
第6章 互联网技术及其应用.docx	2021/1/22 20:27	Microsoft Word 文档	1,458 KB
第7章 认识新技术.docx	2021/1/22 20:27	Microsoft Word 文档	1,471 KB
第8章 常用工具软件的使用.docx	2021/1/22 20:27	Microsoft Word 文档	1,342 KB

图 1-45 文件命名规则

第二步:优化文件资源管理器设置。打开文件资源管理器,如图 1-46 所示,调整"文件夹选项"以适应个人习惯。

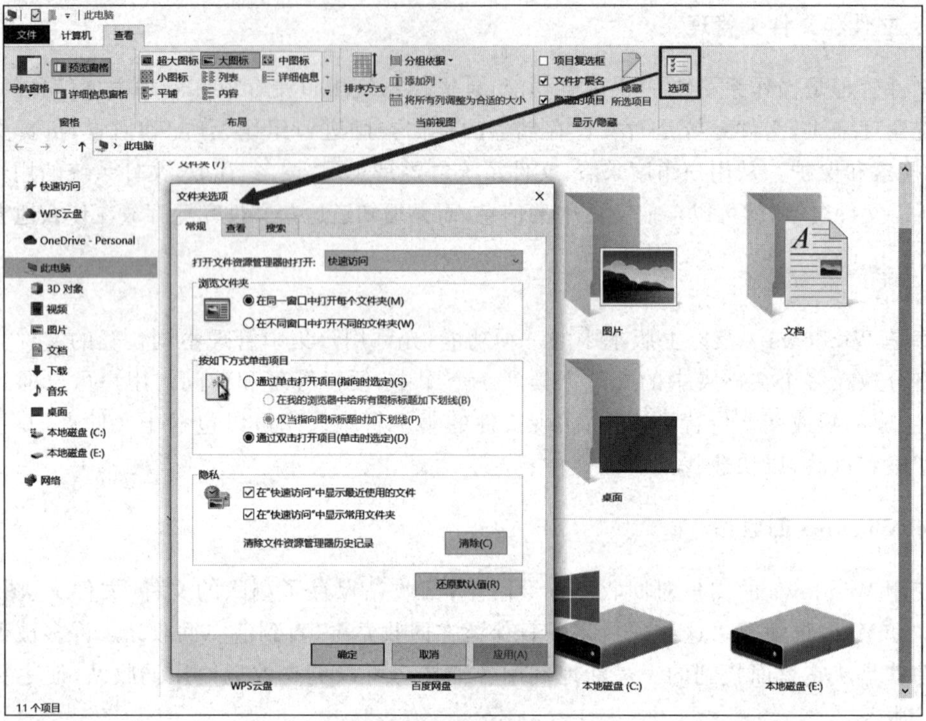

图 1-46　文件夹选项

在文件资源管理器的"查看"选项卡中,可以选择布局方式,是否显示"文件扩展名"和是否显示"隐藏的项目",如图 1-47 所示。

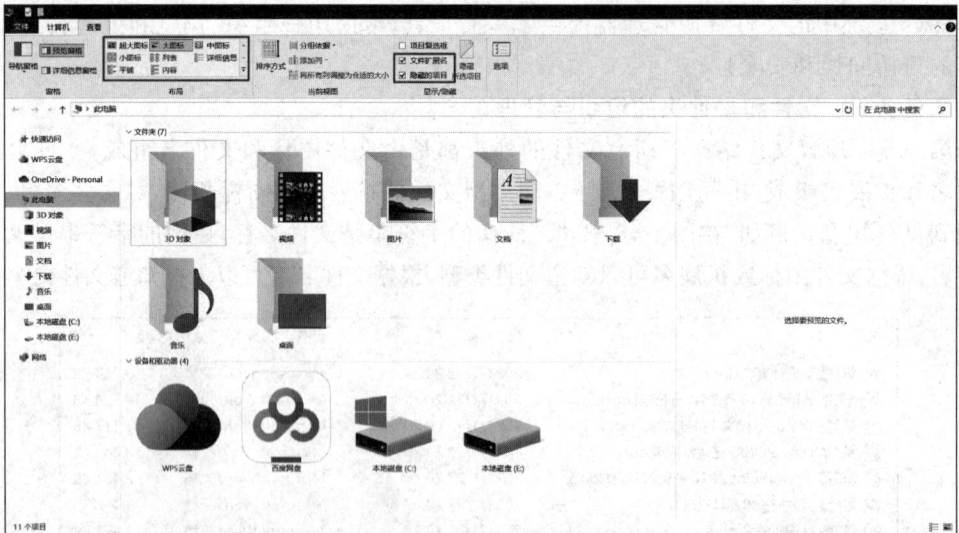

图 1-47　"查看"选项卡

第三步:利用快速访问。利用左侧的"快速访问"功能可以删除或固定一个文件夹,这样可以很方便地打开我们常用的文件夹,如图 1-48 所示。

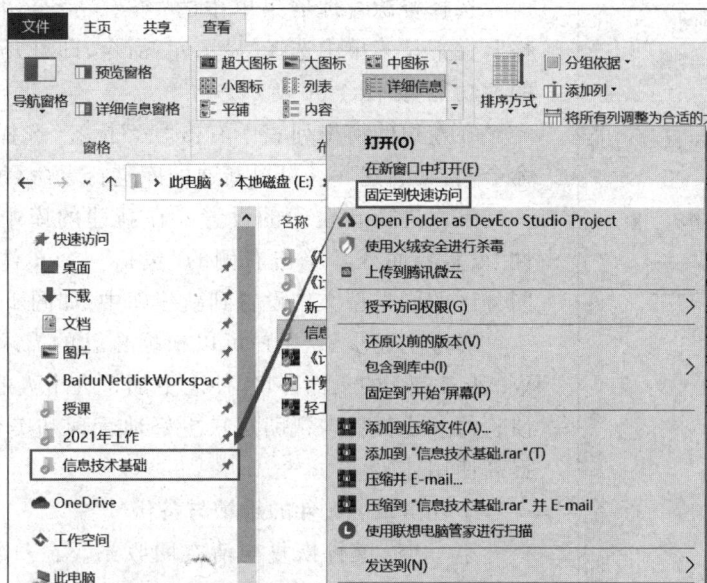

图 1-48 固定到快速访问

第四步：有效地将计算机中的文件资料归类。文件管理和我们生活中的衣物或书籍管理一样，分类存放，能够快速查找，随时做好备份，这是当今计算机使用者必备的素质。

第五步：管理和使用库。Windows 10 的"库"是一个抽象的组织结构，将类型相同的文件目录归一类。例如，"视频"库、"图片"库和"文档"库等。在之前的 Windows 操作系统中，可以通过分区将文件存储到不同的分区。在 Windows 10 中，还可以使用库组织和访问文件，而不管其存储位置如何。

打开 Windows 10 的资源管理器，可以看到在资源管理器中划分为"快速访问"、OneDrive、"此电脑"等访问入口。其实在 Windows 10 中默认是将库隐藏起来的，如图 1-49 所示。

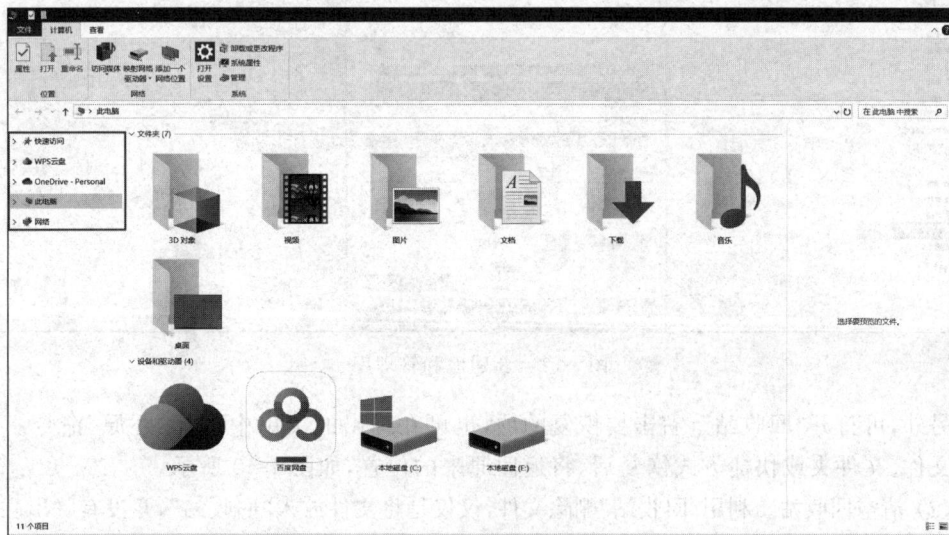

图 1-49 资源管理器

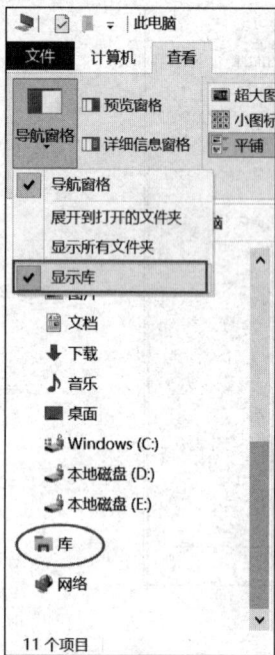

图 1-50 开启"库"功能

选择资源管理器菜单中的"查看"命令，再单击"导航窗格"，在下拉菜单中选择"显示库"命令，即可开启 Windows 10 的库功能，如图 1-50 所示。

在左边的窗格列表中右击"库"标签，选择"新建"→"库"命令，自动新建库。可对新建的库进行重命名。

下面进行新建库的设置。在新建的库中右击，打开"属性"设置界面或者单击右侧的"包括一个文件夹"，可以将不同分区的同类型文件设置到新建库中，如图 1-51 所示。

通过上述步骤，用户可以根据自己的需求和偏好来定制 Windows 10 的桌面环境，使之更加符合个人的工作和生活习惯。每一步都旨在帮助用户更好地管理和美化他们的桌面，提高使用体验。

子任务二：文件的维护与备份

第一步：文件恢复与清空回收站。在日常操作中，误删文件是常见现象，用回收站可以恢复被误删的文件。

（1）恢复删除的内容。对于没有永久删除的文件，可以从回收站中还原。双击"回收站"图标，选择要恢复的文件、文件夹和快捷方式等项（要选择多个恢复项，可按下 Ctrl 键并单击每个要恢复的项），单击"还原选定的项目"或"还原所有项目"按钮，如图 1-52 所示。

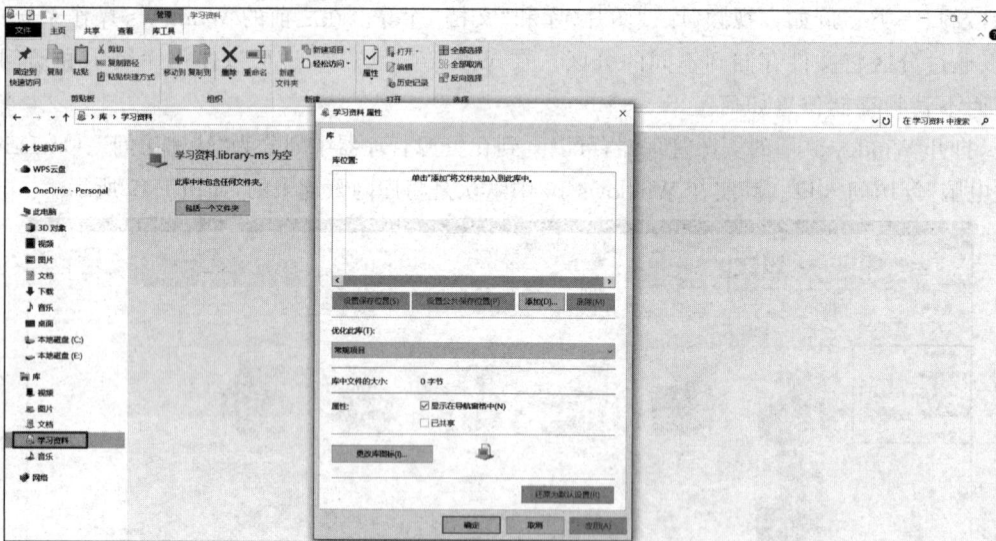

图 1-51 新建库和管理库

另外，可打开"回收站"，右击要恢复的项，也可在弹出的菜单中选择"还原"命令。已删除的文件、文件夹或快捷方式恢复后，将返回原来的位置，如图 1-53 所示。

（2）清空回收站。利用"回收站"删除文件，仅仅是将文件放入"回收站"，并没有腾出磁盘空间。只有清空"回收站"后，才真正腾出了磁盘空间。要清空"回收站"，可采用如下方法之一：

图 1-52 回收站还原项目

① 双击"回收站"图标,单击"回收站工具"栏中的"清空回收站"命令。

② 右击桌面上的"回收站"图标,在弹出的菜单中选择"清空回收站"命令,在确认删除对话框中选择"是",即可清空回收站。

③ 如果要清除"回收站"中的某些项,可选择要清除的项,右击,在弹出的菜单中选择"删除"命令。

图 1-53 还原项目

④ 永久删除文件。要想不可恢复地永久删除文件,可用右击"回收站"图标,在弹出的菜单中选择"属性"命令,确认已选中"不将文件移动到回收站"选项,确认并退出即可。

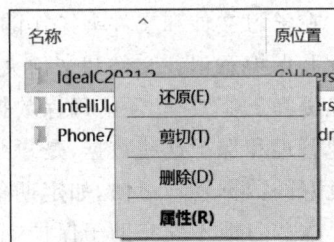

如果在删除文件时按 Shift+Delete 组合键,则会永久删除文件。

第二步:文件备份。备份是确保数据安全的重要措施,特别是在面临硬件故障、系统崩溃或数据意外删除的情况下。衔接第一步的文件恢复操作,备份不仅提供了数据恢复的保障,还有助于防止数据丢失带来的不必要麻烦。

(1)确定备份范围。评估并选择需要备份的文件和文件夹,优先考虑重要文档、财务数据、照片和电子邮件等。

(2)选择备份方法。决定采用本地备份(如外部硬盘、USB 驱动器或 NAS)还是云备份服务(如 OneDrive、Google Drive)。考虑是否需要同时使用本地和云备份以增加数据安全性。

(3)配置备份软件。如果使用备份软件,安装并配置软件,设置备份源(即要备份的文件和文件夹)和目标位置(即备份存储位置)。对于 Windows 系统,可以使用内置的"备份和还原"工具进行配置。

（4）执行首次备份。运行备份操作,确保所有选定的数据都被完整备份到预定位置。检查备份文件的完整性和可读性,确保数据可以被成功恢复。

（5）定期更新和测试备份。根据设定的备份计划(如每日、每周或每月)定期执行数据备份。定期测试备份文件,通过恢复一些文件来验证备份的有效性和完整性。

通过上述步骤,用户可以建立一个有效的备份策略,确保关键数据的安全和在灾难情况下的可恢复性。

1.3.5　任务小结

本任务介绍了文件和文件夹操作的基本知识,包括文件和文件夹的概念、文件资源管理器的使用、Windows 的文件管理方法、库的功能以及 Windows 回收站的作用。介绍了文件和文件夹的组织与管理,包括文件分类与命名、文件夹结构优化。还介绍了文件的维护与备份方法,包括定期清理、备份策略实施。最后通过实际操作步骤,实现了计算机中文件和文件夹的有序组织、高效检索和安全备份,提高了数据管理的效率和安全性能。

1.3.6　职场赋能

在学习文件和文件夹操作的过程中,不仅要掌握具体的操作技能,还要培养良好的数据管理和保护意识。文件和文件夹是计算机中最基本的数据组织形式,合理的管理和保护不仅能提高工作效率,还能确保数据的安全。在数字化时代,数据已成为重要的资产,如何有效地管理和保护这些数据,是每个人都需要面对的问题。因此,要树立正确的数据观念,养成良好的数据管理习惯,如定期备份重要数据、合理设置文件权限、避免随意泄露个人信息等。这些习惯不仅有助于保护个人隐私,还能为社会的信息安全作出贡献。

1.3.7　习题小测

一、单选题

1. 在 Windows 10 中,快速打开"文件资源管理器"要按(　　)组合键。
　A. Win+E　　　　　B. Win+D　　　　　C. Win+F　　　　　D. Win+R

2. 在 Windows 10 中,如何将文件夹设置为"只读"属性?(　　)
　A. 右击文件夹,选择"属性"命令,然后勾选"只读"选项
　B. 使用命令提示符中的 attrib+r 命令
　C. 在"文件资源管理器"中选择文件夹,然后按 Ctrl+R 组合键
　D. 在"设置"界面中选择"文件夹选项",然后勾选"只读"选项

3. 在 Windows 10 中,如何将多个文件一次性移动到另一个文件夹?(　　)
　A. 按住 Ctrl 键,依次单击要移动的文件,然后拖曳到目标文件夹
　B. 按住 Shift 键,依次单击要移动的文件,然后拖曳到目标文件夹
　C. 按住 Alt 键,依次单击要移动的文件,然后拖曳到目标文件夹
　D. 按住 Space 键,依次单击要移动的文件,然后拖曳到目标文件夹

4. 在 Windows 10 中,如何更改文件或文件夹的显示方式?( )

    A. 在"文件资源管理器"中右击空白处,选择"查看"命令,然后选择显示方式

    B. 在"文件资源管理器"中单击"查看"选项卡,然后选择显示方式

    C. 在"文件资源管理器"中单击"主页"选项卡,然后选择显示方式

    D. 在"文件资源管理器"中单击"共享"选项卡,然后选择显示方式

5. 在 Windows 10 中,如何快速创建文件或文件夹的快捷方式?( )

    A. 右击文件或文件夹,选择"创建快捷方式"命令

    B. 按 Ctrl+Shift+N 组合键

    C. 按 Ctrl+Shift+D 组合键

    D. 按 Ctrl+Shift+S 组合键

二、判断题

1. 在 Windows 10 中,可以通过在"文件资源管理器"的搜索框中输入关键词来搜索文件或文件夹。( )

2. 在 Windows 10 中,不能将文件夹设置为"只读"属性。( )

3. 在 Windows 10 中,不能使用命令提示符中的 dir 命令来查看文件夹内容。( )

4. 在 Windows 10 中,不能通过拖曳文件到桌面来创建文件的快捷方式。( )

5. 在 Windows 10 中,可以通过"文件资源管理器"的"查看"选项卡来更改文件或文件夹的显示方式。( )

任务 1.4 系 统 安 全

1.4.1 任务知识点

- 常见病毒、木马及诈骗。
- 杀毒软件 Windows Defender 和第三方杀毒软件。
- 防火墙。

1.4.2 任务描述

通过有效管理和配置杀毒软件和防火墙,可以防御病毒和网络攻击,从而提升个人计算机的安全性。为达成目标,任务被细分为以下两个主要子任务。

子任务一:部署和更新杀毒软件

在 Windows 10 上启用并配置 Windows Defender,同时考虑安装第三方杀毒软件以提供额外保护,并定期更新病毒库。

子任务二:配置和管理防火墙

设置 Windows Defender 防火墙,制定合适的安全规则,监控网络流量,确保数据传输安全。

1.4.3 知识与技能

随着计算机及网络技术与应用的不断发展,随之而来的计算机系统安全问题越来越引起人们的关注。计算机系统一旦遭受破坏,将给使用单位造成重大经济损失,并严重影响正常工作的顺利开展。加强计算机系统安全工作,是信息化建设工作的重要工作内容之一。

1. 常见计算机病毒、木马病毒

1) 常见计算机病毒

计算机病毒指编制或者在计算机程序中插入的破坏计算机功能或者破坏数据,影响计算机正常使用并且能够自我复制的一组计算机指令。

常见计算机病毒是人为制造的,既有破坏性,又有传染性和潜伏性的。计算机病毒是对计算机信息或系统起破坏作用的程序。它不是独立存在的,而是隐蔽在其他可执行的程序之中。计算机感染病毒后,轻则影响机器运行速度,重则死机并使系统文件被破坏。因此,病毒会给用户带来很大的损失。

(1) 按照依附的媒体类型可将病毒分为以下3类。

① 网络病毒:通过计算机网络感染可执行文件的计算机病毒。

② 文件病毒:主攻计算机内文件的病毒。

③ 引导型病毒:一种主攻感染驱动扇区和硬盘系统引导扇区的病毒。

(2) 按照计算机特定算法可将病毒分为以下3类。

① 附带型病毒:通常附带于一个EXE文件上,其名称与EXE文件名相同,但扩展名是不同的。附带型病毒一般不会破坏或更改文件本身。但在DOS中读取文件时,首先激活的就是这类病毒。

② 蠕虫病毒:一种能够通过计算机网络传播的恶意软件。它会利用网络漏洞,从一台计算机自动传播到另一台计算机,并感染系统。虽然它主要通过网络传播,但并非不会损害计算机文件和数据,它可能会对文件进行删除、篡改等操作,导致数据丢失或系统运行异常。其破坏性与计算机网络的部署情况密切相关,网络越复杂,连接的设备越多,其传播和造成的危害可能就越大。

③ 可变病毒:可以自行应用复杂的算法,很难被发现,因为在另一个地方表现的内容和长度与现在是不同的。

2) 木马病毒

木马病毒是指隐藏在正常程序中的一段具有特殊功能的恶意代码,是具备破坏和删除文件、发送密码、记录键盘和攻击DOS等特殊功能的后门程序。木马病毒其实是计算机黑客用于远程控制计算机的程序,将控制程序寄生于被控制的计算机系统中,里应外合,对被感染木马病毒的计算机实施操作。一般的木马病毒主要是寻找计算机后门,伺机窃取被控计算机中的密码和重要文件等。可以对被控计算机实施监控、资料修改等非法操作。木马病毒具有很强的隐蔽性,可以根据黑客意图突然发起攻击。

2. 杀毒软件

杀毒软件也称反病毒软件或防毒软件,是用于消除计算机病毒、特洛伊木马病毒和恶意软件等计算机威胁的一类软件。

杀毒软件通常集成了监控识别、病毒扫描和清除、自动升级、主动防御等功能,有的杀毒软件还带有数据恢复、防范黑客入侵、网络流量控制等功能,是计算机防御系统(包含杀毒软件、防火墙、特洛伊木马病毒、恶意软件的查杀程序、入侵预防系统等)的重要组成部分。

Windows 10 操作系统自身携带了一套完整的反病毒软件 Defender,同时这套反病毒软件也在不断地改进和优化,最终成为 Windows Defender 安全中心。我们可以通过对安全中心的设置,提高操作系统防护病毒的能力,并且使用非常方便,能够保障操作系统的基本安全。

3. 防火墙技术

防火墙技术的功能主要在于及时发现并处理计算机网络运行时可能存在的安全风险、数据传输等问题,其中处理措施包括隔离与保护,同时可对计算机网络安全当中的各项操作实施记录与检测,以确保计算机网络运行的安全性,保障用户资料与信息的完整性,为用户提供更好、更安全的计算机网络使用体验。

1.4.4　任务实现

子任务一:部署和更新杀毒软件

第一步:启用和配置 Windows Defender。

(1)通过控制面板找到并打开 Windows 安全中心,或者使用搜索功能搜索"Windows安全中心"并将其打开,如图 1-54 所示。

图 1-54　Windows 安全中心

(2)在 Windows 安全中心的左侧菜单中选择"病毒和威胁防护"命令,在窗口中间部分进行安全软件的选项设置,如图 1-55 所示。

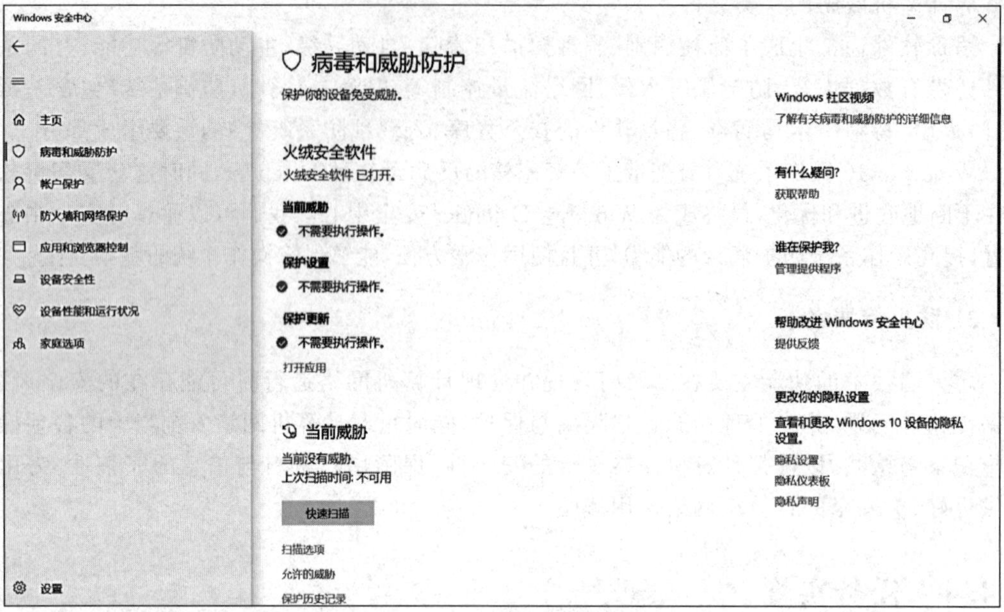

图 1-55　病毒和威胁防护

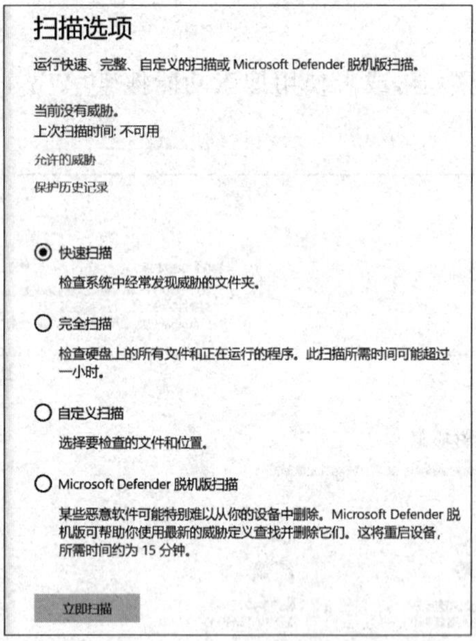

图 1-56　4 种病毒扫描方式

（3）在"病毒和威胁防护"页面检查实时防护的状态，确保它已经开启。

（4）根据个人需求调整防护级别和扫描选项。

（5）根据需要选择快速扫描、完全扫描、自定义扫描或脱机版扫描，如图 1-56 所示。

① 快速扫描：使用快速扫描方式，Windows Defender 只扫描操作系统的关键性文件和系统启动项等内容，扫描速度较快。

② 完全扫描：完全扫描是扫描计算机中的所有文件，扫描速度比较慢。

③ 自定义扫描：可以自己定义需要扫描的文件，扫描速度取决于自定义文件的多少。

④ Microsoft Defender 脱机版扫描：计算机受到恶意病毒破坏，系统无法正常工作，需要进入 Windows Defender 脱机版完成系统的扫描工作。

第二步：安装第三方杀毒软件。

Windows 安全中心附带的杀毒软件能够在一定程度上抵御病毒软件，但是在杀毒等方面功能还不够强大，并且现在有很多的免费杀毒软件能提供更强大的保护功能。例如，某杀毒软件相对于其他杀毒软件来说，占用系统内存小，软件界面简洁且易操作，功能实用，于是某用户决定在计算机上再安装一款杀毒软件。具体安装过程如下。

（1）登录官方网站，下载杀毒软件，如图 1-57 所示。

图 1-57 下载杀毒软件

（2）双击该软件，或者右击此软件并选择"打开"命令，如图 1-58 所示。

图 1-58 选择"打开"命令

（3）然后单击图 1-59 中的"安装目录"选项。软件默认安装到 C 盘，也可以更改到如 D 盘等其他盘来安装。

（4）选择好安装路径后，单击"极速安装"选项，即可进行软件安装，如图 1-60 所示。

图 1-59 选择安装目录

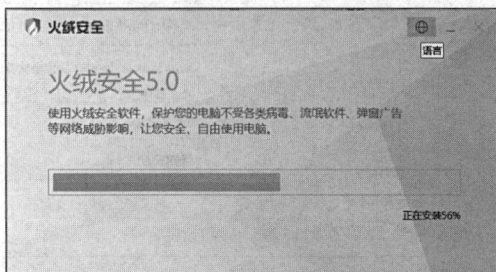

图 1-60 安装进度条

（5）安装好的杀毒软件的主界面如图 1-61 所示。

（6）安装好软件后，单击图 1-62 中间的图标，可以进行病毒库的升级。

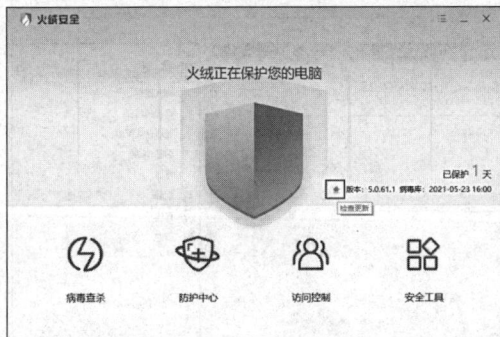

图 1-61 主界面

图 1-62 更新病毒库

第三方杀毒软件安装一个大家常用的即可，因为杀毒软件需要常驻内存，如果杀毒软件安装过多，会导致计算机运行速度极慢，占据大量系统资源。

子任务二：配置和管理防火墙

Windows 安全中心除了具有对病毒和威胁的防护功能外，同时还提供了防火墙软件。病毒和威胁的防护模块主要是防止病毒和一些恶意程序的感染；而防火墙则可以防止一些恶意的网络攻击，并且能够帮助用户控制进出网络的流量。

第一步：通过控制面板可以配置防火墙。

按图 1-63 所示对防火墙进行配置。

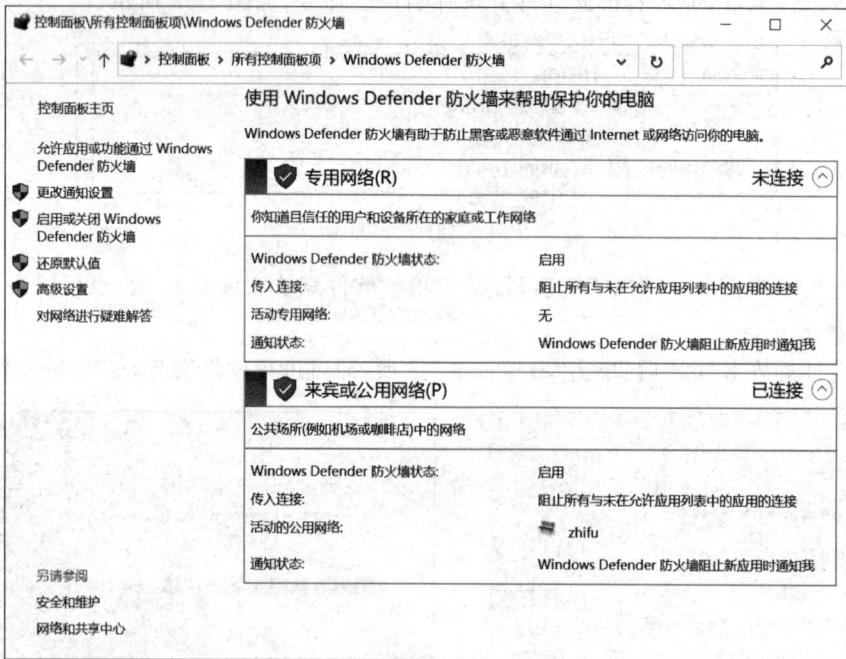

图 1-63　Windows Defender 防火墙

第二步：高级安全防火墙设置。

单击左侧的"高级设置"选项，可以完成防火墙的高级设置，如图 1-64 所示。

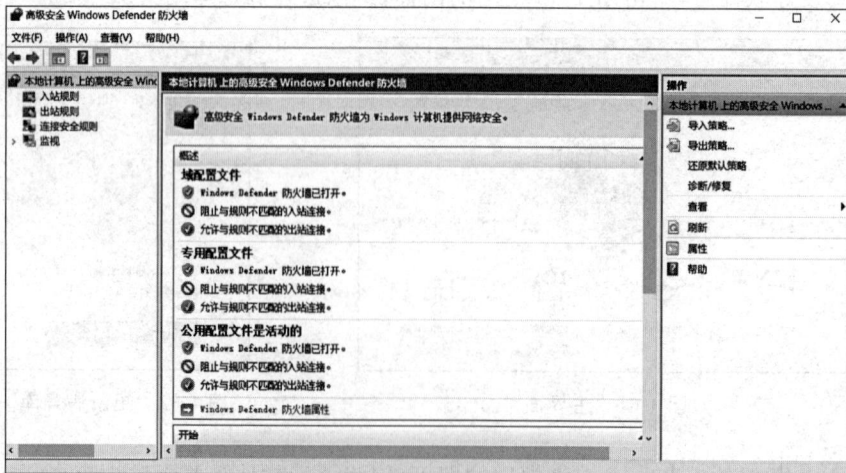

图 1-64　防火墙的高级设置

1.4.5　任务小结

本任务介绍了系统安全的相关知识,包括常见病毒、木马及诈骗的类型和特点,杀毒软件 Windows Defender 和第三方杀毒软件的功能与使用方法,以及防火墙的作用和配置管理。通过部署和更新杀毒软件,配置和管理防火墙的实践操作,提升了个人计算机的安全性,并防御了病毒和网络攻击。

1.4.6　职场赋能

随着信息技术的飞速发展,网络安全问题日益突出,各种病毒、木马和网络诈骗手段层出不穷,严重威胁到个人和社会的安全。因此,必须时刻保持警惕,学会正确使用安全软件,合理设置安全策略,及时更新系统和软件,以提高系统的安全防护能力。同时,要增强法律意识,遵守网络道德规范,不传播不良信息,不侵犯他人隐私,共同营造一个健康、安全的网络环境。通过这些学习和实践,不仅能保护自己,还能为社会的信息安全贡献自己的力量。

1.4.7　习题小测

一、单选题

1. (　　)是计算机病毒的主要特征。

　　A. 自我复制　　　　　　　　　　B. 增加计算机性能

　　C. 提供用户界面　　　　　　　　D. 改善系统兼容性

2. (　　)不是常见的网络诈骗手段。

　　A. 网络钓鱼　　　　　　　　　　B. 虚假广告

　　C. 免费软件下载　　　　　　　　D. 正规渠道购物

3. Windows Defender 是(　　)操作系统自带的杀毒软件。

　　A. Windows XP　　　　　　　　　B. Windows Vista

　　C. Windows 7　　　　　　　　　　D. Windows 10

4. 勒索病毒通常通过(　　)方式要求受害者支付赎金。

　　A. 电话　　　　　　　　　　　　B. 电子邮件

　　C. 比特币或其他加密货币　　　　D. 银行转账

5. (　　)是木马病毒的主要目的。

　　A. 帮助用户更好地使用计算机　　B. 提供远程控制功能给黑客

　　C. 改善计算机系统性能　　　　　D. 为用户提供免费软件

二、判断题

1. 所有计算机病毒都可以通过观察文件图标来识别。(　　)

2. 使用复杂密码可以有效降低账户被盗的风险。(　　)

3. Windows Defender 只能提供基本的病毒防护,不具备高级安全功能。（　　）

4. 网络诈骗只会发生在不熟悉网络操作的用户身上。（　　）

5. 定期更新操作系统和应用程序是提高计算机安全性的重要措施之一。（　　）

项目 1　使用计算机电子活页

项目2 使用文档处理软件

文档处理作为信息化办公的重要组成部分,在人们的日常生活、学习和工作中发挥着不可或缺的作用。无论是编写报告、制作简历、学术研究还是日常通信,高效的文档处理能力都是现代社会中个人与组织成功的关键因素之一。本项目以 Word 2019 的使用为主要任务,分解成 Word 2019 基本操作、文档录入与编辑、文档格式化与排版、图文混排、表格的创建与编辑、表格的格式设置、文档的保护与打印、邮件合并、长文档的处理等多个任务,通过上述任务掌握相关知识和技能。

思维导图

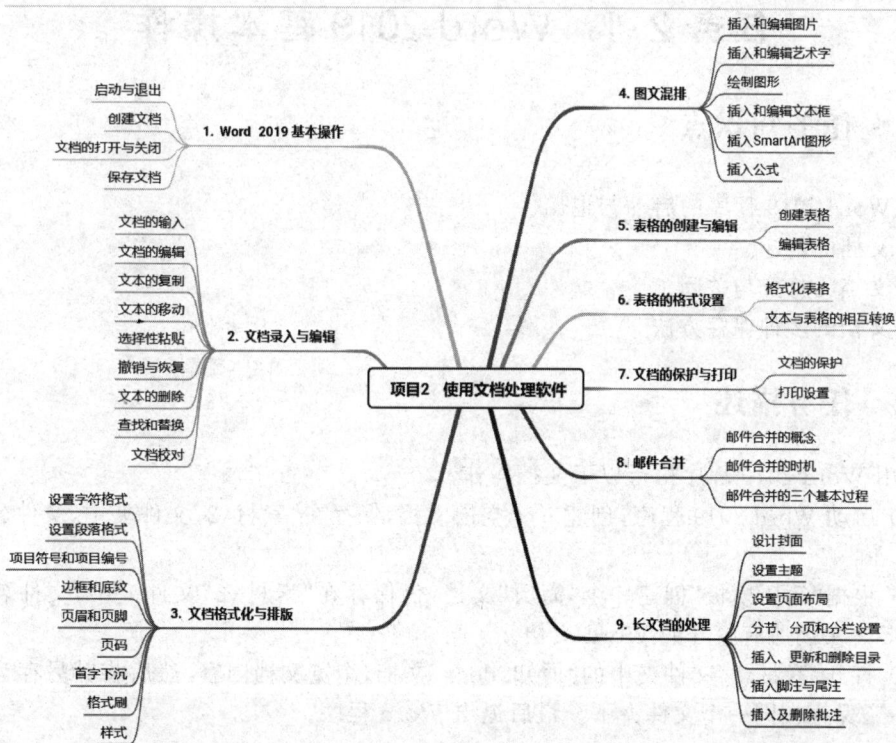

知识目标

- 理解 Word 2019 的基本操作和界面布局。
- 掌握文档格式化与排版的基本概念和原则。
- 了解 Word 2019 表格操作的基础知识。
- 掌握图文混排的基本原则和方法。

- 了解文档保护与打印的相关设置和选项。

技能目标

- 熟练进行 Word 2019 的基本操作,如文档创建、编辑、保存等。
- 能够高效地进行文档格式化与排版操作,包括字体设置、段落布局、样式应用等。
- 熟练使用 Word 2019 表格功能,包括创建表格、编辑表格内容、格式化表格等。
- 能够进行图文混排操作,合理布局文本和图片,提高文档的视觉效果。
- 掌握文档的保护技巧,如设置密码、限制编辑等,确保文档安全。
- 熟练使用文档打印功能,包括设置打印参数、预览打印效果等。

素质目标

- 培养良好的文档编辑习惯,注重文档的规范性和专业性。
- 提高信息组织和处理能力,能够高效地管理和利用文档中的信息。
- 增强团队协作意识,能够在多人协作环境中有效沟通和协调。
- 培养创新思维,能够在文档编辑和排版中尝试新的方法和技术。
- 强化安全意识,重视文档的保护和隐私保护。
- 提高自我学习和自我提升的能力,不断更新 Word 2019 的使用技巧和知识。

任务 2.1　Word 2019 基本操作

2.1.1　任务知识点

- Word 2019 程序的启动与退出。
- 文档的新建。
- 文档的打开与关闭。
- 文档的多种保存方法。

2.1.2　任务描述

使用 Word 2019 程序执行以下文档操作。

(1) 启动 Word 2019 程序,创建一个空白文档,保存在"素材\2"文件夹中,文件名为"空白文档.docx"。

(2) 根据"简历模板"创建一个"简历"文档,仍保存在"素材\2"文件夹中,文件名为"简历.docx"。关闭所有打开的 Word 文档。

(3) 打开"素材\2"文件夹中的"通知.docx"文档,浏览文档内容,然后将其另存为"新通知.docx",保存在同一个文件夹下。最后退出 Word 程序。

2.1.3　知识与技能

1. 启动与退出

1) Word 2019 程序的启动

启动 Word 2019 可以通过以下 3 种方法。

方法一：双击 Word 2019 的快捷方式图标▩。

方法二：在菜单中选择"开始"→Word 命令。

方法三：打开一个 Word 文档文件。

2）Word 2019 程序的退出

退出 Word 2019 程序可以通过以下 5 种方法。

方法一：选择"文件"→"关闭"命令。

方法二：单击 Word 窗口右上方的"关闭"按钮▨。

方法三：双击窗口左上角"保存"按钮左边的控制图标。

方法四：单击控制图标，在下拉菜单中选择"关闭"命令。

方法五：按 Alt＋F4 组合键。

2．创建文档

常用的创建空白文档的方法如下。

方法一：启动 Word 2019 的同时就创建了一个空白文档。

方法二：单击自定义快速访问工具栏中的"新建空白文档"按钮▩。

方法三：选择"文件"→"新建"命令，单击"空白文档"选项。

方法四：选择"文件"→"开始"命令，选择"新建"部分下的"空白文档"选项。

方法五：按 Ctrl＋N 组合键。

如果要创建带内容的文档，可以单击"文件"按钮，在左侧列表中选择"新建"命令，在右侧区域中通过单击模板选择"创建"命令或双击各模板创建含有相应内容的文档。

3．文档的打开与关闭

1）打开文档

如果要打开磁盘上的某个 Word 文档，可以使用以下方法。

方法一：找到要打开的 Word 文档并双击，或者右击要打开的 Word 文档并在弹出的快捷菜单中选择"打开"命令。

方法二：启动 Word 2019 程序，选择"文件"→"打开"命令，在中间"打开"部分选择"浏览"命令，打开"打开"对话框，选择要打开的文档后，单击"打开"按钮，或双击要打开的文档。

2）关闭文档

文档使用之后要将文档关闭，常用的关闭文档的方法如下。

方法一：选择"文件"→"关闭"命令。

方法二：单击标题栏右侧的"关闭"按钮▨。

方法三：双击窗口左上角"保存"按钮左边的控制图标。

方法四：单击控制图标，在弹出的菜单中选择"关闭"命令。

方法五：按 Alt＋F4 组合键。

4．保存文档

文档的保存分为 4 种情况：保存新建文档、保存已经存盘的文档、自动保存文档，以及保存为 PDF 格式的文档。

1) 保存新建文档

文档编辑完之后要进行存盘,首次将文档存盘的步骤如下。

(1) 单击自定义快速访问工具栏中的"保存"按钮📷,或选择"文件"→"保存"命令,也可选择"文件"→"另存为"命令,打开"另存为"对话框。

(2) 在对话框上方的"保存位置"下拉列表中选择磁盘分区,在对应的窗口中设置保存位置,也可以单击"新建文件夹"按钮🗂新建文件夹。

(3) 在"文件名"文本框中输入文档名。

(4) 在"保存类型"下拉列表中选择文件的保存类型。

(5) 单击"保存"按钮,完成文档的保存。

2) 保存已经存盘的文档

打开已经存盘的文档并再次进行编辑后,就可以将文档直接保存,即仍以原文件名保存在原位置,也可以"另存为",即重新保存为其他的名字或存放在其他的位置。

(1) 直接保存。单击自定义快速访问工具栏的"保存"按钮🖫,或选择"文件"→"保存"命令。

(2) 另存为。选择"文件"→"另存为"命令,在打开的"另存为"对话框中进行设置。

3) 自动保存文档

除了手动保存文档,还可设置每隔一段时间让 Word 自动保存文档一次,方法如下。

(1) 选择"文件"→"选项"命令,打开"Word 选项"对话框。

(2) 在"Word 选项"对话框左侧列表中选择"保存"命令,在右侧对应区域中选中"保存自动恢复信息时间间隔"复选框,并通过右边的微调框设置自动保存时间间隔。

(3) 单击"确定"按钮,这样每隔指定的时间 Word 就会自动保存文档一次。

4) 保存为 PDF 格式的文档

选择"文件"→"另存为"命令,选择"浏览"命令,打开"另存为"对话框,在"保存类型"下拉列表中选择保存类型为"PDF(∗.pdf)"。

2.1.4　任务实现

第一步:在 Windows 中选择"开始"→"Word"命令,启动 Word 2019 程序,同时新建一个空白文档。

第二步:单击文档窗口中的"文件"按钮,在下拉列表中选择"保存"命令,弹出"另存为"对话框,在对话框中设置保存位置为"桌面\素材\2"文件夹,在"文件名"文本框中输入文件名"空白文档.docx",然后单击"保存"按钮。

第三步:单击窗口中的"文件"按钮,在下拉列表中选择"新建"命令,在右侧区域中选择任意一种简历模板,单击右侧的"创建"按钮,或双击简历模板,即可创建一个简历文档。

第四步:将简历文档以"简历.docx"为文件名保存在"桌面\素材\2"文件夹中。

第五步:单击每个文档窗口标题栏中的"关闭"按钮,关闭所有文档。

第六步:找到"素材\2"文件夹中的"通知.docx"文档,双击将其打开,然后单击"文件"按钮,在下拉列表中选择"另存为"命令,将文档以"新通知.docx"文件名保存在原文件夹中。最后单击每个文档窗口标题栏中的"关闭"按钮,关闭文档并退出 Word 2019 程序。

2.1.5　任务小结

本任务详细介绍了 Word 2019 的基本操作内容,涵盖了程序的启动与退出,文档的新建、打开与关闭,以及文档的多种保存方式。此外,本任务还介绍了如何使用 Word 模板创建特定类型的文档,这对于快速生成格式化文档非常有用。最后通过一系列具体的操作步骤,实现了文档的创建、编辑、保存和另存为等操作。本任务提升了用户对 Word 2019 文档处理的基本技能,为日常办公和文档管理工作打下了坚实的基础。

2.1.6　职场赋能

在信息化时代,掌握 Word 2019 的基本操作是职场文档处理的重要基础。创建文档是开展工作的第一步,通过新建空白文档或选择适配模板,能帮助我们快速搭建文档框架,为后续工作做好准备。而保存操作则是保障信息安全的关键,能有效避免因意外情况导致的内容丢失,确保前期的努力不会付诸东流。操作看似简单,却贯穿文档处理的始终,是高效完成职场文档工作及筑牢信息安全防线的基础,也是学好 Word 2019 的前提。

2.1.7　习题小测

一、单选题

1. 启动 Word 2019 的最快方法是(　　)。
   A. 重启计算机　　　　　　　　B. 双击 Word 2019 快捷方式图标
   C. 打开控制面板　　　　　　　D. 关闭所有程序
2. 退出 Word 2019 程序的方法是按(　　)组合键。
   A. Ctrl＋C　　　B. Alt＋F4　　　C. Ctrl＋S　　　D. Ctrl＋P
3. 按(　　)组合键可以新建 Word 文档。
   A. Ctrl＋O　　　B. Ctrl＋N　　　C. Ctrl＋S　　　D. Ctrl＋P
4. 如果要将文档保存为 PDF 格式,应该选择的文件类型是(　　)。
   A. DOCX　　　B. PDF　　　C. DOC　　　D. TXT
5. 设置 Word 自动保存文档的方法是选择(　　)命令。
   A. "文件"→"打印"　　　　　　B. "文件"→"另存为"
   C. "文件"→"选项"　　　　　　D. "文件"→"打开"

二、判断题

1. Word 2019 程序可以通过 Windows"开始"菜单中的 Word 命令启动。(　　)
2. 选择"文件"→"另存为"命令不能将文档保存为 PDF 格式。(　　)
3. 文档的自动保存功能不能自定义保存时间间隔。(　　)
4. 直接保存文档会覆盖原有文件,而另存为会创建一个新的文件。(　　)
5. 关闭 Word 文档时,选择"文件"→"关闭"命令可以关闭当前文档。(　　)

任务 2.2　文档录入与编辑

2.2.1　任务知识点

- 文本的录入、选择、复制、移动。
- 选择性粘贴。
- 撤销与恢复。
- 查找与替换。
- 文本的删除。
- 文档校对。

2.2.2　任务描述

（1）新建一个空白文档，在文档中录入以下内容。

TCP/IP 的主要特点。

① TCP/IP 不依赖任何特定的计算机硬件或操作系统而提供开放的协议标准，即使不考虑 Internet，TCP/IP 也获得了广泛的支持，所以 TCP/IP 成为一种联合各种硬件和软件的实用系统。

② TCP/IP 并不依赖特定的网络传输硬件，所以 TCP/IP 能够集成各种各样的网络。用户能够使用以太网（Ethernet）、令牌环网（token ring network）、拨号线路（dial-up line）、x.25 网以及所有的网络传输硬件。

③ 统一的网络地址分配方案使整个 TCP/IP 设备在网中都具有唯一的地址。

④ 标准化的高层协议可以提供多种可靠的用户服务。

（2）复制正文开头的文本 TCP/IP 作为文章的题目。

（3）将文中以"②TCP/IP 并不依赖……"开头的段落与以"③统一的网络……"开头的段落的位置互换。

（4）撤销段落位置互换。

（5）复制以"②TCP/IP 并不依赖……"开头的段落放在以"③统一的网络……"开头的段落后面，然后将原位置以"②TCP/IP 并不依赖……"开头的段落删除。

（6）将文档以"TCP/IP.docx"为文件名保存在"素材\2-2"文件夹中。

2.2.3　知识与技能

1. 文档的输入

当创建空白文档后，在 Word 文档窗口的工作区内有一个闪烁的光标"|"，称为插入点，它指示文档的当前输入位置。Word 文档的工作区具有"即选即输"的功能，即在任意位置

单击,插入点就会出现在单击的位置。

1)录入状态

Word 2019 提供了两种录入状态,即插入和改写。录入状态显示在状态栏中。

(1)"插入"状态。在"插入"状态下,当输入新内容时,新内容出现在插入点之后,原来插入点之后的内容依次向后移动。

(2)"改写"状态。在"改写"状态下,当录入新内容时,新内容会按顺序依次覆盖掉原来插入点之后的内容。

(3)切换录入状态。

方法一:在状态栏的空白处右击,在弹出的快捷菜单中选择"改写"命令使其变为选中状态,即前面打对钩,此时的录入状态为"改写"。"改写"命令前无对钩,则为"插入"状态。

方法二:按 Insert 键。

2)选择输入法

要录入文本,首先应选择合适的输入法,方法如下。

方法一:通过 Ctrl+Shift 组合键切换输入法。

方法二:单击输入法指示器,在弹出的列表中选择输入法。

如果要进行中英文切换,可以按 Ctrl+Space 组合键或按 Shift 键。

3)全角/半角的切换

英文字母和阿拉伯数字的全半角有很大的不同,全角字符占用两个半角字符的位置。切换全、半角的方法如下。

方法一:单击输入法指示器上的按钮 ☽ 和 ●。

方法二:按 Shift+Space 组合键。

4)中、英文标点符号切换

在录入过程中,有时要输入中文标点符号,有时还要输入英文标点符号。切换中、英文标点符号的方法如下。

方法一:单击输入法指示器上的 ◦, 和 ·· 按钮。

方法二:按 Ctrl+"."组合键。

5)特殊符号

在文本录入的过程中,经常要输入一些特殊的符号,如①、☆等。输入特殊符号可以通过"符号"对话框,也可以通过软键盘。

(1)通过"符号"对话框。

① 将插入点定位在文档中要输入特殊符号的位置。

② 在"插入"功能区的"符号"组中单击"符号"按钮Ω,弹出下拉列表。

③ 在下拉列表中选择"其他符号"命令,打开"符号"对话框,如图 2-1 所示。

④ 在"符号"对话框中通过单击切换"符号"或"特殊符号"选项卡,找到要插入的符号并双击;或单击要插入的符号后,再单击"插入"按钮,将选择的符号插入到文档中指定的位置。

(2)使用软键盘。

以 QQ 拼音输入法为例,使用软键盘输入特殊符号☆的步骤如下。

① 将插入点定位在文档中要输入☆的位置。

② 右击输入法指示器上的软键盘按钮▦,弹出的快捷菜单中列出了可选择的软键盘类型,如图 2-2 所示。

图 2-1　"符号"对话框

图 2-2　右击软键盘弹出的快捷菜单

③ 在菜单中选择"特殊符号"类型,弹出"特殊符号"软键盘,如图 2-3 所示。

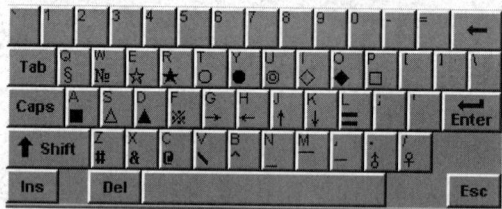

图 2-3　"特殊符号"软键盘

④ 在软键盘中单击▦,☆便出现在文档中指定的位置。

⑤ 再次单击输入法指示器上的软键盘按钮,或右击输入法指示器中的软键盘按钮,在菜单中选择"关闭软键盘"命令,即可将软键盘关闭。

6) 段落

段落是文档的基本单位,在 Word 文档中,两个回车符中间的内容(包括段后的回车符)称为一个段落。

在录入文本时,当文字到达一行的最右端时,插入点会自动跳转到下一行的开头。如果还未满一行就要换行,方法如下。

方法一:换行不换段,可以按 Shift+Enter 组合键。

方法二:既换行又换段,可以按 Enter 键。

7) 字符的删除

如果要删除字符,方法如下。

方法一:将插入点定位在要删除的字符前,然后按 Delete 键。

方法二:将插入点定位在要删除的字符后,然后按 Backspace 键。

方法三：选择要删除的字符，按 Delete 键或 Backspace 键。

2. 文档的编辑

对文档进行操作之前首先要选择文本，选择文本包括选择一句、一段、一行、多行（连续与不连续）、小文本块、大文本块、多个文本块、矩形文本块、全选等。

将光标移至工作区左侧的空白位置，光标的形状会变成向右的空心箭头，这个区域称为选定栏。在选定栏中可以快速选择文本。

1）选择一句

按住 Ctrl 键的同时，单击要选的句子中的任意位置，即可选择一句文本。

2）选择一段

方法一：将光标移至要选择的段落的左边选定栏的位置并双击。

方法二：在要选择的段落中的任意位置快速单击鼠标左键 3 次。

3）选择一行

将光标移至要选择的行左边的选定栏位置并单击，即可选择对应的行。

4）选择多行

（1）连续的多行。将光标移至要选择的第 1 行左边的选定栏位置，按下鼠标的左键向下拖动，即可选择连续的多行。

（2）不连续的多行。先选择其中的一行，然后按住 Ctrl 键不放，依次选择其他的行，待所有行都选完之后松开 Ctrl 键。

5）选择小文本块

将光标移至要选择的第 1 个字符之前，按住鼠标左键拖动到文本块的最后一个字符后松开即可。这种方法适合选定小块的、不跨页的文本。

6）选择大文本块

将插入点定位在文本块的起始位置，然后通过拖动滚动条或滑动鼠标滑轮，使要选择的文本块的结束位置出现在窗口范围内，按住 Shift 键的同时，单击结束位置，这样两次单击位置中间的文本就会被选中。这种方法适合选定大块的，尤其是跨页的文本块，既快捷又准确。

7）选择多个文本块

先选定其中的一个文本块，然后按住 Ctrl 键不放，用拖动鼠标的方法依次去选择其他的文本块，待所有文本块都选完后松开 Ctrl 键即可。

8）选择矩形文本块

按住 Alt 键不放，按住右键拖动鼠标纵向选定矩形文本块，然后松开 Alt 键即可。

9）选择整个文档

方法一：将光标移至文档的选定栏位置，快速单击鼠标左键 3 次。

方法二：使用 Ctrl＋A 组合键。

10）撤销选择

如果要撤销选择的文本，只需在文档的任意位置单击即可。

3. 文本的复制

复制文本是指将文档中某部分文本"拷贝"一份，放到其他位置，原来的文本仍在原位置。文本的复制可以通过拖动鼠标,也可以使用剪贴板。

1)使用拖动鼠标的方法

(1)选择要复制的文本。

(2)按住 Ctrl 键不放,将光标移至选择的文本上,按下鼠标左键并拖动,此时,鼠标指针呈向左的空心箭头形状,在其尾部出现虚线方框和一个"＋"号,在指针前还出现一条竖直虚线。

(3)拖动文本块到目标位置,即虚线指向的位置,松开鼠标左键即可完成文本的复制。

2)使用剪贴板

(1)选择要复制的文本。

(2)在"开始"功能区的"剪贴板"组中单击"复制"按钮,或按 Ctrl＋C 组合键,将选择的文本复制到剪贴板。

(3)将插入点定位在目标位置。

(4)在"开始"功能区的"剪贴板"组中单击"粘贴"按钮,或按 Ctrl＋V 组合键,将文本从剪贴板复制到目标位置。

4. 文本的移动

文本的移动是指将文本移动至另一位置,原来位置的文本消失。文本的移动也可以通过拖动鼠标或使用剪贴板实现。

1)使用拖动鼠标的方法

(1)选择要移动的文本。

(2)拖动文本至目标位置,然后松开鼠标键即可。

2)使用剪贴板

(1)选定要移动的文本。

(2)在"开始"功能区的"剪贴板"组中单击"剪切"按钮,或按 Ctrl＋X 组合键,将选择的文本移动到剪贴板。

(3)将插入点定位在目标位置。

(4)在"开始"功能区的"剪贴板"组中单击"粘贴"按钮,或按 Ctrl＋V 组合键,将文本从剪贴板复制到目标位置。

5. 选择性粘贴

如果只想复制文本内容而不要文本格式,可以使用快捷菜单,或使用"选择性粘贴"对话框。

1)使用快捷菜单

(1)选定要复制的文本。

(2)按下 Ctrl＋C 组合键,将其复制到剪贴板中。

(3)将光标移至目标位置处并右击,在快捷菜单中单击"粘贴选项"中的"只保留文本"按钮,即可只复制内容而不要格式。

2)使用"选择性粘贴"对话框

(1)选定要复制的文本。

(2)按 Ctrl＋C 组合键,将其复制到剪贴板中。

（3）将插入点定位到目标位置，在"开始"功能区的"剪贴板"组中单击"粘贴"按钮下面的按钮，在下拉列表中选择"选择性粘贴"命令，弹出"选择性粘贴"对话框，如图 2-4 所示。

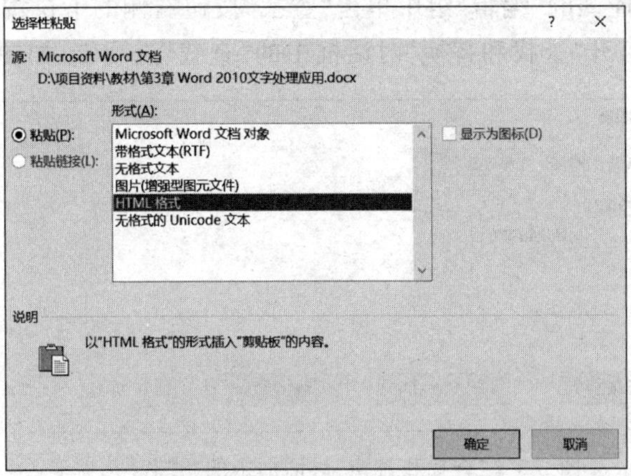

图 2-4　"选择性粘贴"对话框

（4）在对话框的"形式"列表中选择"无格式文本"选项，单击"确定"按钮即可。

可以看到，在"选择性粘贴"对话框中除了可以粘贴为"无格式的文本"，还可以粘贴为其他形式的文本。

6. 撤销与恢复

1）撤销

在编辑文档时，如果不小心删除了文本，可以撤销之前的操作，方法如下。

方法一：单击"自定义快速访问工具栏"中的"撤销"按钮 。

方法二：使用 Ctrl＋Z 组合键。

2）恢复

如果在上述"撤销"操作后仍要删除文本，可以恢复之前的操作，方法如下。

方法一：单击"自定义快速访问工具栏"中的"恢复"按钮 。

方法二：使用 Ctrl＋Y 组合键。

7. 文本的删除

如果要删除文本块，方法如下。

方法一：选择要删除的文本，然后按 Delete 键。

方法二：选择要删除的文本，然后按 Backspace 键。

方法三：选择要删除的文本，然后按 Ctrl＋X 组合键。

说明：方法三是将删除的文本放进了剪贴板。如果另有他用，可以进行"粘贴"或"选择性粘贴"操作。

8. 查找和替换

在编辑文档时，如果需要查找某个内容或将文档中的某个词替换成其他词，人工查找或修改既费时费力又容易遗漏。Word 2019 提供的"查找与替换"功能可以轻松地解决这个问题。

1）查找

（1）将插入点定位在文档的开头位置。

（2）在"开始"功能区的"编辑"组中单击"查找"按钮右侧的下拉按钮，在下拉列表中选择"高级查找"命令，打开"查找和替换"对话框中的"查找"选项卡，如图 2-5 所示。

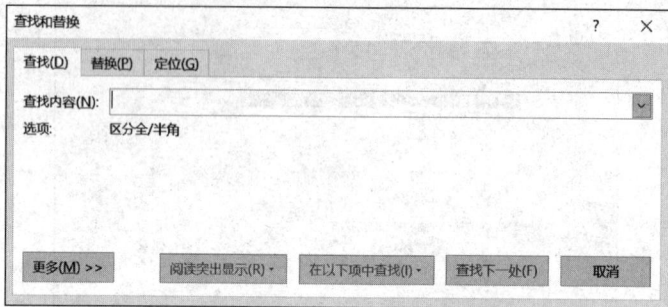

图 2-5 "查找和替换"对话框中的"查找"选项卡

（3）在对话框的"查找内容"文本框中输入要查找的内容，然后单击"查找下一处"按钮，Word 2019 会帮助用户逐个找到要查找的内容。

2）替换

（1）将插入点定位在文档的开头位置。

（2）在"开始"功能区的"编辑"组中单击"替换"按钮，打开"查找和替换"对话框中的"替换"选项卡，如图 2-6 所示。

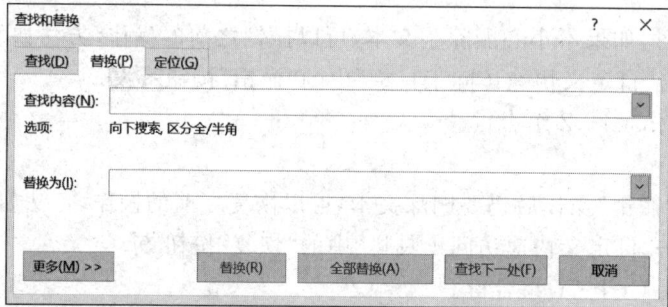

图 2-6 "查找和替换"对话框中的"替换"选项卡

（3）在对话框的"查找内容"文本框中输入查找内容，在"替换为"文本框中输入替换内容，然后单击"替换"按钮逐个替换，或单击"全部替换"按钮全部替换。

在替换内容的同时还可为替换之后的内容设置格式，设置完"查找内容"和"替换内容"之后，将插入点定位在"替换内容"文本框中，单击"更多"按钮，展开隐藏区域，如图 2-7 所示。单击"格式"按钮或"特殊格式"按钮，在列表中选择要设置的格式选项并进行相应的设置。

9. 文档校对

1）错别字更正

在"审阅"功能区的"校对"组中单击"拼写和语法"按钮，右边出现"校对"对话框，显示检测到的拼写或语法错误。

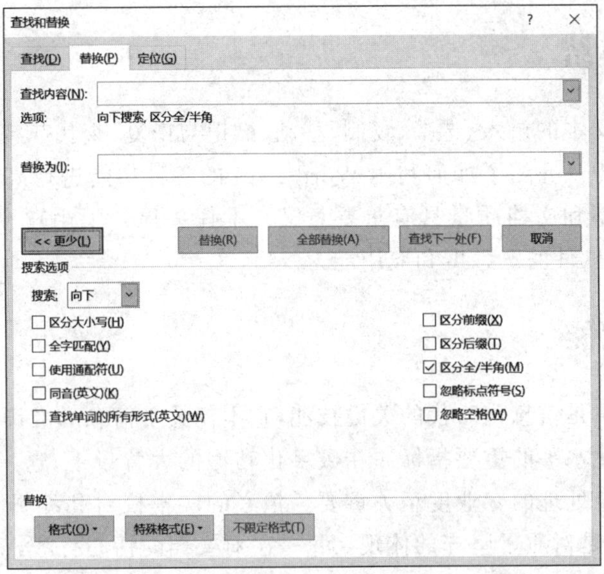

图 2-7　设置"替换内容"的格式

2）并排校对

在"视图"功能区的"窗口"命令组中选择"并排查看"命令，即可实现两个文档并排查看。

3）修订比对

在"审阅"功能区的"比较"组中单击"比较"按钮▤，在下拉列表中选择"比较"命令，在"比较文档"对话框中选择好"原文档"和"修订的文档"，单击"更多"按钮，选择"修订的显示位置"，单击"确定"按钮。

2.2.4　任务实现

第一步：创建一个空白文档，在文档中录入图片所示的内容。在录入过程中应注意：通过按 Enter 键切换段落；通过 Ctrl＋Space 组合键进行中英文切换；通过"插入"功能区"符号"组中的"编号"按钮插入序号①、②、③。

第二步：选择文本 TCP/IP，按 Ctrl＋C 组合键进行复制；然后将插入点定位在正文第一个字符前面并按 Enter 键，在文章开头出现一个空段；单击空段，然后按 Ctrl＋V 组合键将复制的文本粘贴在空段中。

第三步：将光标移至以"②TCP/IP 并不依赖……"开头的段落左边选定栏的位置，双击选择该段落，然后用鼠标拖动该段至以"③统一的网络……"开头的段落之前，松开鼠标左键即可。

第四步：按 Ctrl＋Z 组合键，撤销段落的移动。

第五步：选择以"②TCP/IP 并不依赖……"开头的段落，然后按下 Ctrl 键不放，拖动段落至以"③统一的网络 ……"开头的段落之前，松开鼠标左键，最后松开 Ctrl 键。

再次选择以"②TCP/IP 并不依赖……"开头的原来的段落，按 Delete 键删除该段落。

第六步：单击"自定义快速访问工具栏"中的"保存"按钮，在"另存为"对话框中选择保存位置为"桌面\素材\2"，文件名为"TCP IP"，单击"保存"按钮将文档保存。

2.2.5　任务小结

　　本任务涵盖了文本的录入、选择、复制、移动、撤销与恢复、查找与替换、文本的删除及文档校对等方面的知识。介绍了如何利用 Word 2019 的各种功能进行高效精准的文档编辑，这对于提高办公效率和文档质量具有重要意义。本任务提升了用户在文档处理方面的技能，增强了对 Word 软件的熟悉度和应用能力。

2.2.6　职场赋能

　　文档录入与编辑是信息化时代的关键技能，它不仅关乎信息的准确性和传播效率，更是衡量一个社会信息化水平的重要指标。在数字化转型的大背景下，这一技能对于确保数据的完整性和提升信息处理的专业度至关重要。精心的文本校对和编辑工作，不仅体现了对知识传承的尊重，更是对质量坚守的体现。每一次对文档的精心打磨，都是对专业精神的践行及对社会文明进步的有力推动，同时，它也是提升个人职业素养及增强国际竞争力的关键。通过这一过程，不仅提升了信息的价值，也为社会的和谐与进步贡献了力量。

2.2.7　习题小测

一、单选题

1. 在 Word 2019 中，(　　)状态下输入的新内容会覆盖原有内容。
   　　A. 插入　　　　　　　B. 改写　　　　　　　C. 复制　　　　　　　D. 删除
2. 在 Word 2019 中切换中英文输入法的方法是按(　　)组合键。
   　　A. Ctrl＋C 组合键和 Ctrl＋V　　　　　　B. Ctrl＋Shift
   　　C. Ctrl＋Space　　　　　　　　　　　　D. Ctrl＋N
3. 在 Word 2019 中，快速选择整个文档的方法是(　　)。
   　　A. 单击文档任意位置　　　　　　　　　B. Ctrl＋A 组合键
   　　C. 双击选定栏　　　　　　　　　　　　D. 按 Enter 键
4. 在 Word 2019 中撤销最近的操作的方法是按(　　)组合键。
   　　A. Ctrl＋Z　　　　　B. Ctrl＋C　　　　　C. Ctrl＋V　　　　　D. Ctrl＋X
5. 在 Word 2019 中，查找文档中的特定内容的方法是(　　)。
   　　A. 选择"编辑"→"查找"命令　　　　　　B. 使用"开始"功能区中的"查找"按钮
   　　C. 按 F3 键　　　　　　　　　　　　　D. 按 Ctrl＋F 组合键

二、判断题

1. 在 Word 2019 中，状态栏显示当前的录入状态，包括插入和改写。(　　)
2. 使用 Delete 键可以删除插入点之前的字符。(　　)
3. 可以通过"符号"对话框插入特殊符号。(　　)
4. 选择性粘贴功能只允许复制文本内容而不复制文本格式。(　　)
5. Word 2019 的"查找与替换"功能仅用于查找文档中的特定内容。(　　)

任务 2.3　文档格式化与排版

2.3.1　任务知识点

- 字符格式设置。
- 段落格式设置。
- 项目符号和编号的使用。
- 边框和底纹设置。
- 插入页眉、页脚和页码。
- 首字下沉。
- 格式刷。
- 样式。

2.3.2　任务描述

打开"素材\2\大数据.docx",完成以下操作。

(1)设置所有正文(除了第 1 段)中的中文字体为"楷体",西文字体为 Times New Roman,小四号。

(2)设置除了第 1 段外所有段落的左、右各缩进 1 个字符,首行缩进 2 个字符,行距为 1.5 倍。

(3)设置文章的标题"大数据技术"为"标题 3"样式,居中,并带有"文字"绿色底纹。

(4)设置正文第 1 段"对于……"带有 1.5 磅浅蓝色、双线型边框,以及"白色、背景 1、深色 5%"颜色的底纹。

(5)设置正文第 3 段"随着云时代的来临……"分为两栏,栏宽相等,栏间距为 4 个字符,加分隔线。

(6)设置正文第 5 段 Hadoop Map Reduce 中的字体颜色为蓝色、带有"蓝色发光"的文字效果,设置其段前、段后间距各 1 行,并带有项目符号。

(7)设置段落"NoSQL 数据库""内存分析""集成设备"与段落 Hadoop Map Reduce 具有相同的格式。

(8)设置文档的页面带有艺术型边框。

2.3.3　知识与技能

1. 设置字符格式

字符格式包括字体格式、字符间距和位置、文字效果、更改大小写及全半角切换、突出显示、清除格式等。

1) 字体格式

字体格式设置包括字体、字形、字号、下划线、下划线颜色、加粗、倾斜等。

设置字体格式的方法如下。

方法一：选择文本后，在"开始"功能区的"字体"组中单击相应的命令按钮，如图 2-8 所示。

方法二：选择文本后，右击文本，在"悬浮工具栏"中单击相应的命令按钮，如图 2-9 所示。

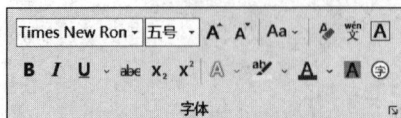

图 2-8 悬浮工具栏

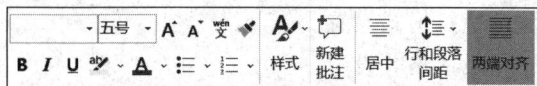

图 2-9 "字体"组命令

方法三：选择文本后，在"开始"功能区的"字体"组中单击"对话框启动器"按钮，打开"字体"对话框，在对话框中设置字体格式，如图 2-10 所示。

2) 字符间距和位置

(1) 字符间距。字符间距是指相邻字符之间的距离。为了使文档的版面更加协调，有时需要设置字符间距，使文字排列得更紧凑或更疏散。

设置字符间距的步骤如下。

① 选择要设置字符间距的文本。

② 在"开始"功能区的"字体"组中单击"对话框启动器"按钮，打开"字体"对话框，切换到"高级"选项卡，如图 2-11 所示。

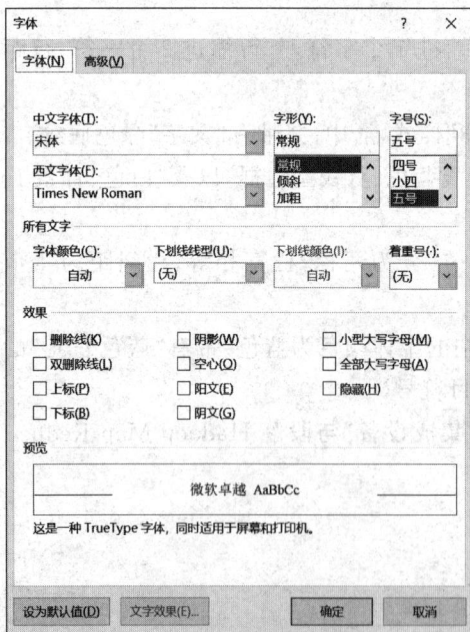

图 2-10 "字体"对话框

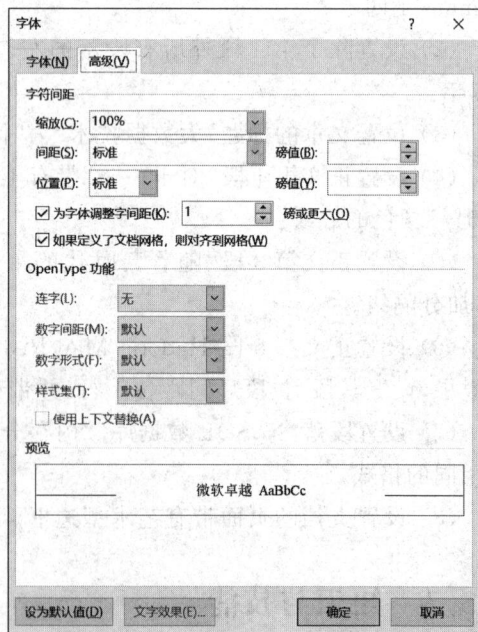

图 2-11 "字体"对话框中的"高级"选项卡

③ 在对话框的"间距"下拉列表框中选择字符间距选项，在右侧的"磅值"微调框中设置相应的值，最后单击"确定"按钮。

（2）字符位置。字符位置是指字符在行中的位置，默认情况下，字符位置是"标准"型，还可以适当地提升或降低，步骤如下。

① 在"字体"对话框的"高级"选项卡中，在"位置"下拉列表中选择字符位置选项。

② 在右侧的"磅值"微调框中设置相应的值，设置完成后单击"确定"按钮即可。

3）文字效果

在文档排版时，有时需要给某些字符设置一些效果，增加文档的多样性。设置"文字效果"可以在"开始"功能区的"字体"组中使用"文本效果"按钮，也可以通过"字体"对话框实现。

（1）在"开始"功能区的"字体"组中使用"文本效果"按钮。

① 选择要设置"文字效果"的文本。

② 在"开始"功能区的"字体"组中单击"文本效果"按钮 A，在弹出的下拉列表中选择合适的"文本效果"选项，设置文本效果；或选择"轮廓""阴影""映像""发光"命令，设置文本效果，如图 2-12 所示。

（2）通过"字体"对话框。

① 选择要设置"文字效果"的文本。

② 在"开始"功能区的"字体"组中单击"对话框启动器"按钮 ，打开"字体"对话框，单击"字体"选项卡中的"文字效果"按钮，打开"设置文本效果格式"对话框，如图 2-13 所示。

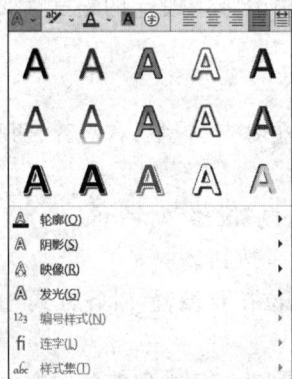

图 2-12　"文本效果"下拉列表　　　图 2-13　"设置文本效果格式"对话框

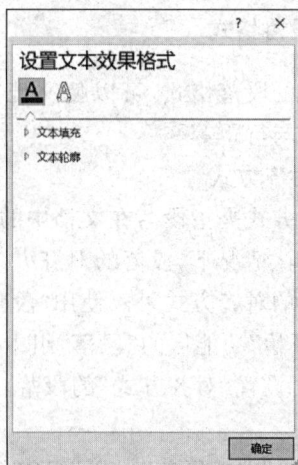

③ 在"设置文本效果格式"对话框中进行文字效果的设置，最后单击"确定"按钮。

4）更改大小写及全半角切换

如果要设置文档中英文字符的大小写或切换全半角状态，步骤如下。

（1）选择要更改大小写或进行全半角切换的字符。

（2）在下拉列表中选择相应的命令完成相应的设置，如图 2-14 所示。

5）突出显示

Word 2019 提供了"突出显示文本"功能，可以将文档

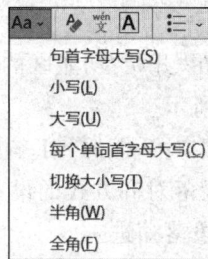

图 2-14　"更改大小写"下拉列表

61

图 2-15 "突出显示文本"
下拉列表

中的重要文本进行标记,使文字看上去像用荧光笔作了标记。

设置文本突出显示的步骤如下。

(1)选择要设置突出显示的文本。

(2)在"开始"功能区的"字体"组中单击"文本突出显示颜色"按钮 🖊 右侧的下拉按钮,弹出下拉列表,如图 2-15 所示。

(3)在下拉列表中,将光标指向某种颜色,可以在文档中预览效果。如果要应用,单击要选择的颜色即可。

如果要取消文本突出显示,只需选择文本后,打开图 2-15 所示的下拉列表,在下拉列表中选择"无颜色"选项即可。

6)清除格式

将文本设置了各种格式后,如果需要还原为默认格式,需要清除已经设置的格式。Word 2019 提供了"清除格式"功能,通过该功能,用户可以快速清除字符格式。

清除文本格式的步骤如下。

(1)选择要清除格式的文本。

(2)在"开始"功能区的"字体"组中单击"清除格式"按钮 🖊,即可将所选文本的所有格式清除,恢复默认格式。

2. 设置段落格式

设置不同的段落格式,可以使文档布局合理、结构清晰。段落的格式主要包括对齐方式、缩进、间距与行距等。

1)段落对齐方式

段落对齐方式是指段落在文档中的相对位置,有左对齐、居中、右对齐、两端对齐和分散对齐 5 种。默认情况下,段落的对齐方式为两端对齐。

设置段落的对齐方式可以使用"段落"组按钮或通过"段落"对话框。

(1)在"开始"功能区的"段落"组中使用相应的命令按钮。

① 选择要设置"对齐方式"的段落,或将插入点定位在要设置"对齐方式"的段落中的任意位置。

② 在"开始"功能区的"段落"组中单击各对齐按钮,设置所选段落的对齐方式,如图 2-16 所示。

(2)通过"段落"对话框。

① 选择要设置"对齐方式"的段落,或将插入点定位在要设置"对齐方式"的段落中的任意位置。

② 在"开始"功能区的"段落"组中单击"对话框启动器"按钮 🖎,打开"段落"对话框,如图 2-17 所示。

③ 在对话框的"对齐方式"下拉列表中选择相应的对齐方式选项,单击"确定"按钮,完成所选段落对齐方式的设置。

2)段落缩进

文档排版时,为了增强层次感,提高可阅读性,通常要对段落设置合适的缩进。

(1)缩进方式。段落的缩进包括左缩进、右缩进、首行缩进和悬挂缩进。

图 2-16 "段落"组按钮

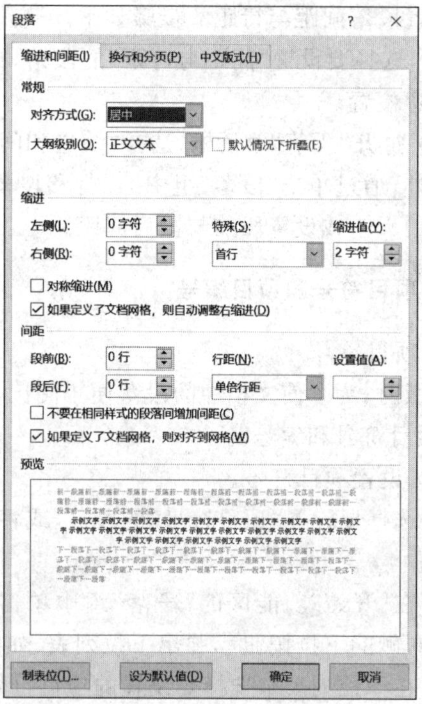

图 2-17 "段落"对话框

① 左缩进：指段落左边界相对文档左边界的缩进距离。

② 右缩进：指段落右边界相对文档右边界的缩进距离。

③ 首行缩进：指段落中的第 1 行相对其他行的缩进距离。

④ 悬挂缩进：指段落中除了第 1 行的其他行相对第 1 行的缩进距离。

（2）设置段落缩进。

方法一：在"开始"功能区的"段落"组中使用相应的命令按钮。

如果仅设置段落的"左缩进"，还可以在"开始"功能区的"段落"组中单击相应的命令按钮，步骤如下。

① 选择要设置"缩进"的段落，或将插入点定位在要设置"缩进"的段落中的任意位置。

② 在"开始"功能区的"段落"组中单击"减少缩进量"按钮 和"增加缩进量"按钮 可以设置段落的"左缩进"。每单击"减少缩进量"或"增加缩进量"按钮一次，段落的左缩进就会减少或增加一个字符。

方法二：通过"段落"对话框。

① 选择要设置"缩进"的段落，或将插入点定位在要设置"缩进"的段落中的任意位置。

② 打开"段落"对话框，选择"缩进和间距"选项卡。

③ 在"缩进"区域的"左侧"和"右侧"微调框中分别设置"左缩进"和"右缩进"的值，在"特殊格式"列表框中选择"首行缩进"或"悬挂缩进"，并在微调框中设置相应的值。

3）段落的间距与行距

为了使文档看起来疏密有致，通常需要设置段落的段间距和行距。段间距是指相邻两个段落之间的距离，行距是指同一段落中行与行之间的距离。

63

设置段落间距与行距的步骤如下。

(1) 选择要设置"间距与行距"的段落,或将插入点定位在要设置"间距与行距"的段落中的任意位置。

(2) 打开"段落"对话框,选择"缩进和间距"选项卡,在"间距"栏中设置相应的值。

此外,通过单击"段落"组中的"行和段落间距"按钮 ，在弹出的下拉列表中也可以选择行距的大小或设置段前与段后间距。

3. 项目符号和项目编号

1) 项目符号

排版时,为了使文档中的段落便于阅读和理解,可以在段落前加上特殊的符号或数字,称为"项目符号和编号"。

(1) 设置项目符号。

① 选择要设置"项目符号"的段落,或将插入点定位在要设置"项目符号"的段落中的任意位置。

② 在"开始"功能区的"段落"组中单击"项目符号"按钮 右侧的下拉按钮 ，弹出下拉列表,如图 2-18 所示。

③ 在下拉列表中选择要设置的项目符号。

(2) 定义新项目符号。

如果需要,还可以定义新的项目符号,步骤如下。

① 在"开始"功能区的"段落"组中单击"项目符号"按钮右侧的下拉按钮 ，在弹出的下拉列表中选择"定义新项目符号"命令,弹出"定义新项目符号"对话框,如图 2-19 所示。

图 2-18 项目符号列表

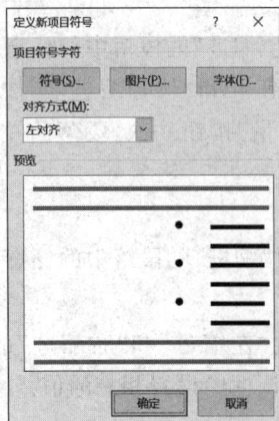

② 单击对话框中的"符号"按钮或"图片"按钮,在弹出的"符号"对话框或"插入图片"对话框中选择符号或图片,分别如图 2-20 和图 2-21 所示,然后单击"确定"按钮,返回"定义新项目符号"对话框。

图 2-19 "定义新项目符号"对话框

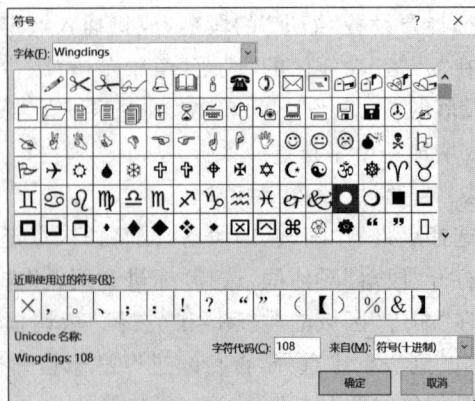

图 2-20 "符号"对话框

插入图片   ×
                                                    ☺ ☻

🖼 从文件   浏览 ▸

b 必应图像搜索   搜索必应   🔍

☁ OneDrive - 个人   浏览 ▸

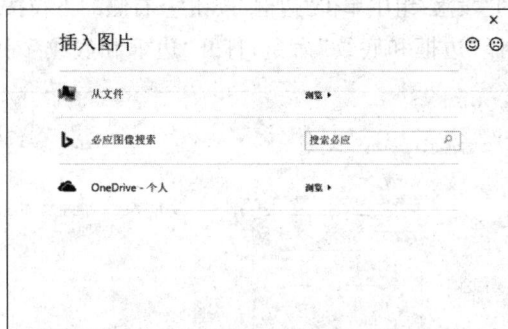

图 2-21   "插入图片"对话框

③ 在"定义新项目符号"对话框中单击"确定"按钮,完成新项目符号的定义。

2)项目编号

设置项目编号和定义"新项目编号格式"的步骤与项目符号基本相同,这里不再赘述。

3)多级列表

对于含有多个层次的段落,为了清晰地体现层次结构,可添加多级列表。

添加多级列表的步骤如下。

(1)选定需要添加多级列表的段落,然后单击"段落"组中的"多级列表"按钮，在弹出的下拉列表中选择需要的列表样式,这时所有段落的编号级别为 1 级,需要进一步调整。

(2)将插入点定位在应是 2 级列表编号的段落中,然后单击"多级列表"按钮,在弹出的下拉列表中选择"更改列表级别"命令,在弹出的级联列表中单击"2 级"选项,将该段落的编号级别调整为 2 级。

(3)在需要调整级别的段落中,将插入点定位在编号和文本之间,单击"段落"组中的"增加缩进量"按钮,或按 Tab 键,可降低一个列表级别;单击"减少缩进量"按钮,或按 Shift＋Tab 组合键,可提升一个列表级别。

4. 边框和底纹

文档排版时,将一些文本、段落等内容设置边框和底纹可以起到突出和强调的作用。边框和底纹包括文字的边框和底纹、段落的边框和底纹以及页面边框。

1)文字的边框和底纹

设置文字的边框和底纹可以使用"字体"组中的相应命令按钮,也可以使用"边框和底纹"对话框。

(1)在"开始"功能区的"字体"组中使用相应的命令按钮。

① 选择要设置边框和底纹的字符。

② 在"开始"功能区的"字体"组中单击"文字边框"按钮Ⓐ,设置所选字符带黑色细边框;在"开始"功能区的"字体"组中单击"文字底纹"按钮Ⓐ,设置所选字符带灰色底纹。

说明:需要注意,在"开始"功能区的"字体"组中使用相应的命令按钮,只可以给文字添加黑色细边框和灰色底纹。如果要给文字添加其他的边框和底纹,则要通过"边框和底纹"对话框。

(2)使用"边框和底纹"对话框。

① 选择要设置边框和底纹的字符。

② 在"开始"功能区的"段落"组中单击"边框"按钮 ▦ 右侧的下拉按钮 ▼ ,弹出下拉列表。

③ 在下拉列表中选择"边框和底纹"命令,打开"边框和底纹"对话框,如图 2-22 所示。

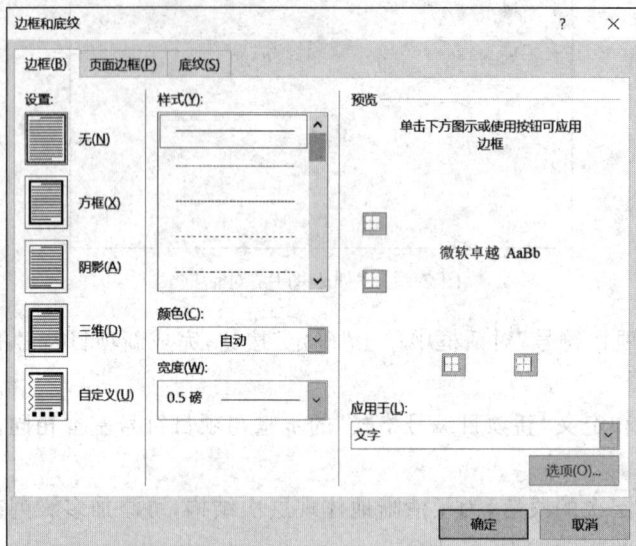

图 2-22 "边框和底纹"对话框

④ 单击"边框"选项卡,在"应用于"列表中选择"文字"。

⑤ 在"设置"列表中选择边框的样式,如果没有指定边框的样式,这里就无须选择,用"默认"值即可。

⑥ 在"样式"列表中选择边框的线型,在"颜色"列表中选择边框线的颜色,在"宽度"列表中选择边框线的线宽。

⑦ 在右侧"预览"区单击左侧和底端的 4 个按钮,调整文字的上、下、左、右边框。

⑧ 选择"底纹"选项卡,在"应用于"列表中选择"文字",如图 2-23 所示。

图 2-23 "底纹"选项卡

⑨ 在“填充”列表中选择要设置的底纹颜色；在“样式”列表中选择底纹的样式。

⑩ 最后单击“确定”按钮，将设置的边框和底纹应用于所选的“文字”。

2）段落的边框和底纹

设置段落的边框和底纹也可以使用“段落”组的相应命令按钮或通过“边框和底纹”对话框。

（1）在“开始”功能区的“段落”组中使用相应的命令按钮。

① 选择要设置“边框和底纹”的段落，或将插入点定位在要设置“边框和底纹”的段落中的任意位置。

② 在“开始”功能区的“段落”组中单击“底纹”按钮右侧的下拉按钮，在弹出的颜色板中选择要设置的底纹颜色；在“开始”功能区的“段落”组中单击“边框”按钮右侧的下拉按钮，在下拉列表中选择要设置的边框。

（2）通过“边框和底纹”对话框。

通过“边框和底纹”对话框设置段落边框和底纹的方法与设置文字边框和底纹的方法相似，唯一的不同之处在于：设置段落的边框和底纹时，在“应用于”列表中应选择“段落”。

3）页面边框

页面也可以添加边框，页面边框只能通过“边框和底纹”对话框设置。

页面边框可以是普通边框，如同文字和段落的边框，也可以是艺术型边框。

（1）给页面添加普通边框。

① 在“设计”功能区的“页面背景”组中单击“页面边框”按钮，打开“边框和底纹”对话框中的“页面边框”选项卡，如图 2-24 所示。

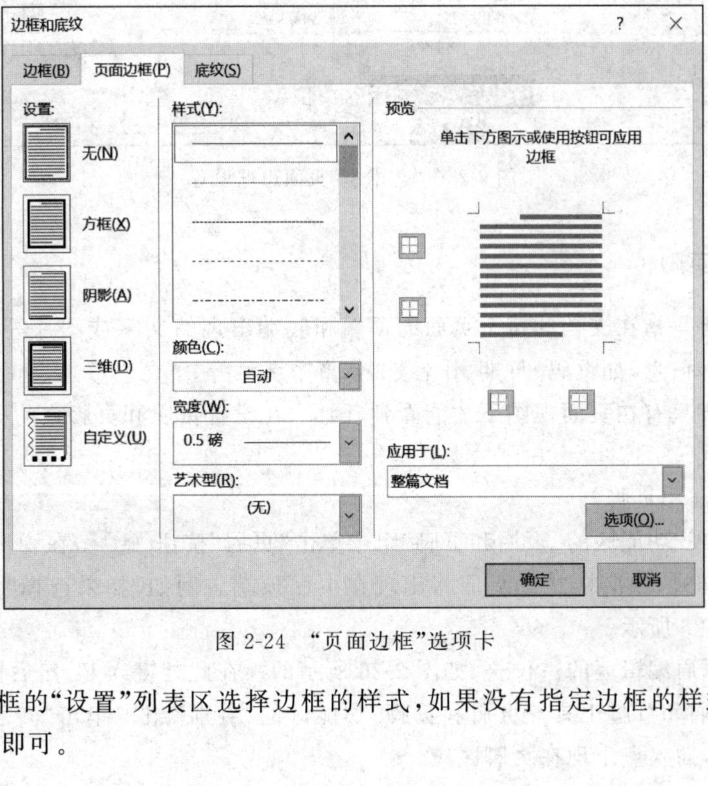

图 2-24　“页面边框”选项卡

② 在对话框的“设置”列表区选择边框的样式，如果没有指定边框的样式，这里就无须选择，用默认值即可。

③ 在"样式"列表中选择边框的线型,在"颜色"列表中选择边框线的颜色,在"宽度"列表中选择边框线的线宽。

④ 在对话框右侧的"预览"区,单击左侧和底端的4个按钮,分别调整段落的上、下、左、右边框。

⑤ 最后单击"确定"按钮,完成"页面"的边框设置。

(2) 给页面添加艺术型边框。

① 打开"边框和底纹"对话框中的"页面边框"选项卡。

② 单击"艺术型"下拉式列表框右边的箭头,从下拉列表中选择艺术型边框类型,并在上方的"宽度"微调框中设置宽度,如图2-25所示,设置完成后单击"确定"按钮即可。

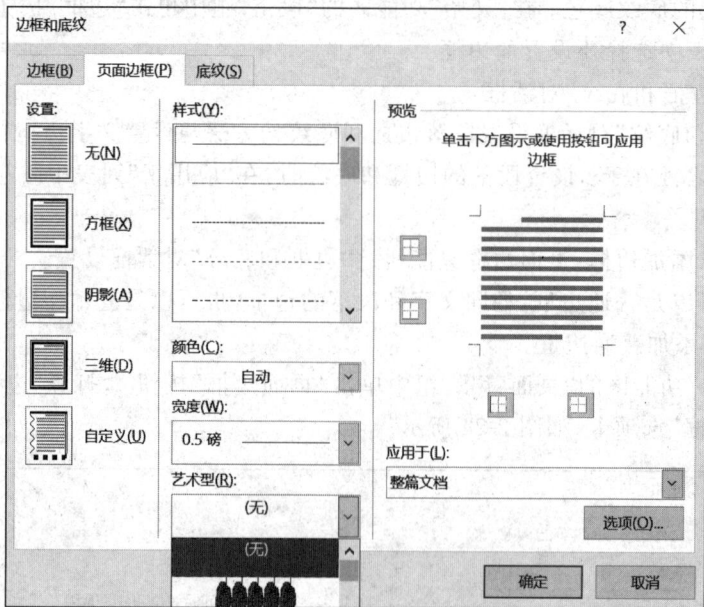

图 2-25 "艺术型"页面边框设置

5. 页眉和页脚

页眉和页脚是指在文档的每个页面的顶端和底端出现的文字或图片等信息,通常用来显示文档的附加信息,如页码、日期、作者姓名、章节名称等。

页眉和页脚只有在页面视图下才能看到,因此,在设置页眉和页脚之前必须将文档切换到页面视图模式。

1) 设置页眉和页脚

(1) 在"插入"功能区的"页眉和页脚"组中单击"页眉"按钮 📄页眉~,在弹出的下拉列表中选择一种页眉样式,相应样式的页眉将出现在页面顶端。例如,如果选择"空白(三栏)"样式,页眉如图2-26所示。

(2) 单击页眉编辑区的占位符,如图2-26所示的"[在此处键入]",然后输入页眉内容。

(3) 在"页眉和页脚工具→页眉和页脚"功能区的"导航"组中单击"转至页脚"按钮 📄,如图2-27所示,插入点出现在页脚区域。

（4）在页脚处编辑页脚。

（5）编辑完页眉和页脚后，双击页面工作区，退出页眉和页脚的编辑。

图 2-26 空白（三栏）样式页眉

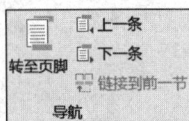

图 2-27 "页眉和页脚工具→页眉和页脚"功能区的"导航"组

另外，还可以在"插入"功能区的"页眉和页脚"组中单击"页眉"按钮 ，在弹出的下拉列表中选择"编辑页眉"或"编辑页脚"命令，进入页眉或页脚编辑状态，设置页眉或页脚。此时，功能区中也会增加并显示"页眉和页脚工具→页眉和页脚"功能区，如图 2-28 所示。

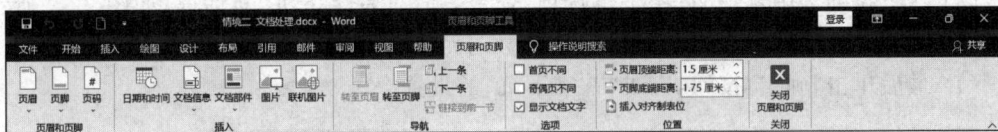

图 2-28 "页眉和页脚工具→页眉和页脚"功能区

2）编辑页眉和页脚

如果要修改页眉或页脚，只需双击页眉或页脚区域，即可进入页眉或页脚的编辑状态进行修改。

6. 页码

有时，一篇文档含有很多页，为了便于阅读和查找，需要给文档添加页码。Word 提供的页眉和页脚样式中，部分样式提供了添加页码的功能，即插入某些样式的页眉和页脚后，会自动添加页码。如果使用的样式没有自动添加页码，就需要手动添加页码。

手动添加页码的步骤如下。

（1）在"插入"功能区的"页眉和页脚"组中单击"页码"按钮 ，弹出下拉列表，如图 2-29 所示。

（2）在下拉列表中将光标指向页码位置选项，弹出级联菜单，在级联菜单中选择合适的页码样式，相应样式的页码即出现在指定的位置。

此外，若在下拉列表中选择"设置页码格式"命令，将会弹出"页码格式"对话框。可以在"页码格式"对话框中设置页码的编号格式、起始页码等参数，如图 2-30 所示。

7. 首字下沉

排版时，可以将段落的第一个字设置下沉的效果，即首字下沉。

设置"首字下沉"的步骤如下。

图 2-29 "页码"下拉列表

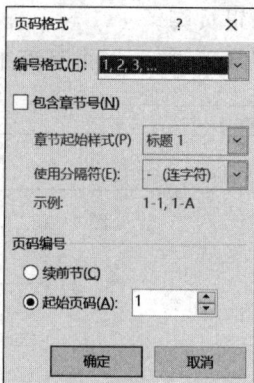

图 2-30 "页码格式"对话框

（1）选择要设置"首字下沉"的段落，或将插入点定位在要设置"首字下沉"的段落中的任意位置。

（2）在"插入"功能区的"文本"组中单击"首字下沉"按钮，弹出下拉列表，如图 2-31 所示。

（3）在下拉列表中选择"首字下沉选项"命令，弹出"首字下沉"对话框，如图 2-32 所示，在对话框中单击"下沉"选项并设置下沉的行数与距正文的距离。

（4）最后单击"确定"按钮，完成"首字下沉"的设置。

图 2-31 "首字下沉"下拉列表

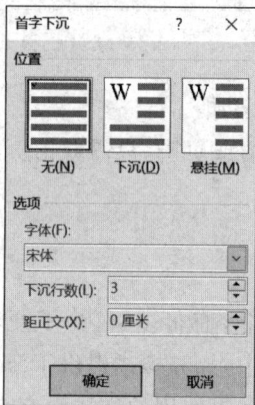

图 2-32 "首字下沉"对话框

8. 格式刷

格式刷是一种快速应用格式的工具，能够将一个对象的格式复制到另一个对象上，从而避免重复设置格式的麻烦。当需要对文档中的文本或段落设置相同的格式时，便可通过格式刷复制格式。

使用格式刷的步骤如下。

（1）选中需要复制的格式所属的文本。

（2）单击"剪贴板"组中的"格式刷"按钮，此时鼠标指针 I 旁出现一个刷子。

（3）按住鼠标左键拖动，选择需要设置格式的文本，然后松开鼠标左键，选择的文本即可应用之前所选文本的格式，鼠标指针恢复成原状。

说明：当需要连续多次使用格式刷时，可以双击"格式刷"按钮锁定格式刷；当不再使用格式刷时，可以再次单击"格式刷"按钮或按 Esc 键，解除格式刷的锁定。

9. 样式

样式是由多个排版命令组合而成的集合，包括 Word 内置的样式和用户定义的样式。一篇文档中往往包含多种样式，每种样式都包含多种排版格式，例如字体、段落、制表位和边距格式等。相同格式的设定最好使用样式来实现，因为样式与标题、目录有着密切的联系。

1) 应用样式

（1）在文档中选择要应用样式的段落或文本。

图 2-33　"开始"功能区中的"样式"组

（2）在"开始"功能区的"样式"组（图 2-33）中单击"其他"按钮 ⩔。

（3）在弹出的"快速样式"列表中，将光标指向某个样式选项，在文档中可以预览该样式的效果。如果要应用样式，只需单击要应用的样式选项即可。

2) 自定义样式

如果 Word 提供的内置样式都无法满足用户的要求，用户可以自定义样式。自定义样式的步骤如下。

（1）在"开始"功能区的"样式"组中单击"对话框启动器"按钮 ▣，打开"样式"对话框，如图 2-34 所示。

（2）在"样式"对话框中单击"新建样式"按钮 ⏫，打开"根据格式化创建新样式"对话框，如图 2-35 所示。

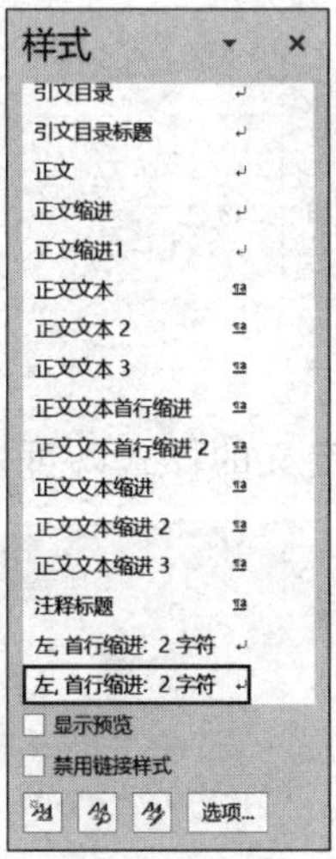

图 2-34　"样式"对话框

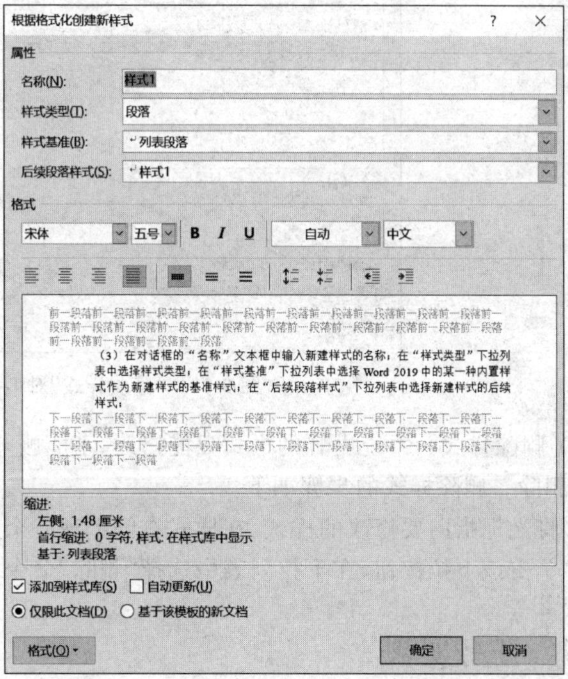

图 2-35　"根据格式化创建新样式"对话框

（3）在对话框的"名称"文本框中输入新建样式的名称；在"样式类型"下拉列表中选择样式类型；在"样式基准"下拉列表中选择 Word 2019 中的某一种内置样式作为新建样式的基准样式；在"后续段落样式"下拉列表中选择新建样式的后续样式。

（4）在"格式"区域设置新建样式中的字体、字号、颜色、段落间距、对齐方式等段落格式和字符格式，还可以单击"格式"按钮进行格式的设置；如果希望该样式应用于所有文档，则需要选中"基于该模板的新文档"单选框；然后单击"确定"按钮。

3）编辑样式

（1）修改样式。在使用系统内置样式时，如果不符合自己排版的要求，可以对样式进行修改，但不能删除。

修改样式的步骤如下。

① 将光标指向要修改的样式，在样式右侧会出现一个下拉按钮，单击该下拉按钮，在下拉列表中选择"修改样式"命令，弹出"修改样式"对话框，如图 2-36 所示。

② 在"修改样式"对话框中进行样式的修改，最后单击"确定"按钮。

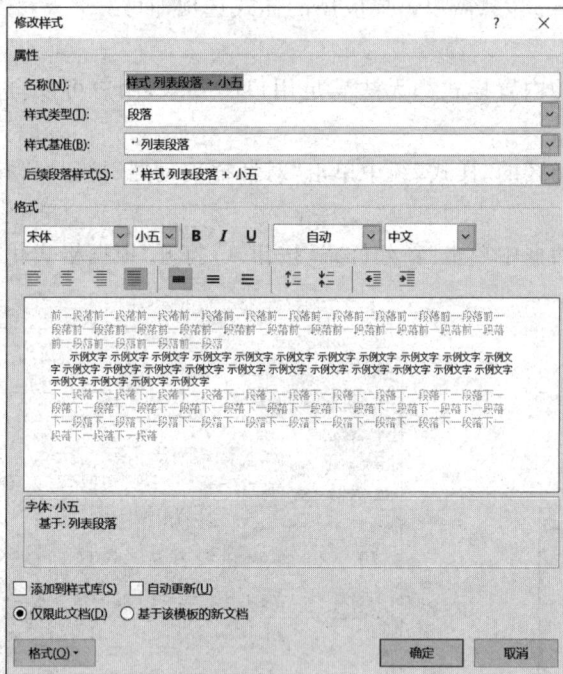

图 2-36 "修改样式"对话框

（2）删除样式。系统内置的样式只能修改，不能删除。用户自定义的样式既可以修改，也可以删除。删除样式的步骤如下。

① 将光标指向要修改的样式，在样式右侧出现一个下拉按钮。

② 单击该下拉按钮，在下拉列表中选择"删除"命令即可。

2.3.4 任务实现

第一步：选择除了第 1 段以外的所有段落，在"开始"功能区的"字体"组中单击"对话框启动器”按钮，打开“字体”对话框，在对话框中设置“中文字体”为“楷体”，西文字体为 Times New Roman，“字号”为小四，单击“确定”按钮。

第二步：选择除第 1 段外的所有段落，在“开始”功能区的“段落”组中单击“对话框启动器”按钮，打开“段落”对话框，在对话框的“缩进”区中设置“左侧”“右侧”各 1 个字符，在“特殊格式”列表中选择“首行缩进”，在“磅值”中设置为“2 字符”；在“间距”区的“行距”列表中选择“1.5 倍行距”，单击“确定”按钮。

第三步：选择第 1 段“大数据技术”，然后在“开始”功能区的“样式”组中单击“对话框启动器”按钮，打开“样式”对话框。

在对话框中单击右下角的“选项...”按钮，在打开的“样式窗格选项”对话框中，在“选择要显示的样式”列表中选择“所有样式”，单击“确定”按钮，返回到“样式”对话框。

在“样式”对话框中选择“标题 3”样式，将样式直接应用到段落中，然后关闭样式对话框。

在“开始”功能区的“段落”组中单击“居中对齐”按钮，设置标题“居中”。

在“开始”功能区的“段落”组中单击最后一个“边框”按钮右边的下拉按钮，在下拉列表中选择“边框和底纹”命令，打开“边框和底纹”对话框。

切换到“底纹”选项卡，在“填充”列表中选择“绿色”，在“应用于”下拉列表中选择“文字”，最后单击“确定”按钮。

第四步：选择正文的第 1 段，然后打开“边框和底纹”对话框。

选择“边框”选项卡，进行设置：在“样式”列表中选择“双线”，在“颜色”列表中选择“浅蓝色”，在“宽度”列表中选择“1.5 磅”，在“应用于”列表中选择“段落”。

再选择“底纹”选项卡进行设置。在“填充”列表中选择“主题颜色”中“白色、背景 1、深色 5%”颜色，在“应用于”列表中选择“段落”，最后单击“确定”按钮。

第五步：选择正文的第 3 段，在“页面布局”功能区的“页面设置”组中单击“分栏”按钮，在下拉列表中选择“更多分栏选项”，打开“分栏”对话框进行设置。在“预设”区中选择“两栏”，或在“栏数”微调框中设置 2；在“宽度和间距”区设置“间距”为“4 字符”；选中“栏宽相等”复选框和“分隔线”复选框，然后单击“确定”按钮。

第六步：选择正文的第 5 段，在“开始”功能区的“字体”组中单击“字体颜色”按钮，设置字体颜色为“蓝色”；单击“文字效果”按钮，在下拉列表中选择“发光”，并在其级联菜单中选择“发光变体”区第 1 列中的任意一项，设置文字效果。

打开“段落”对话框，在“间距”区设置“段前”“段后”各“1 行”，关闭对话框。

在“开始”功能区的“段落”组中单击“项目符号”按钮右侧的下拉按钮，在下拉列表中选择“定义新项目符号”命令，在打开的“定义新项目符号”对话框中单击“符号”按钮，在打开的“符号”对话框中找到“⌘”并双击，返回“新项目符号”对话框中，单击“确定”按钮，将符号“⌘”添加到项目符号列表中。

再次在“开始”功能区的“段落”组中单击“项目符号”按钮右侧的下拉按钮，在下拉列表中选择符号“⌘”即可。

第七步：选择正文的第 5 段，然后在“开始”功能区的“剪贴板”组中双击“格式刷”按钮，依次选择段落“NoSQL 数据库”“内存分析”“集成设备”，使它们的格式与第 5 段相同，完成后按 Esc 键退出格式刷。

第八步：打开"边框和底纹"对话框，选择"页面边框"选项卡，在"样式"区域的"艺术型"下拉列表中选择任意一种艺术型边框，单击"确定"按钮。

2.3.5　任务小结

本任务详细介绍了 Word 2019 文档格式化与排版的相关知识点，涵盖了字符格式设置、段落格式设置、项目符号和编号的使用、边框和底纹设置、插入页眉和页脚、插入页码、首字下沉、格式刷以及样式等多个方面。此外，本任务还介绍了如何对 Word 文档进行细致的格式调整和排版，这对于提升文档的专业外观和阅读体验非常有帮助。最后通过一系列具体的操作步骤实现了文档的格式化和排版，从而提升了文档的整体质量和美观度。

2.3.6　职场赋能

文档格式化与排版是信息时代中提升文档可读性和增强其专业性的重要手段，通过精心设计的字体、颜色和布局，不仅显著提升了文档的美观度，更能在潜移默化中培养人们对和谐与美感的感知力。在信息高速流通的今天，这一技能尤为重要，良好的排版能够显著增强信息的传达效果，展现自己的专业态度和对细节的关注，尤其在学术出版、法律文件和商务报告等领域，其规范性和美观性往往与内容的重要性并驾齐驱，对于塑造专业形象和赢得读者信任具有决定性作用。这种对文档格式化与排版的精益求精，不仅是对专业精神的体现，也是对社会文明进步和文化繁荣的贡献。

2.3.7　习题小测

一、单选题

1. 在 Word 2019 中，(　　)功能用于快速复制文本的格式到另一段文本。

　　A. 查找和替换　　　　B. 格式刷　　　　C. 样式　　　　D. 插入

2. 在 Word 2019 中设置段落首行缩进的方法是(　　)。

　　A. 在段落对话框中设置　　　　　　B. 使用标尺上的缩进柄

　　C. 通过右键快捷菜单中的段落命令　　D. 所有上述方法

3. 在 Word 2019 中，(　　)功能允许为文本添加底纹。

　　A. 字体颜色　　　　B. 边框和底纹　　　　C. 突出显示　　　D. 背景颜色

4. 在 Word 2019 中插入自动页码的方法是(　　)。

　　A. 在"插入"选项卡中选择"页码"　　　B. 在"布局"选项卡中设置

　　C. 按 Alt+P 组合键　　　　　　　　　D. 在"引用"选项卡中选择"页码"

5. 在 Word 2019 中，改变文本的项目符号类型的方法是(　　)。

　　A. 在"开始"选项卡中选择"项目符号"旁边的箭头

　　B. 在"段落"对话框中设置

　　C. 使用 Ctrl+Shift+L 组合键

　　D. 通过右键菜单中的"项目符号"命令

二、判断题

1. 在 Word 2019 中,使用"样式"功能可以快速改变整个文档的格式风格。(　　　)

2. 在 Word 2019 中,只能通过"插入"选项卡来插入页眉和页脚。(　　　)

3. 在 Word 2019 中,首字下沉可以通过"插入"选项卡来设置。(　　　)

4. 在 Word 2019 中,可以通过"开始"选项卡中的"字体"组来设置字符的底纹。(　　　)

5. 在 Word 2019 中,使用"格式刷"可以复制文本的格式,但不能复制段落的格式。(　　　)

任务 2.4　图 文 混 排

2.4.1　任务知识点

- 插入和编辑图片。
- 插入和编辑艺术字。
- 绘制图形。
- 插入和编辑文本框。
- 插入 SmartArt 图形。
- 插入公式。

2.4.2　任务描述

打开"素材\2\微笑与修养.docx",按以下要求操作。

(1) 将标题"微笑与修养"设置为艺术字:样式为"渐变填充—水绿色",字体为"华文新魏",小初号字,居中,文字环绕方式为"嵌入型"。

(2) 将正文设置为宋体、小四号字,首行缩进 2 字符。

(3) 在正文第 2 段后的空段中插入图片"微笑.JPG",设置图片高度为 5 厘米,宽度为 4 厘米,居中。

(4) 在文档的最后插入自选图形:"基本形状"中的"笑脸"。

(5) 再插入一个横排文本框,内容为"修养",字体为楷体、四号,环绕方式"四周型",渐变填充预设渐变"浅色渐变—个性色 3",方向为"线性对角—左上到右下"。

(6) 将自选图形"笑脸"和文本框用"右箭头"连接,然后将三个对象组合成一个整体。

2.4.3　知识与技能

1. 插入和编辑图片

1) 插入图片

在文档中恰当地插入一些图片和图形,可以使文档更加生动有趣,丰富多彩。

Word 文档中可以插入的对象有图片、剪贴画、自选图形、艺术字、文本框等,可以通过

"插入"功能区的"插图"组和"文本"组中的各按钮插入相应的对象,如图 2-37 所示。

图 2-37 "插入"功能区

当在文档中插入以上对象时,将会在功能区增加"图片工具→图片格式"功能区,如图 2-38 所示。

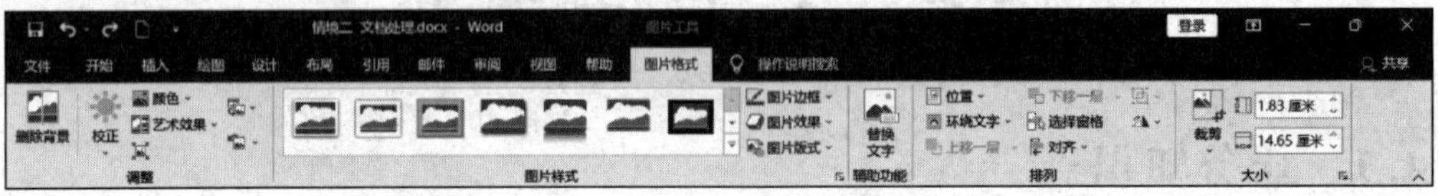

图 2-38 "图片工具→图片格式"功能区

在文档中插入图片,可以提高文档的美观性和生动形象性。图片的来源可以是"此设备"或来自"联机图片",可以通过单击图 2-37 中的"图片"按钮选择图片来源。

2) 设置图片格式

插入剪贴画和图片之后,可以对其进行格式设置,常用的图片格式设置有调整图片大小、设置图片环绕方式、裁剪图片等。

(1) 调整图片大小。主要包括粗略调整和精确调整。

① 粗略调整。粗略调整图片大小可以通过拖动鼠标实现,步骤如下。

单击选择要调整的图片;在图片四周出现 8 个尺寸控制点,将光标指向 4 个角的控制点并按住鼠标左键拖动,可以同时改变图片的高度和宽度;将光标指向中间 4 条边中间的控制点并按下鼠标的左键拖动,只改变图片的高度或宽度。

② 精确调整。要精确设置图片大小,方法如下。

方法一:选择需要调整的图片,在"图片工具→图片格式"功能区的"大小"组中,在"高度"和"宽度"文本框中输入图片的高度和宽度。

方法二:选择需要调整的图片,在"图片工具→图片格式"功能区的"大小"组中单击"对话框启动器"按钮 ,打开"布局"对话框,在"大小"选项卡中设置图片大小。

(2) 设置图片环绕方式。图片的环绕方式有嵌入型、四周型、紧密型等,设置图片的环绕方式可以实现图文混排。步骤如下。

① 选择图片。

② 在"图片工具→图片格式"功能区的"排列"组中单击"环绕文字"按钮 ,在弹出的下拉列表中选择一种环绕方式,如图 2-39 所示;或选择下拉列表中的"其他布局选项"命令,打开"布局"对话框中的"文字环绕"选项卡,如图 2-40 所示。

③ 选择"文字环绕"选项卡,设置环绕方式,最后单击"确定"按钮。

说明:如果要实现图文混排,图片的环绕方式不能设置为嵌入型,其他环绕方式均可。

(3) 裁剪图片。

① 4 条边裁剪。通常,图片裁剪仅针对其 4 条边,步骤如下。

图 2-39 "环绕文字"下拉列表　　　图 2-40 "布局"对话框中的"文字环绕"选项卡

a. 选择图片。

b. 在"图片工具→图片格式"功能区的"大小"组中单击"裁剪"按钮，或单击"裁剪"按钮下方的下拉按钮，选择"裁剪"命令，在图片的四周出现控制点，用鼠标按住控制点向内拖曳至合适位置后，松开鼠标键即可。

② 按形状裁剪。在 Word 2019 中还可以将图片裁剪成不同的形状，步骤如下。

a. 单击"裁剪"按钮下方的下拉按钮，在弹出的下拉列表中选择"裁剪为形状"命令，弹出级联菜单，如图 2-41 所示。

b. 单击级联菜单中的各形状按钮，图片就被裁剪为指定的形状。

2. 插入和编辑艺术字

在文档中插入艺术字可以美化文档。要插入艺术字，可在"插入"功能区的"文本"组中单击"艺术字"按钮，在下拉列表中选择合适的艺术字的样式，编辑区将出现"请在此放置您的文字"提示框，单击提示框内部，然后输入文字即可。

3. 绘制图形

文档中除了可以插入图片，还可以自己绘制图形。在"插入"功能区的"插图"组中单击

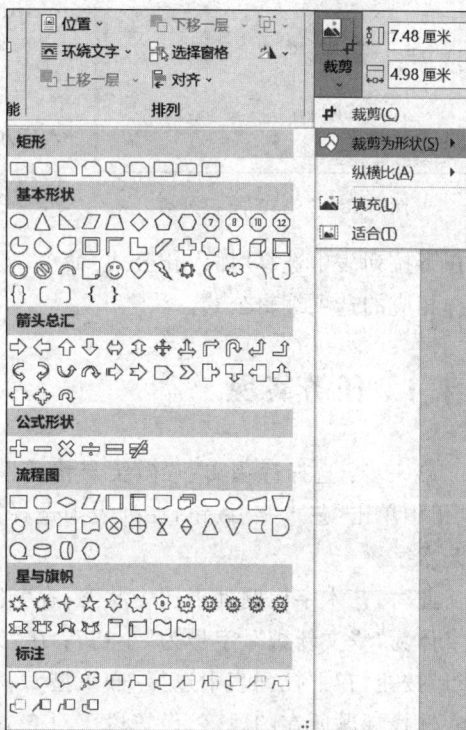

图 2-41 "裁剪为形状"命令的级联菜单

"形状"按钮👌,在下拉列表中选择相应的形状,然后将光标移至要放置图形的位置,按下鼠标的左键并拖动绘制图形。

4. 插入和编辑文本框

文本框是一种特殊的文本对象,既可以当作图形对象处理,也可以当作文本对象处理。文本框有横排文本框和竖排文本框两种。

要插入文本框,可在"插入"功能区的"文本"组中单击"文本框"按钮🅰,在下拉列表中选择文本框样式,快速绘制出带格式的文本框;或在下拉列表中选择"绘制横排文本框"或"绘制竖排文本框"命令,手动绘制文本框。

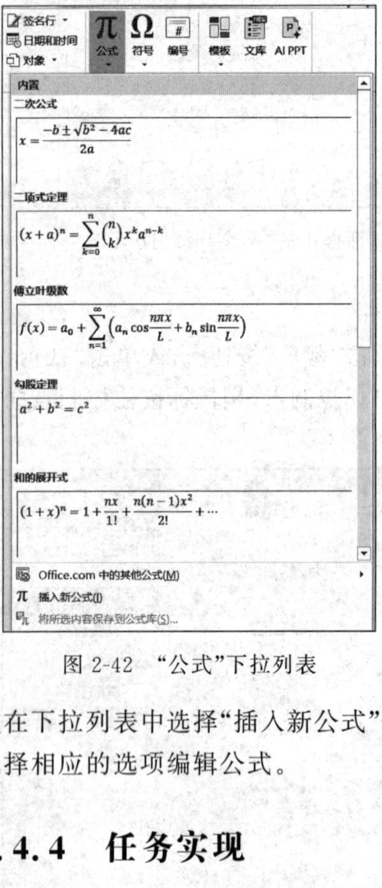

图 2-42 "公式"下拉列表

5. 插入 SmartArt 图形

在编辑文档的过程中,经常在文档插入生产流程、公司组织结构图以及其他表明相互关系的流程图。Word 2019 提供了通过插入 SmartArt 图快速地绘制此类图形的功能。SmartArt 图形类型包括"列表""流程""循环""层次结构""关系"等,还可以将插入文档中的图片转换为 SmartArt 图形。

6. 插入公式

在学术类文档的编辑过程中经常要编辑公式,Word 2019 提供了非常强大的公式编辑功能。

编辑公式的步骤如下。

（1）将插入点定位在要插入公式的位置;在"插入"功能区的"符号"组中单击"公式"按钮π旁边的下拉按钮,如图 2-42 所示。

（2）从"公式"下拉列表中选择合适的公式类型,或在下拉列表中选择"插入新公式"命令,即会出现"公式工具→公式"功能区,从中根据需要选择相应的选项编辑公式。

2.4.4 任务实现

第一步:选择标题文字"微笑与修养"(不包括段后的回车符),在"插入"功能区的"文本"组中单击"艺术字"按钮,在列表中选择第 2 行第 2 列的选项,即可将"微笑与修养"转换成艺术字。

此时,艺术字标题处于选中状态,在"开始"功能区的"字体"组中单击相应的按钮,设置其字体为"华文新魏",字号为"小初";在"绘图工具/格式"功能区的"排列"组中单击"自动换行"按钮,在下拉列表中选择"嵌入型"。

选择标题所在的段落,设置段落对齐方式为"居中"。

第二步:选择除标题外的所有段落,在"开始"功能区的"字体"组中设置字体为"宋体"

"小四号";在"段落"组中单击"对话框启动器"按钮,打开"段落"对话框,在对话框中设置"首行缩进"2 个字符。

第三步:将插入点定位在第 2 段后的空段中,在"插入"功能区的"插图"组中单击"图片"按钮,打开"插入图片"对话框;在对话框中找到"素材/2"文件夹下的图片"微笑.JPG"并双击,将图片插入文档。

选择图片,在"开始"功能区的"段落"组中单击"居中"按钮,设置图片居中对齐。

右击图片,在快捷菜单中选择"大小和位置"命令,打开"布局"对话框的"大小"选项卡,取消选中"缩放"区的"锁定纵横比"复选框,然后设置高度为 5 厘米,宽度为 4 厘米,最后单击"确定"按钮。

第四步:在"插入"功能区的"插图"组中单击"形状"按钮,在下拉列表中选择"基本形状"组的"笑脸"形状,此时鼠标指针变成"十字"状,在文档的最后按下鼠标的左键并拖动,绘制"笑脸"。

第五步:在"插入"功能区的"文本"组中单击"文本框"按钮,在下拉列表中选择"绘制文本框"命令,鼠标指针变成"十"字状,在"笑脸"的右边,按下鼠标的左键拖动并绘制文本框,在文本框中输入文字"修养",并设置字体为楷体、四号。

选择文本框对象,单击"绘图工具/格式"功能区中的"自动换行"按钮,在下拉列表中选择"四周型环绕"命令;在"绘图工具/格式"功能区的"形状样式"组中选择"形状填充"命令,在下拉列表中选择"渐变",在其级联菜单中选择"其他渐变"命令,打开"设置形状格式"对话框;在对话框的左侧列表中选择"填充"命令,在右侧中选择"渐变填充"选项,在其下方的"预设渐变"列表中单击"浅色渐变—个性色 3"选项,在"方向"下拉列表中单击第 1 个"线性对角—左上到右下"选项,最后单击"关闭"按钮。

第六步:在"插入"功能区的"插图"组中单击"形状"按钮,在下拉列表中选择"箭头总汇"中的"右箭头"命令,在"笑脸"和文本框中间绘制"右箭头"。

单击"笑脸"自选图形,然后按下 Shift 键不放,依次单击右箭头、文本框,将 3 个对象同时选中,然后在"绘图工具/格式"功能区的"排列"组中单击"组合"按钮,在下拉列表中选择"组合"命令,将 3 个对象组合成一个整体。

2.4.5 任务小结

本任务通过详细的步骤和操作,全面介绍了 Word 2019 中图文混排的技巧和方法,涵盖了插入和编辑图片、艺术字、图形、文本框,以及 SmartArt 图形和公式的使用,用户得以在实践中掌握各项图文编辑功能。通过对文档的图文混排操作,不仅提升了文档的视觉效果,也增强了信息的传达效果。本任务不仅介绍了具体的技能,还培养了用户对文档美学的认识和高级排版能力。

2.4.6 职场赋能

图文混排技能在信息化时代扮演着至关重要的角色,它不仅极大地增强了文档的表现力和吸引力,而且在教育、广告、媒体等多个领域中成为提升信息价值和视觉冲击力的核心工具。在信息爆炸的背景下,有效地融合文本与图像,对于捕捉受众注意力及提高信息传播效率具有决定性影响。每一张图片的精心插入与调整,不仅是对信息传播方式的一种创新,更是数字化时代对多媒体融合深度探索的体现。这种技能的追求与实践,不仅丰富了视觉文化,也推动了社会形象传达能力的提升,为社会的多元化交流与全球化发展贡献了重要力量。

2.4.7 习题小测

一、单选题

1. 在 Word 2019 中,在( )选项卡中可以找到插入图片的功能。
   A. 视图　　　　　B. 插入　　　　　C. 设计　　　　　D. 引用

2. 如果想要在 Word 文档中插入艺术字,应该在( )选项卡中操作。
   A. 引用　　　　　B. 插入　　　　　C. 格式　　　　　D. 审阅

3. 在 Word 2019 中,绘制图形的工具位于( )选项卡中。
   A. 布局　　　　　B. 插入　　　　　C. 绘图　　　　　D. 设计

4. 插入 SmartArt 图形的功能在 Word 的( )选项卡中。
   A. 引用　　　　　B. 插入　　　　　C. 视图　　　　　D. 设计

5. 在 Word 2019 中,插入公式的功能位于( )选项卡中。
   A. 引用　　　　　B. 插入　　　　　C. 审阅　　　　　D. 布局

二、判断题

1. 在 Word 2019 中,可以通过"插入"选项卡插入艺术字。( )

2. 插入图片后,无法更改图片的布局方式。( )

3. 在 Word 文档中,只能插入预设的 SmartArt 图形。( )

4. 文本框不仅可以在文档中任意位置插入,而且可以包含文字和图片。( )

5. 在 Word 2019 中,无法在艺术字中插入公式。( )

任务 2.5　表格的创建与编辑

2.5.1 任务知识点

- 创建表格。
- 表格和单元格的选择、插入和删除。
- 表格和单元格的合并和拆分。
- 单元格行高和列宽的调整。

2.5.2 任务描述

使用 Word 2019 程序打开"素材\2\表格.docx"文档,按以下要求操作。

（1）在文档的最后空出一段，创建如表 2-1 所示的表格。

表 2-1 创建表格

学　号	英语	计算机	C 语言	数据结构	数据库
990301	87	87	78	89	87
990302	68	98	98	87	87
990303	90	76	98	55	59
990305	97	76	77	56	76
990401	58	87	88	87	87
990402	89	89	65	79	70

（2）在表格的第 4 行后面增加 1 行，输入内容为"990304　87　98　90　79　96"。

（3）在表格的左边增加 1 列，在该列的第 1 行内输入"班级"；将该列第 2～6 行的单元格合并，输入"三班"；将该列最后两行的单元格合并，输入"四班"。

（4）设置表格第 1～3 列的列宽为 1.5 厘米，第 4、5、7 列的列宽为 2.2 厘米，第 6 列的列宽为 2.5 厘米。

（5）将文档中前 5 行的文本转换成 5 行 7 列的表格，将第 1 列中第 2、3 行的单元格合并，输入"一班"；将第 4、5 行的单元格合并，输入"二班"。再设置每列的列宽与下面表格中对应列的列宽相同。

（6）将两个表格合并成一个新的表格。

（7）删除新表格中的第 6 行。

（8）设置表格第 1 行的行高为 1.2 厘米，字体为四号、加粗、蓝色。

2.5.3　知识与技能

1. 创建表格

表格是一种直观地表达数据的方式，比文字更有说服力。Word 2019 具有强大的表格编辑功能，用户可以轻松地创建各种既美观又专业的表格。

Word 2019 提供了 4 种创建表格的方法：使用"虚拟表格"区域、使用"插入表格"对话框、绘制表格以及将使用"快速表格"命令。

1）使用"虚拟表格"区域

使用"虚拟表格"区域可以快速创建表格，步骤如下。

（1）将插入点定位在要插入表格的位置，单击"插入"功能区中的"表格"按钮▦，弹出下拉列表，如图 2-43 所示。

（2）在下拉列表中有一个 10 列 8 行的虚拟表格，在虚拟表格区域移动鼠标光标可设置表格的行数和列数，光标前的区域将呈选中状态，显示为橙色。

（3）确定表格的行和列后，单击即可在文档中插入指定行数和列数的表格。

2）使用"插入表格"对话框

当要创建的表格超过 10 列 8 行时，就无法通过虚拟表格功能插入表格，可以通过"插入表格"对话框，步骤如下。

(1) 将插入点定位在需要插入表格的位置,单击"插入"功能区中的"表格"按钮▦,在下拉列表中选择"插入表格"命令,弹出"插入表格"对话框,如图 2-44 所示。

(2) 在对话框中通过"行数"和"列数"微调框设置表格的行数和列数,然后单击"确定"按钮。

图 2-43 "表格"下拉列表   图 2-44 "插入表格"对话框

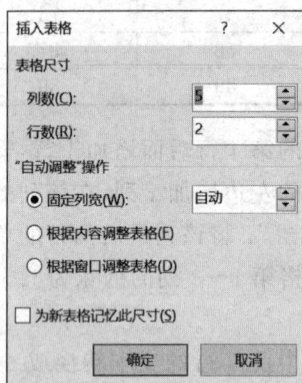

3) 绘制表格

如果要创建的表格的行和列不是均匀分布的,还可以手动绘制表格,步骤如下。

(1) 单击"插入"功能区中的"表格"按钮▦,在下拉列表中选择"绘制表格"命令,此时,鼠标指针呈笔状。

(2) 在需要创建表格的位置,按住鼠标左键并拖动,文档编辑区中将出现一个虚线框,待虚线框达到合适大小后释放鼠标,绘制出表格的外框。

(3) 在表格绘制状态,Word 2019 系统会自动出现"表格工具→表设计/布局"选项卡,单击"表设计"选项卡,在"边框"组中可以设置框线的类型、粗细和颜色,还可以在"布局"选项卡的"绘图"组中单击"绘制表格"按钮✐和"橡皮擦"按钮▱来绘制、修改不规则表格,如图 2-45 所示。

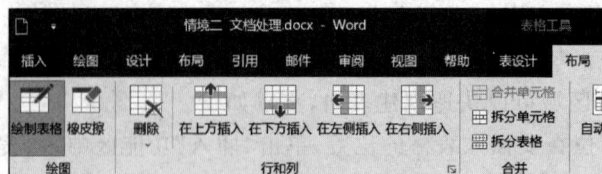

图 2-45 绘制表格工具

(4) 按照同样的方法,在框内绘制出横线、竖线或斜线。

(5) 绘制完成后,再次单击"绘制表格"按钮或按 Esc 键,退出绘制表格状态。

4) 使用"快速表格"命令

Word 2019 中还可以创建带有样式的表格,步骤如下。

(1) 将光标插入点定位在需要插入表格的位置。

（2）单击"插入"功能区中的"表格"按钮▦，在下拉列表中将鼠标指针指向"快速表格"命令，在其级联菜单中单击合适的样式，即可在文档中创建带样式的表格。

2. 编辑表格

1）单元格、行、列、表格的选择

表格创建好后，通常要进行适当的调整，例如，插入行和列，删除行和列，合并单元格，拆分单元格，调整行高和列宽等。在进行调整之前，首先要选择对象，包括选择单元格与单元格区域、行和列以及整个表格等。

（1）选择单元格与单元格区域。

① 一个单元格：将鼠标指针指向某单元格的左侧，待指针呈黑色粗箭头状◤时，单击左键即可选择该单元格。

② 连续单元格区域：将鼠标指针指向某个单元格的左侧，当指针呈黑色箭头状◤时，按住鼠标左键并拖动，拖动到终止位置后松开，此时起始位置到终止位置之间的单元格被选中。

③ 不连续的单元格区域：选中第 1 个单元格或单元格区域后，按住 Ctrl 键不放，然后依次选择其他不连续的单元格或单元格区域即可。

（2）选择行。

① 单行：将鼠标指针移至要选择的行左侧选定栏的位置，单击即可选中对应的行。

② 多个连续的行：将鼠标指针移至第 1 行左侧选定栏的位置，按下鼠标左键向下拖动到指定的行，松开鼠标左键即可选择多个连续的行。

③ 多个不连续的行：选择其中任意一个行区域后，按住 Ctrl 键不放，然后依次选择其他不连续的行即可。

（3）选择列。

① 单列：将鼠标指针移至要选择的列的上方，待指针呈黑色箭头状↓时，单击即可。

② 多个连续的列：将鼠标指针移至要选择的第 1 列的上方呈↓状时，按下鼠标左键向右拖动到最后一列即可。

③ 多个不连续的列：选择其中任意一个列区域后，按住 Ctrl 键不放，然后依次选择其他不连续的列即可。

（4）选择整个表格。

将鼠标指针指向表格时，表格的左上角会出现标志✛，右下角会出现标志▢，单击它们中的任意一个，都可选中整个表格。

2）单元格、行、列的插入与删除

在编辑表格时，可根据实际情况进行行、列、单元格的插入和删除。

（1）单元格、行、列的插入。

① 将插入点定位在某个单元格内。

② 在"表格工具→布局"功能区的"行和列"组中单击各命令按钮，即可实现行、列的插入。

③ 单击"行和列"组中的"对话框启动器"按钮↘，弹出"插入单元格"对话框，如图 2-46 所示。

④ 在对话框中可以设置插入单元格后的单元格移动方向，还可以选择"插入整行"或"插入整列"选项，分别插入行或列。

(2) 单元格、行、列的删除。

将插入点定位在某个单元格内,选择"表格工具→布局"功能区"行和列"组中的"删除"按钮⚏,在弹出的下拉列表中选择相应的命令,如图 2-47 所示。

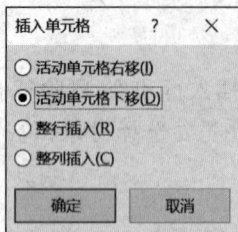

图 2-46 "插入单元格"对话框　　图 2-47 "删除"按钮的下拉列表

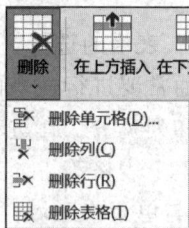

3) 表格和单元格的合并与拆分

在编辑表格时,可以对表格和单元格进行合并与拆分,这些操作都可以通过"表格工具→布局"功能区的"合并"组中的相应按钮进行设置。

(1) 单元格的合并与拆分。

① 合并单元格。选择需要合并的单元格区域,然后单击"合并单元格"按钮⊞,即可将单元格区域合并成一个单元格。

② 拆分单元格。选择需要拆分的某一个单元格,然后单击"拆分单元格"按钮⊞,在弹出的"拆分单元格"对话框中设置要拆分的行、列数,最后单击"确定"按钮。

(2) 表格的合并与拆分。

① 合并表格。先将两个表格的文字环绕方式设置为"无",再将两个表格之间的段落标记删除即可。

② 拆分表格。将插入点放定位在要拆分成第 2 个表格的第 1 行的任意单元格中,单击"拆分表格"按钮⊞,就可以将一个表格拆分成两个。

说明:表格只能按行拆分,不能按列拆分。

4) 行高和列宽的调整

为了适应表格中的数据,在编辑表格时,经常要对表格的行高和列宽进行调整。调整表格的行高和列宽有 3 种方法。

方法一:

(1) 将光标插入点定位到某个单元格内。

(2) 单击"表格工具→布局"选项卡,在"单元格大小"组中通过"高度"微调框调整单元格所在行的行高,通过"宽度"微调框调整单元格所在列的列宽。

方法二:

(1) 选中需要调整行高的行或需要调整列宽的列,然后右击行号或列标,在弹出的快捷菜单中选择"表格属性"命令,打开"表格属性"对话框,如图 2-48 所示。

(2) 在"表格属性"对话框的"行"和"列"选项卡中分别设置行高和列宽,然后单击"确定"按钮。

方法三:

(1) 将鼠标指针指向行或列的边框线上。

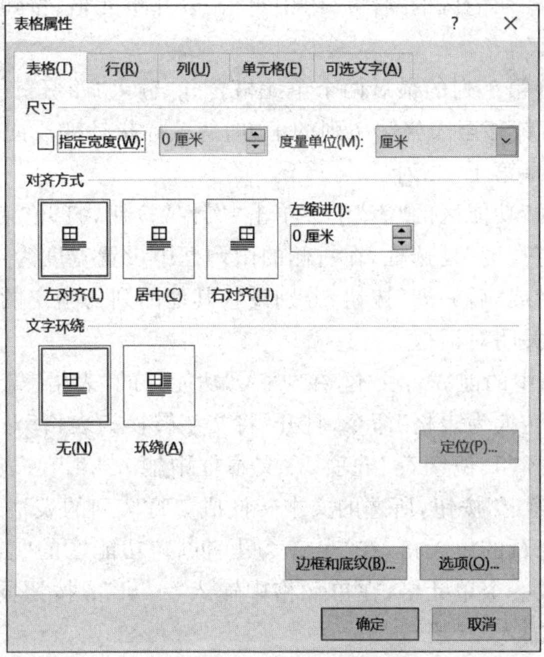

图 2-48 "表格属性"对话框

（2）鼠标指针的形状呈╪或╫形状时，按下鼠标左键拖动，表格中将出现虚线，待虚线到达合适位置时松开鼠标左键即可。

此外，在"单元格大小"组中若单击"分布行"按钮▤或"分布列"按钮▥，还可将表格中所有行或列平均分布。

2.5.4 任务实现

第一步：打开"素材\2\表格.docx"，将插入点定位在文档的最后空出一段的位置，在"插入"功能区的"表格"组中单击"表格"按钮，弹出下拉列表。

在下拉列表中的"虚拟表格"区域移动鼠标指针，当显示橘色的区域是"7×7 表格"时单击，在插入点即出现一个 7 行 7 列的表格。

通过单击各个单元格或按 Tab 键切换单元格，在各单元格中输入相应的内容。

第二步：将鼠标指针移至表格第 4 行左侧选定栏的位置，单击选择表格的第 4 行，然后在"表格工具/布局"功能区的"行和列"组中单击"在下方插入"按钮，在所选行的下方增加一行，输入"990304 87 98 90 79 96"。

第三步：将鼠标指针移至表格第 1 列的上方，待鼠标指针变成向下的粗箭头时，单击选择第一列。

在"表格工具/布局"功能区的"行和列"组中单击"在左侧插入"按钮，在所选列的左侧增加一列，在该列的第 1 行单元格内输入"班级"。

将鼠标指针移至第 1 列第 2 行单元格的左下角，当鼠标指针变成倾斜的粗箭头时，按下鼠标的左键向下拖动，选择第 1 列中第 2～6 行的单元格。

在"表格工具/布局"功能区的"合并"组中单击"合并单元格"按钮,将 5 个单元格合并成 1 个单元格,输入"三班"。

按照同样的方法将第 1 列的最后两个单元格合并,输入"四班"。

第四步:将鼠标指针移至表格第 1 列的上方,待鼠标指针变成向下的粗箭头时,按下鼠标的左键向右拖动,选择第 1~3 列。

在"表格工具/布局"功能区的"表"组中单击"属性"按钮,打开"表格属性"对话框,选择"列"选项卡,选中"指定宽度"复选框,在右侧的微调框中设置宽度为 1.5 厘米。

通过单击"前一列"或"后一列"按钮,分别设置其他的列为指定的列宽,所有列宽都设置完毕,单击"确定"按钮关闭对话框。

第五步:选择文档中的前 5 行文本,在"插入"功能区的"表格"组中单击"表格"按钮,在下拉列表中选择"文本转换为表格"命令,打开"将文字转换为表格"对话框。在对话框的"文字分隔位置"区域中选择"其他字符"选项,在文本框中输入"♯","表格尺寸"区域中的"列数"自动变为 7,单击"确定"按钮,所选的文本转换成 5 行 7 列的表格。

选择第 1 列第 2、3 行的单元格,在"表格工具/布局"功能区的"合并"组中单击"合并单元格"按钮,将其合并成一个单元格,在单元格中输入"一班";按照同样的方法将第 1 列中最后两个单元格合并,输入"二班"。

按照前面讲述的方法,设置表格各列为指定的列宽。

第六步:将插入点定位在两个表格之间的空段中,按 Delete 键删除空段,即可将两个表格合并成一个新的表格。

第七步:选择新表格中的第 6 行,在"表格工具/布局"功能区的"行和列"组中单击"删除"按钮,在下拉列表中选择"删除行"命令,删除所选的行。

第八步:选择新表格的第 1 行,在"表格工具/布局"功能区的"单元格大小"组中设置行高为 1.2 厘米,在"开始"功能区的"字体"组中设置字体格式为"四号、加粗、蓝色"。

2.5.5　任务小结

本任务全面阐述了在 Word 2019 中创建和编辑表格的技巧,覆盖了从新建表格、选择及修改单元格和行列,到合并与拆分单元格、调整行高和列宽等多个方面。通过实际操作,对文档中的表格进行了精确的编辑和格式设置,提升了文档的整洁度和易读性。本任务显著提高了用户在 Word 中处理表格数据的能力,为日常数据整理工作提供了强大的支持。

2.5.6　职场赋能

表格的创建与编辑是信息化社会中数据处理和分析的基石,它通过将复杂数据信息结构化展现,极大地便利了数据的比较、分析与解读。

在金融分析、市场研究、学术研究等关键领域,表格的应用对于确保数据的准确表达和有效沟通发挥着至关重要的作用。

这一技能不仅体现了对信息整理的重视,更是决策支持中挖掘数据价值的关键,同时展现了对精确性和条理性的追求,是数据驱动社会中不可或缺的一环。通过精心构建和优化表格,大幅提升了数据管理的效率。

2.5.7　习题小测

一、单选题

1. 在 Word 2019 中,插入一个 3 行 4 列的表格的方法是(　　)。
　　A. 单击"插入"选项卡,选择"表格",输入 3 和 4
　　B. 单击"插入"选项卡,选择"表格",输入 4 和 3
　　C. 单击"插入"选项卡,选择"表格",输入 2 和 3
　　D. 单击"插入"选项卡,选择"表格",输入 3 和 3

2. 在 Word 2019 表格中添加一行的正确方法是(　　)。
　　A. 右击表格,选择"插入行"命令
　　B. 单击表格中的"设计"选项卡,选择"插入行"命令
　　C. 直接在表格下方输入新行
　　D. 单击表格中的"布局"选项卡,选择"插入行"命令

3. 在 Word 2019 表格中删除一列的正确方法是(　　)。
　　A. 右击列,选择"删除列"命令
　　B. 单击表格中的"设计"选项卡,选择"删除列"命令
　　C. 直接选中列,按 Delete 键
　　D. 单击表格中的"布局"选项卡,选择"删除列"命令

4. 在 Word 2019 表格中合并两个单元格的正确方法是(　　)。
　　A. 选中两个单元格,右击,选择"合并单元格"命令
　　B. 选中两个单元格,单击表格中的"设计"选项卡,选择"合并单元格"命令
　　C. 选中两个单元格,单击表格中的"布局"选项卡,选择"合并单元格"命令
　　D. 直接拖动单元格边界合并

5. 在 Word 2019 表格中拆分一个单元格的正确方法是(　　)。
　　A. 选中单元格,右击,选择"拆分单元格"命令
　　B. 选中单元格,单击表格中的"设计"选项卡,选择"拆分单元格"命令
　　C. 选中单元格,单击表格中的"布局"选项卡,选择"拆分单元格"命令
　　D. 直接拖动单元格边界拆分

二、判断题

1. 在 Word 2019 中,无法通过拖动表格的行或列边界来调整其大小。(　　)
2. 在 Word 2019 中,表格的行和列不能有不同的高度和宽度。(　　)
3. 在 Word 2019 中,可以在表格中插入图片。(　　)
4. 在 Word 2019 中,表格的行和列不能被设置为自动调整大小。(　　)
5. 在 Word 2019 中,表格的单元格不能被设置为不同的背景颜色。(　　)

任务2.6　表格的格式设置

2.6.1　任务知识点

- 表格大小的设置。
- 单元格对齐方式的设置。
- 标题行重复。
- 表格边框与底纹设置。
- 套用表格样式。
- 文本与表格的相互转换。

2.6.2　任务描述

使用 Word 2019 程序打开"素材\2\成绩表.docx"文档，并完成以下操作。

（1）给表格添加标题"成绩表"。

（2）在第1行第1列的单元格中绘制斜线表头，行标题为"科目"，列标题为"学号"。

（3）设置表格居中。

（4）除第1行第1列单元格外，设置其他单元格水平和垂直均居中对齐。

（5）设置表格的边框：外框1.5磅、红色、双线，内框1磅、红色、细实线。

（6）设置表格的第1行和第1列带有底纹：绿色、15％样式。

2.6.3　知识与技能

1. 格式化表格

1）表格大小的设置

在 Word 中，可以对表格进行整体缩小或放大，步骤如下。

图 2-49　调整按钮

（1）选择整个表格。

（2）将鼠标指针移到右下角的调整按钮 □ 上，此时，鼠标指针呈对角线双向箭头状，如图 2-49 所示，按下鼠标左键拖动即可调整表格大小。

2）单元格对齐方式的设置

为了使表格中的数据更加整齐美观，单元格中数据对齐方式的设置是必不可少的。表格中单元格内容的对齐方式有两种：水平对齐方式和垂直对齐方式。水平对齐方式包括左对齐、居中对齐和右对齐，垂直对齐方式包括顶端对齐、居中和底端对齐。

设置单元格对齐方式的方法如下。

方法一：

（1）选择要设置对齐方式的单元格或单元格区域。

（2）选择"表格工具→布局"选项卡，然后单击"对齐方式"组中的各对齐方式按钮，设置相应的对齐方式，如图 2-50 所示。

方法二：

（1）选择要设置对齐方式的单元格或单元格区域。

（2）右击选择的区域，在快捷菜单中选择"表格属性"命令，打开"表格属性"对话框，在"表格"标签设置相应的对齐方式。

3）标题行重复

当表格的行数较多，占用多个页面时，为了方便浏览数据，通常在每一页的表格中都显示标题行，称为标题行重复。

设置标题行重复的步骤如下。

（1）选择表格的标题行。

（2）在"表格工具→布局"功能区的"数据"组中单击"重复标题行"按钮 ![] 即可，如图 2-51 所示。

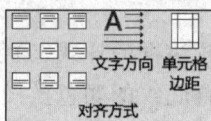

图 2-50　单元格对齐方式　　　　图 2-51　"重复标题行"按钮

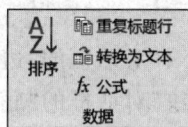

4）表格边框与底纹设置

为了使表格更加美观，还可以设置表格的边框或底纹。

边框和底纹可以通过功能区中的"边框"和"底纹"按钮设置，也可以通过"边框和底纹"对话框设置。

（1）通过功能区中的"边框"和"底纹"按钮。

"边框"按钮和"底纹"按钮分别位于"表格工具→表设计"功能区的"边框"和"表格样式"组中，如图 2-52 所示。

① 选择要添加"边框和底纹"的单元格或单元格区域。

② 单击"边框"按钮 ![] 设置边框，再单击"底纹"按钮 ![] 下方的"底纹"按钮，在弹出的下拉列表中选择边框样式和底纹颜色。

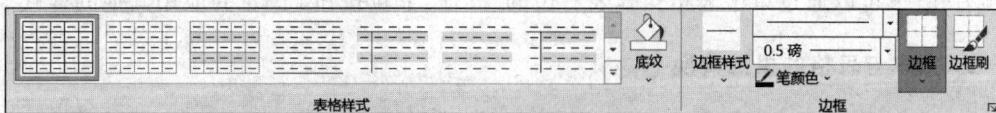

图 2-52　"边框和底纹"按钮

（2）通过"边框和底纹"对话框。

① 选择要添加"边框和底纹"的单元格或单元格区域。

② 单击功能区中"边框"按钮 ![] 下方的"边框"按钮 ![边框]，在弹出的下拉列表中选择"边框和底纹"命令，弹出"边框和底纹"对话框，如图 2-53 所示。

89

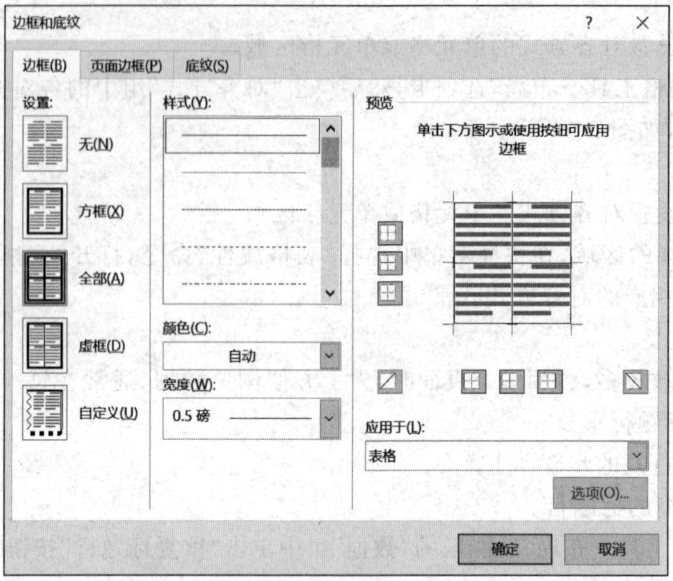

图 2-53　"边框和底纹"对话框

③ 在"边框和底纹"对话框的"边框"选项卡中设置边框的样式、颜色和宽度等。

④ 在"边框和底纹"对话框的"底纹"选项卡中设置底纹的颜色及样式,最后单击"确定"按钮。

5)套用表格样式

Word 2019 提供了丰富的表格样式,利用这些样式可以快速地设置表格的格式。

套用表格样式的步骤如下。

(1)将插入点定位在表格内,或选择整个表格。

(2)将鼠标光标指向"表格工具→表设计"功能区的"表格样式"组中的样式按钮,如图 2-54 所示,文档中就会呈现表格应用该样式后的效果;如果要应用样式,单击该样式即可。

图 2-54　"表格样式"组

另外,也可以通过单击表格样式表右边的"其他"下拉按钮▼浏览并应用其他的样式。

2. 文本与表格的相互转换

在 Word 2019 中,表格和文本可以相互转换。

1)表格转换为文本

具体步骤如下。

(1)选择要转换为文本的表格区域。

(2)在"表格工具→布局"功能区的"数据"组中单击"转换为文本"按钮 📇 ,弹出"表格转换成文本"对话框,如图 2-55 所示。

（3）在对话框中选择或输入"文字分隔符"后，单击"确定"按钮。

2）文本转换成表格

具体步骤如下。

（1）选择要转换成表格的文本。

（2）单击"插入"功能区中的"表格"按钮▦，在弹出的下列表中选择"文本转换成表格"命令，弹出"将文字转换成表格"对话框，如图 2-56 所示。

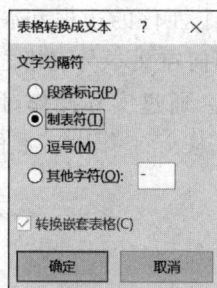

图 2-55　"表格转换成文本"对话框　　图 2-56　"将文字转换成表格"对话框

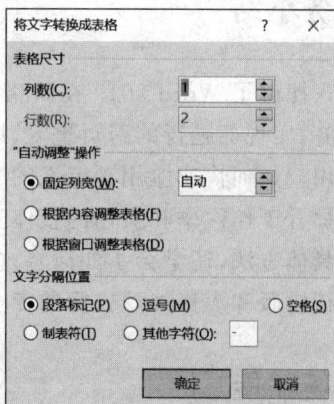

（3）在对话框中设置"文字分隔位置"选项，如果文字分隔位置设置准确，列数必然也是正确的。

（4）最后单击"确定"按钮，即可将选择的文本转换成表格。

2.6.4　任务实现

第一步：将插入点定位在第 1 行第 1 列单元格内所有字符前面，按 Enter 键，在表格前出现一个空行，在空行中输入标题"成绩表"。

第二步：将插入点定位在第 1 行第 1 列单元格内，在"开始"功能区的"段落"组中单击最后一个按钮右侧的下拉按钮，在下拉列表中选择"斜下框线"命令，在单元格内部即出现一条斜线，将单元格分为两部分；通过按空格键和 Enter 键，在斜线的右上方输入"科目"，在左下方输入"学号"。

第三步：将鼠标指针移至表格区域，单击表格左上方的"全选"按钮选择整个表格，然后在"开始"功能区的"段落"组中单击"居中"对齐按钮，使整个表格水平居中。

第四步：选择第 1 行中除第 1 个单元格外的其他单元格区域，在"表格工具/布局"功能区的"对齐方式"组中单击"对平和垂直都居中"按钮，将选择的单元格区域中的内容设置为水平和垂直均居中对齐。

选择表格的第 2 行至最后一行，按照同样的方法将其设置为水平和垂直均居中。

第五步：选择整个表格，右击，在快捷菜单中选择"边框和底纹"命令，打开"边框和底纹"对话框。

单击"边框"选项卡，在"样式"列表中选择"双线"，在"颜色"列表中选择"红色"，在"宽度"列表中选择"1.5 磅",在"预览"区中单击内框线图标去掉水平和垂直两条内框线。

重新选择线型:设为细实线、红色、1 磅,再在预览区中单击内框线图标,画上两条内框线,最后单击"确定"按钮。

第六步:选择表格的第 1 行和第 1 列,打开"边框和底纹"对话框,单击"底纹"选项卡,在"填充"列表中选择"绿色",在"图案"的"样式"列表中选择"15%",单击"确定"按钮。

2.6.5　任务小结

本任务深入探讨了 Word 2019 在表格美化方面的多样技巧,包括调整表格尺寸,精确设置单元格对齐,实现标题行的跨页重复,以及为表格添加个性化的边框和底纹等。此外,本任务还引导用户如何快速应用预定义的表格样式,以及如何在文本与表格之间灵活转换,这些技能对于提升工作效率和文档的整体美观度极具价值。通过实际操作,用户不仅掌握了表格美化的具体方法,还学会了如何将这些技巧灵活用于实际工作中。本任务进一步增强了用户在文档排版和表格处理方面的专业能力。

2.6.6　职场赋能

表格的格式设置在确保数据传达的清晰性和解读的高效性扮演着关键角色。在商业报告、科研论文和教学材料等关键文档中,格式的精心设计显著增强了信息传递的效率及数据的说服力。通过细致的格式应用,如边框调整和底纹设置,可以有效地突出关键数据,引导读者的注意力,加快对复杂信息的把握。这种对格式细节的专注极大提升了文档的专业度,体现了对高标准的执着追求,为知识的广泛传播和文化的建设提供了坚实的基础,同时为社会的信息化进程和智慧治理的实施提供了强有力的支撑。

2.6.7　习题小测

一、单选题

1. 在 Word 2019 中,设置表格边框样式的正确方法是(　　)。
   A. 单击表格中的"设计"选项卡,选择"边框"选项
   B. 单击表格中的"布局"选项卡,选择"边框"选项
   C. 右击表格,选择"边框和底纹"命令
   D. 直接在表格上右击,选择"边框"命令

2. 在 Word 2019 中,设置单元格背景颜色的正确方法是(　　)。
   A. 单击表格中的"设计"选项卡,选择"填充颜色"选项
   B. 单击表格中的"布局"选项卡,选择"填充颜色"选项
   C. 右击单元格,选择"填充颜色"命令
   D. 直接在单元格上右击,选择"填充颜色"命令

3. 在 Word 2019 中,设置单元格文本对齐方式的正确方法是(　　)。
   A. 单击表格中的"设计"选项卡,选择"对齐方式"选项

B. 单击表格中的"布局"选项卡,选择"对齐方式"选项

C. 右击单元格,选择"对齐方式"命令

D. 直接在单元格上右击,选择"对齐方式"命令

4. 在 Word 2019 中,设置行高的正确方法是(　　)。

　A. 单击表格中的"设计"选项卡,选择"行高"选项

　B. 单击表格中的"布局"选项卡,选择"行高"选项

　C. 直接拖动行边界

　D. 右击行,选择"行高"命令

5. 在 Word 2019 中,设置列宽的正确方法是(　　)。

　A. 单击表格中的"设计"选项卡,选择"列宽"选项

　B. 单击表格中的"布局"选项卡,选择"列宽"选项

　C. 直接拖动列边界

　D. 右击列,选择"列宽"命令

二、判断题

1. 在 Word 2019 中,表格大小的设置仅限于行高和列宽。(　　)

2. 在 Word 2019 中,单元格对齐方式的设置仅限于水平对齐。(　　)

3. 在 Word 2019 中,标题行重复功能只能在表格的第 1 行设置。(　　)

4. 在 Word 2019 中,表格边框与底纹设置不能应用于单个单元格。(　　)

5. 在 Word 2019 中,文本与表格的相互转换是单向的,只能从文本转换为表格。(　　)

任务 2.7　文档的保护与打印

2.7.1　任务知识点

- 文档的保护。
- 打印设置。

2.7.2　任务描述

使用 Word 2019 程序打开"素材\2\全国计算机等级考试.docx"文档,并完成以下操作。

(1) 给文档设置打印修改密码和打开密码。

(2) 掌握打印文档的方法。

2.7.3　知识与技能

1. 文档的保护

1) 设置修改密码

对于比较重要的文档,如果允许用户打开查看内容,但不允许修改,可对其设置修改密

码。具体操作步骤如下。

(1) 打开需要设置修改密码的文档,切换到"文件"按钮,选择"另存为"命令,在弹出的对话框中单击"工具"按钮,然后在下拉列表中选择"常规选项"命令,如图 2-57 所示,弹出"常规选项"对话框。

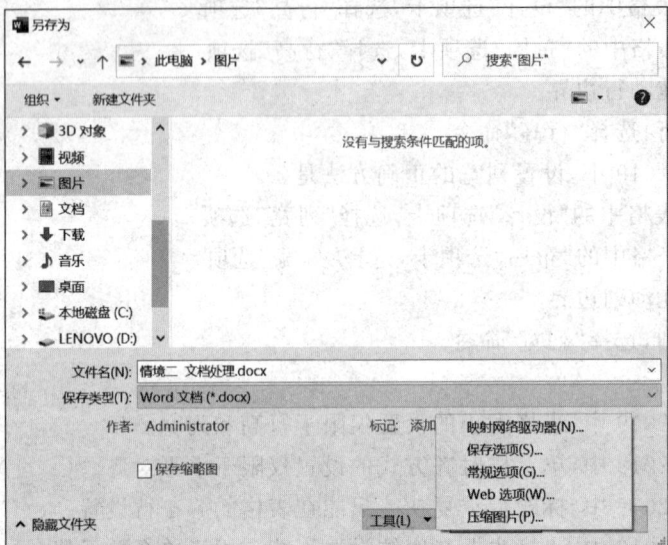

图 2-57 "另存为"对话框

(2) 在"修改文件时的密码"文本框中输入密码,然后单击"确定"按钮,如图 2-58 所示。

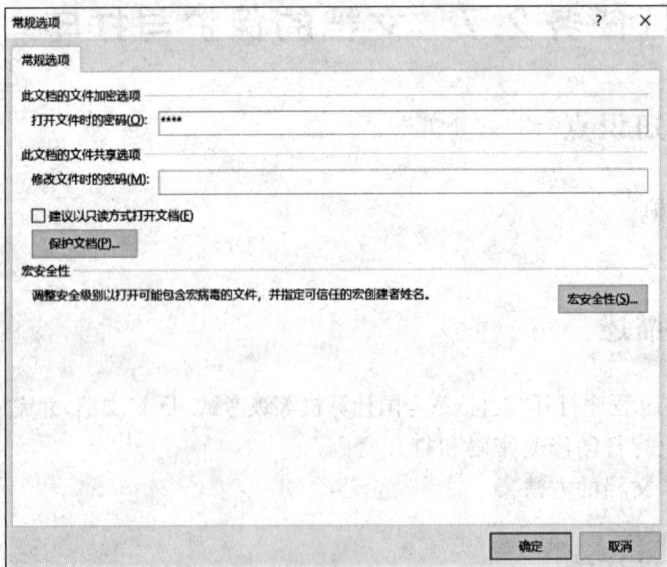

图 2-58 "常规选项"对话框

(3) 弹出"确认密码"对话框,在文本框中再次输入密码,然后单击"确定"按钮。

(4) 返回"另存为"对话框,单击"保存"按钮保存设置。

通过上述设置后,再次打开该文档时会弹出"密码"对话框,此时需要在"密码"文本框中输入正确的密码,然后单击"确定"按钮才能将文档打开并编辑。如果不知道密码,只能单击"只读"按钮以只读方式打开。

2)设置打开密码

对于非常重要的文档,为了防止其他用户查看,可对其设置打开密码。具体操作步骤如下。

(1)打开需要设置打开密码的文档,切换到"文件"按钮,然后选择左侧窗格的"信息"命令,在中间窗格中单击"保护文档"按钮,在下拉列表中单击"用密码进行加密"选项,如图 2-59 所示。

图 2-59 "用密码进行加密"命令

(2)打开"加密文档"对话框,如图 2-60 所示,在"密码"文本框中输入密码,然后单击"确定"按钮,弹出"确认密码"对话框,在"重新输入密码"文本框中再次输入密码,然后单击"确定"按钮。

通过上述操作后再次打开该文档时,会弹出"密码"对话框要求输入密码。此时,需要输入正确的密码才能将其打开。

说明:若要取消对文档的加密,则先用密码打开该文档,然后在上述设置界面中把文本框中的密码删除即可。

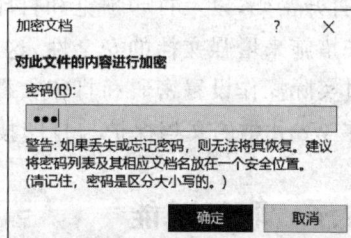

图 2-60 "加密文档"对话框

2. 打印设置

1)打印预览

打印文档之前可以使用打印预览预先浏览一下文档的打印效果,以避免打印出来后不满意时因重新打印而浪费纸张。

进行打印预览的步骤如下。

(1) 打开需要打印的 Word 文档,单击"文件"按钮。

(2) 在左侧区域中选择"打印"命令,在右侧区域中预览打印效果。

2)打印

通过打印预览,如果确认文档的内容和格式都正确无误,就可以开始打印文档了。打印文档的步骤如下。

(1) 单击"文件"按钮,在左侧区域中选择"打印"命令。

(2) 在中间窗格的"份数"微调框中设置打印份数,在"页数"文本框上方的下拉列表中可设置打印范围,相关参数设置完成后单击"打印"按钮,打印机便会自动打印该文档。

2.7.4　任务实现

第一步:选择"文件"→"另存为"命令,选择保存位置,在弹出的对话框中单击"工具"按钮,然后在下拉列表中选择"常规选项"命令,弹出"常规选项"对话框。在"修改文件时的密码"文本框中输入密码 123,然后单击"确定"按钮。弹出"确认密码"对话框,在文本框中再次输入密码,然后单击"确定"按钮。

第二步:选择"文件"→"信息"命令,在中间窗格中单击"保护文档"按钮,在下拉列表中单击"用密码进行加密"选项,打开"加密文档"对话框。在"密码"文本框中输入密码 abc,然后单击"确定"按钮,弹出"确认密码"对话框。在"重新输入密码"文本框中再次输入密码,然后单击"确定"按钮。

第三步:选择"文件"→"打印"命令,在"打印份数"文本框中设置份数为 2,在"设置"区"页数"文本框中输入 1,然后单击上方的"打印"按钮,即可将指定的页码打印指定的份数。

2.7.5　任务小结

本任务详细介绍了 Word 2019 中文档保护与打印的相关操作内容,涵盖了设置修改密码,打开密码,以及打印预览和打印设置的多个方面。此外,本任务还介绍了如何通过密码保护措施来增强文档的安全性,这对于保护敏感信息和确保文档的私密性至关重要。最后通过实际操作设置密码和打印文档,实现了文档的安全管理与高效输出。本任务提升了用户在 Word 中的文档保护与打印技能,为日常办公和文档管理提供了更加安全可靠的保障。

2.7.6　职场赋能

文档保护与打印是确保工作成果得到妥善保存和专业呈现的关键步骤。在知识经济时代,文档保护不仅是维护创作者权益及防止信息泄露的重要措施,更是对创新成果的有力保障。通过设置文档的加密和限制编辑,能够有效保护知识产权和隐私,确保信息的安全与完整。同时,高质量的打印输出将数字文档转化为实体形式,体现了对工作成果的高度重视。掌握文档保护与打印的技能,对于个人职业发展和组织信息安全管理都至关重要。

2.7.7　习题小测

一、单选题

1. 在 Word 2019 中,设置文档的打开密码的方法是(　　)。
   A. 在"文件"菜单中选择"保存为"命令,然后在"工具"下拉菜单中选择"安全措施"命令
   B. 在"文件"菜单中选择"信息"命令,然后在"保护文档"中选择"加密文档"选项
   C. 在"视图"菜单中选择"宏"命令,然后编写代码来设置密码
   D. 在"设计"菜单中选择"页面设置"命令,然后在"文档选项"中设置密码

2. 在 Word 2019 中设置文档的修改密码的方法是(　　)。
   A. 使用"设计"选项卡中的"保护"工具
   B. 使用"布局"选项卡中的"保护"工具
   C. 使用"审阅"选项卡中的"限制编辑"功能
   D. 使用"引用"选项卡中的"目录"工具

3. 在 Word 2019 中,启动文档的打印预览功能的方法是(　　)。
   A. 选择"文件"菜单中的"打印"命令
   B. 选择"文件"菜单中的"打印预览"命令
   C. 按下 Ctrl＋P 组合键
   D. 按下 Ctrl＋W 组合键

4. 在 Word 2019 中设置打印份数的方法是(　　)。
   A. 在"文件"菜单中选择"打印"命令,然后在"设置"中设置"份数"
   B. 在"文件"菜单中选择"打印"命令,然后在"打印机属性"中设置"份数"
   C. 在"设计"选项卡中选择"打印布局",然后设置"份数"
   D. 在"布局"选项卡中选择"打印设置",然后设置"份数"

5. 在 Word 2019 中,确保文档在打印时包含所有页面的方法是(　　)。
   A. 选择"打印所有页面"选项
   B. 选择"打印选定范围"选项
   C. 选择"打印整个文档"选项
   D. 手动选择每个页面进行打印

二、判断题

1. 在 Word 2019 中,可以为文档设置多个打开密码。(　　)

2. 在 Word 2019 中,打印设置中的"打印预览"功能可以用来查看文档的打印效果。(　　)

3. 在 Word 2019 中,一旦设置了文档的修改密码,未经授权的用户就无法修改文档内容。(　　)

4. 在 Word 2019 中,打印设置中的"打印份数"选项仅允许用户设置打印一份文档。(　　)

5. 在 Word 2019 中,设置文档的打开密码和修改密码的操作步骤是相同的。(　　)

任务 2.8　邮 件 合 并

2.8.1　任务知识点

- 邮件合并的概念。
- 邮件合并的过程。

2.8.2　任务描述

使用 Word 2019 打开"素材\2\录取通知书素材"文档,完成以下操作。

(1) 在 Word 中制作一个主文档模板。

(2) 利用邮件合并功能实现将 Excel 中的数据导入 Word。

(3) 打印预览。

2.8.3　知识与技能

1. 邮件合并的概念

其实"邮件合并"这个名称最初是在批量处理"邮件文档"时提出的。具体地说就是在邮件文档(主文档)的固定内容中,合并与发送信息相关的一组通信资料(数据源如 Excel 表、Access 数据表等),从而批量生成需要的邮件文档,大大提高工作的效率,"邮件合并"因此而得名。

显然,"邮件合并"功能除了可以批量处理信函等与邮件相关的文档外,一样可以轻松地批量制作标签、工资条、成绩单等。

2. 邮件合并的时机

在实际工作中经常会遇到这种情况:需要处理的文件主要内容基本相同,只是具体数据有变化,比如学生的录取通知书、成绩报告单、获奖证书等。此时,如果是一份一份编辑打印,虽然每份文件只需修改个别数据,但也很麻烦。有没有好的解决办法呢? 答案是肯定的,利用 Word 2019 的邮件合并功能,我们可以直接从数据库中获取数据,将其合并到信函内容中,从而减少了重复性的劳动,提高了工作效率。

以上情况通常都具备两个规律。

一是需要制作的文档数量比较多。

二是这些文档内容分为固定不变的内容和变化的内容,比如信封上的寄信人地址和邮政编码、信函中的落款等,这些都是固定不变的内容;而收信人的地址邮编等就属于变化的内容,其中变化的部分由数据表中含有标题行的数据记录表表示。

什么是含有标题行的数据记录表呢? 通常是指这样的数据表:它由字段列和记录行构

成,字段列规定该列存储的信息,每条记录行存储着一个对象的相应信息。图 2-61 就是这样的表,其中包含的字段为“姓名”“性别”“专业名”等,接下来的每条记录存储着每名学生的相应信息。

	A	B	C	D	E
1	姓名	性别	出生日期	专业名	所在系
2	杨　颖	女	1997/7/20	计算机应用技术	信息与艺术设计系
3	方露露	女	1998/1/15	计算机应用技术	信息与艺术设计系
4	俞奇军	男	1998/2/20	计算机应用技术	信息与艺术设计系
5	胡国强	男	1997/11/7	计算机应用技术	信息与艺术设计系
6	薛　冰	男	1996/7/29	计算机应用技术	信息与艺术设计系
7	岑盈飞	女	1999/3/10	计算机网络技术	信息与艺术设计系
8	董含静	女	1998/9/25	计算机网络技术	信息与艺术设计系
9	陈　伟	男	1997/8/7	计算机网络技术	信息与艺术设计系
10	陈新江	男	1998/7/20	计算机网络技术	信息与艺术设计系

图 2-61　含有标题行的数据记录表

3. 邮件合并的三个基本过程

上面讨论了邮件合并的使用情况,现在我们了解一下邮件合并的基本过程。理解了这三个基本过程,就抓住了邮件合并的“纲”,以后就可以有条不紊地运用邮件合并功能解决实际任务了。

1）建立主文档

“主文档”就是前面提到的固定不变的主体内容,比如信封中的落款、信函中的对每个收信人都不变的内容等。使用邮件合并之前先建立主文档,是一个很好的习惯。一方面可以考查预计中的工作是否适合使用邮件合并;另一方面是主文档的建立,为数据源的建立或选择提供了标准和思路。

2）准备好数据源

数据源就是前面提到的含有标题行的数据记录表,其中包含着相关的字段和记录内容。数据源表格可以是 Word、Excel、Access 或 Outlook 中的联系人记录表。

在实际工作中,数据源通常是现成的。比如你要制作大量客户信封,多数情况下,客户信息可能早已被客户经理做成了 Excel 表格,其中含有制作信封需要的“姓名”“地址”“邮编”等字段。在这种情况下,你直接拿过来使用就可以了,而不必重新制作。也就是说,在准备自己建立之前要先考查一下是否有现成的可用。

如果没有现成的,则要根据主文档对数据源的要求建立,根据你的习惯使用 Word、Excel、Access 都可以。实际工作时,常常使用 Excel 制作。

3）把数据源合并到主文档中

前面两件事情都做好之后,就可以将数据源中的相应字段合并到主文档的固定内容之中了。表格中的记录行数,决定着主文件生成的份数。整个合并操作过程将利用“邮件合并向导”进行,使用非常轻松容易。

2.8.4　任务实现

第一步:打开 Word,将文件保存并命名为“录取通知书模板”。将纸张方向设置为横向,在设计选项卡中,将页面边框设置为“艺术型\星形”,其他采用默认值。插入图片,来自“素材\2\录取通知书\logo.jpg”,选中图片后将其设置为水平居中。

第二步：插入艺术字"录取通知书"，字体为"华文行楷"，红色填充，黑色边框，并将其调整到水平居中且为合适大小，如图 2-62 所示。

图 2-62　Word 中制作模板

第三步：输入以下文字，如图 2-63 所示。在"同学"和"专业"前利用"♯"作占位符，并设置为蓝色、加粗。全文字体为微软雅黑，称呼和正文的字号为二号，落款字号为小三号。报到的时间为了起到强调效果，将字体设置为华文新魏、加粗。

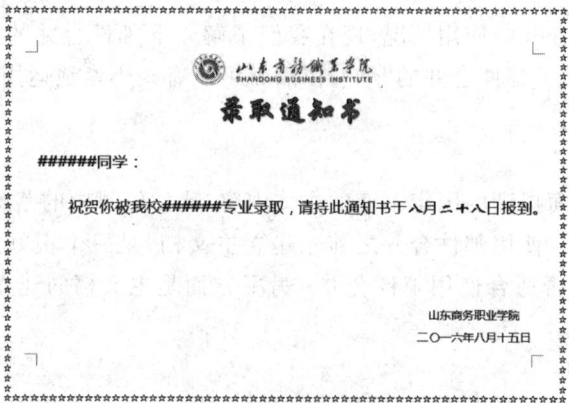

图 2-63　设置占位符

第四步：单击"邮件"选项卡，选择"选择收件人"→"使用现有列表"命令，如图 2-64 所示。

图 2-64　单击"邮件"选项卡

第五步：弹出"选取数据源"对话框，找到学生情况表，打开"学生情况表.xls"，如图 2-65 所示。

第六步：因为数据在学生信息中，所以选择学生信息并确认。如果第1行是标题，注意选中"数据首行包含列标题"复选框，如图 2-66 所示。

第七步：现在开始编辑各个变量，如图 2-67 所示。

将光标定位在"同学"前面，选择"邮件"→"插入合并域"→"姓名"命令；然后按照相同的方法插入"专业名"，如图 2-68 所示。

图 2-65 "选取数据源"对话框

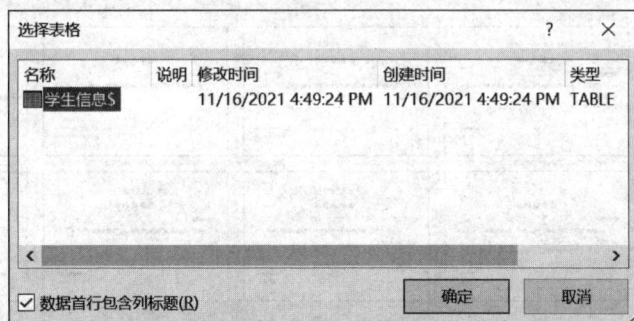

图 2-66 找到工作表

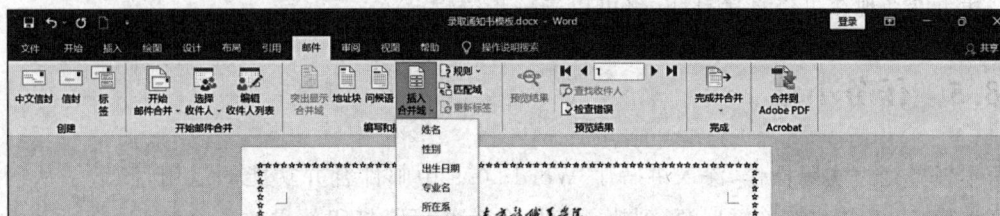

图 2-67 插入域

图 2-68 插入"姓名"和"专业名"

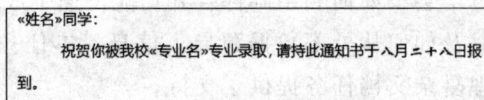

第八步：完成邮件合并。选择"邮件"→"完成并合并"→"编辑单个文档"命令，就会自动生成一个新的文档，每一页为一条记录，如图 2-69 所示。可以选择要生成的新文档中包

101

含记录的区间,方法与打印文档相同,此处选择"全部"选项,如图 2-70 所示。接下来就可以看到预览的效果,如图 2-71 所示。

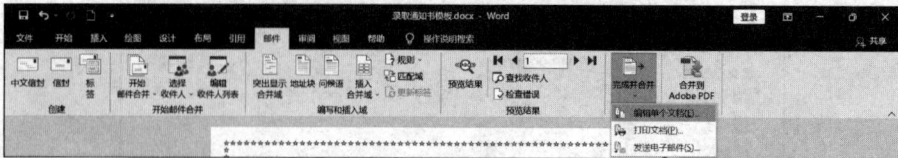

图 2-69　选择合并方式

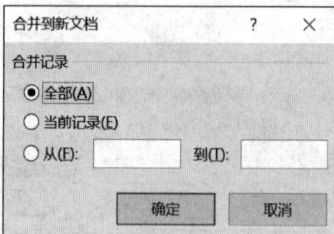

图 2-70　选择合并记录的条数

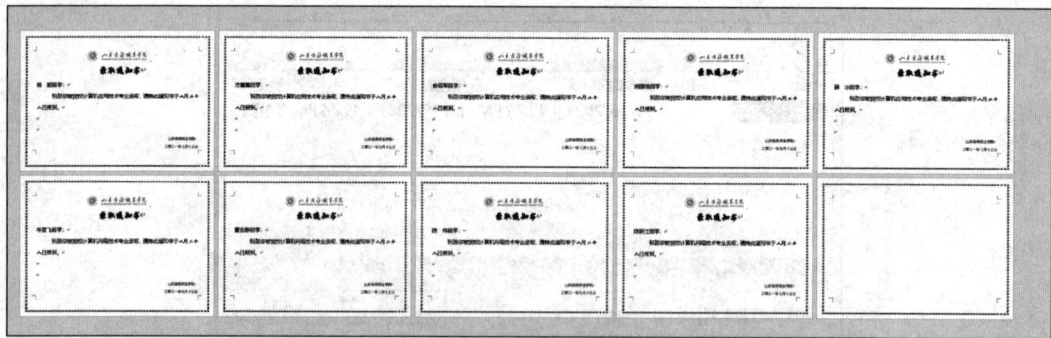

图 2-71　完成合并

第九步:现在可以直接打印,也可以进一步编辑。

2.8.5　任务小结

本任务通过实际操作,深入讲解了 Word 2019 中邮件合并功能的运用,涵盖了从创建主文档模板,准备和链接数据源,到执行邮件合并并预览打印效果的整个流程。此外,本任务还强调了邮件合并在实际工作中的重要性,特别是在处理批量个性化文档时的效率和准确性。通过逐步指导,用户学会了如何利用邮件合并功能快速生成录取通知书,如何在文档中插入和格式化占位符,以及如何从外部数据源导入信息。本任务提升了用户在文档自动化处理方面的能力,为处理复杂文档任务提供了支持。

2.8.6　职场赋能

邮件合并是提高工作效率及实现个性化沟通的重要手段。在客户关系管理、市场营销、行政通知等领域,邮件合并能够显著提升处理大量相似文档的效率,同时确保每个接收者都能感受到个性化的关怀。这一功能的应用,显著提升了服务质量,增强了客户满意度。通过邮件合并,每一次邮件的定制和发送都体现了对用户体验的高度关注,以及在服务创新中对客户关系的重视。这不仅提高了工作效率,还展现了在信息化时代对客户至上的理念和对服务创新的持续追求。

2.8.7 习题小测

一、单选题

1. 在 Word 中,邮件合并功能通常位于(   )选项卡中。
   A. 插入   B. 布局   C. 邮件   D. 引用
2. 要开始邮件合并,首先需要选择(   )文档类型。
   A. 信函   B. 目录   C. 电子邮件   D. 标签
3. 在邮件合并中,将 Excel 数据源与 Word 文档关联的方法是(   )。
   A. 使用"插入"选项卡中的"对象"功能
   B. 使用"邮件"选项卡中的"选择收件人"功能
   C. 直接复制 Excel 表格并粘贴到 Word 文档中
   D. 使用"引用"选项卡中的"交叉引用"功能
4. 如果需要在 Word 文档中插入合并字段,应使用(   )按钮。
   A. 插入   B. 合并字段   C. 插入合并字段   D. 插入文本框
5. 在邮件合并完成后,查看合并后预览效果的方法是(   )。
   A. 使用"打印预览"功能   B. 使用"预览结果"功能
   C. 直接打印文档   D. 手动输入数据

二、判断题

1. 邮件合并只能用于创建信函。(   )
2. 在 Word 中,可以使用邮件合并功能将文本数据合并到 PDF 文档中。(   )
3. 可以通过邮件合并向导将多个数据源合并到单个文档中。(   )
4. 在邮件合并中,可以使用"规则"来排除特定记录。(   )
5. 邮件合并完成后,不能对单个合并的文档进行编辑。(   )

任务 2.9 长文档的处理

2.9.1 任务知识点

- 设计封面。
- 设置主题。
- 设置页面布局。
- 分节、分页和分栏设置。

- 插入、更新和删除目录。
- 插入脚注与尾注。
- 插入及删除批注。

2.9.2 任务描述

启动 Word 2019,打开"素材\2"文件夹中的"顶岗实习报告内容原稿.docx"文档,参照同一文件夹内的"顶岗实习报告排版格式要求.docx"中的指导,完成封面设计、目录生成、正文格式化、图表和图像处理、页眉/页脚添加及参考文献格式化等排版任务,保存文档为"顶岗实习报告内容原稿_已排版.docx",最后关闭所有打开的 Word 文档。

2.9.3 知识与技能

1. 设计封面

在编辑论文或报告等文档时,为了使文档更加完整,可在文档中插入封面。Word 2019 提供了一个封面样式库,用户可直接使用。

图 2-72 "封面"样式库

(1)打开文档,将插入点定位在文档的任意位置,切换到"插入"选项卡,单击"页面"组中的"封面"按钮,如图 2-72 所示,在弹出的下拉列表中选择需要的封面样式。

(2)所选样式的封面将自动插入文档首页,此时用户只需在提示输入信息的相应位置输入相关内容即可。

2. 设置主题

通过使用主题,用户可以快速改变 Word 2019 文档的整体外观,主要包括字体、字体颜色和图形对象的效果。如果在 Word 2019 中打开 Word 97 文档或 Word 2003 文档,则无法使用主题,而必须将其另存为 Word 2019 文档才可以使用主题。

选择"设计"选项卡,并在"文档格式"分组中单击"主题"下拉按钮,在打开的"主题"下拉列表中选择合适的主题,如图 2-73 所示。当鼠标指针指向某一种主题时,会在 Word 文档中显示应用该主题后的预览效果。

说明:如果希望将主题恢复到 Word 模板默认的主题,可以在"主题"下拉列表中单击"重设为模板中的主题"按钮。

3. 设置页面布局

将 Word 文档制作好后,用户可根据实际需要对页面格式进行设置,主要包括设置页边距、纸张大小和纸张方向等。设置页面的格式可以使用"布局"功能区"页面设置"组的各命令按钮,也可以通过"页面设置"对话框。

1)使用"布局"功能区中"页面设置"组中的各命令按钮

如果要对文档的页面进行简单设置,可以在"布局"功能区的"页面设置"组中单击相应的命令按钮进行相应的设置,如图 2-74 所示。

图 2-73　"封面"样式库

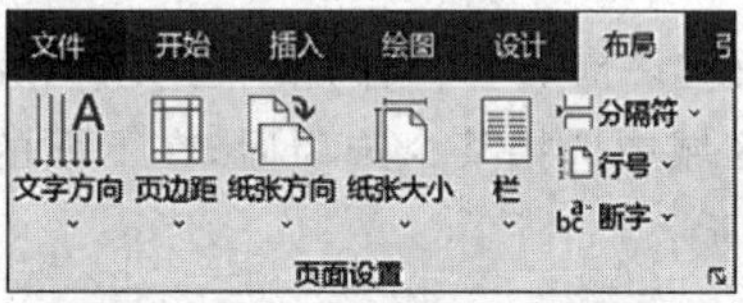

图 2-74　"页面设置"组

(1)页边距。页边距是指文档内容与页面边沿之间的距离,用于控制页面中文档内容的宽度和长度。单击"页边距"按钮，可在弹出的下拉列表中选择页边距大小。

(2)纸张方向。默认情况下,纸张方向为"纵向"。若要更改其方向,可单击"纸张方向"按钮，在弹出的下拉列表中进行选择。

(3)纸张大小。默认情况下,纸张大小为 A4。若要更改其大小,可单击"纸张大小"按钮，在弹出的下拉列表中进行选择。

2)通过"页面设置"对话框

如果要进行更详细的设置,可通过"页面设置"对话框实现,步骤如下。

(1)打开要进行页面设置的文档,在"布局"功能区的"页面设置"组中单击"对话框启动器"按钮,打开"页面设置"对话框,如图 2-75 所示。

(2)在对话框的"页边距"选项卡中,在"页边距"区域中可以设置上、下、左、右页边距以及设置装订线的位置;在"纸张方向"区域可设置纸张的方向。

(3)在对话框的"纸张"选项卡中,在"纸张大小"下拉列表中可选择纸张大小。如果希望自定义纸张大小,可通过"宽度"和"高度"微调框分别设置纸张的宽度和高度,如图 2-76 所示。

(4)在对话框的"布局"选项卡中可以设置页眉、页脚的相关参数以及设置页面的垂直对齐方式等,如图 2-77 所示。

图 2-75 "页面设置"对话框

图 2-76 "纸张"选项卡

（5）在对话框的"文档网格"选项卡中，在"文字排列"区域中可以设置文字的排列方向；在"网格"区域中选择某个选项后，在下面的微调框中可设置每页的行数、每行的字符数等，如图 2-78 所示。

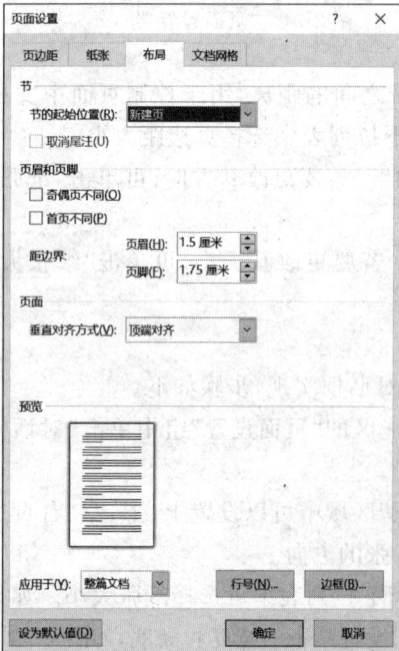

图 2-77 "布局"选项卡

图 2-78 "文档网格"选项卡

4. 分节、分页和分栏设置

1) 分页符与分节符的区别

分页符只是分页,前后还是同一节。分节符的作用是分节,可以在同一页中分成不同节,也可以在不同页中分成不同节。

两者最大的区别在于页眉/页脚与页面设置,比如:

(1) 文档编排中,某几页需要横排,或者需要不同的纸张、页边距等,那么将这几页单独设为一节,与前后内容为不同节。

(2) 文档编排中,首页、目录等的页眉/页脚、页码与正文部分的需求不同,那么将首页、目录等可以作为单独的节。

(3) 如果前后内容的页面编排方式与页眉/页脚都一样,只是需要新的一页开始新的一章,那么一般用分页符即可。当然也可以用分节符(下一页)。

2) 插入分页符

将光标定位至需要插入分页符的位置。切换至"布局"选项卡,在"页面设置"组中单击"分隔符"下拉按钮,即可弹出"分隔符"下拉菜单,单击"分页符"按钮,如图 2-79 所示。在文档中光标位置处插入了分页符,并将其后的文本作为新页的起始标记。

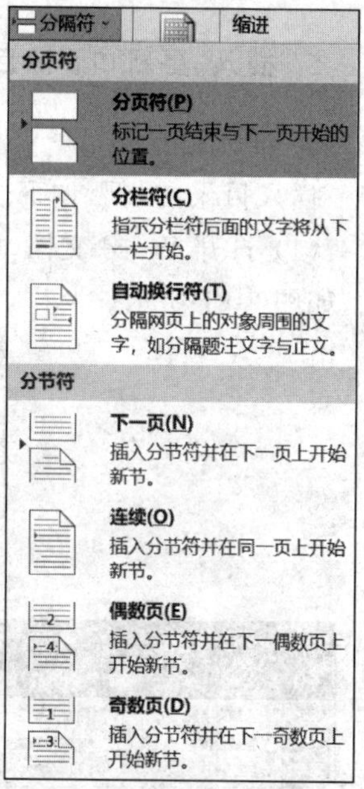

图 2-79 "分隔符"下拉菜单

3) 添加分节符

与插入分页符的操作方法相同,在"分隔符"下拉菜单中选择一种分节符即可,比如"下一页""偶数页"等。插入分节符后,后面的内容变为新节。

4) 分栏设置

为了节约纸张,有时需要进行分栏排版。

分栏的步骤如下。

(1) 选择要设置分栏的文本。

(2) 在"页面布局"功能区的"页面设置"组中单击"分栏"按钮,在弹出的下拉列表中选择分栏方式;也可以选择列表中的"更多分栏"命令,打开"分栏"对话框,详细设置的参数,如图 2-80 所示。

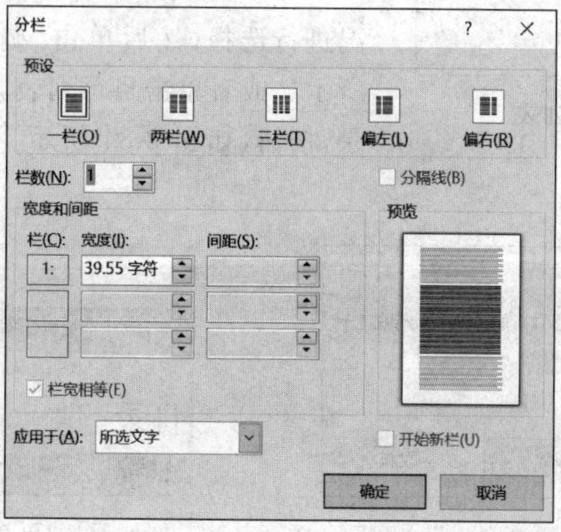

图 2-80 "分栏"对话框

说明：如果要对整篇文档进行分栏排版,只需将插入点定位在文档的任意位置,然后直接执行上述第2步操作步骤即可。

5. 插入、更新和删除目录

1) 插入目录

插入目录的步骤如下。

(1) 打开 Word 文档,单击文档中的标题,选择"开始"选项卡"样式"组中相应的标题格式,如图 2-81 所示。

图 2-81 "样式"组

(2) 将文档中所有的一类、二类标题全部选择。

(3) 将插入点定位在文档起始处。切换到"引用"选项卡,然后单击"目录"组中的"目录"按钮,在弹出的下拉列表中选择需要的"自动目录"样式,如图 2-82 所示;或者选择"自定义目录"命令,打开"目录"对话框,自己定义目录样式。

2) 更新目录

插入目录后,若文档中的标题有改动(如更改了标题内容、添加了新标题等),或者标题对应的页码发生变化,可对目录进行更新操作。具体步骤如下。

(1) 将光标插入点定位在目录列表中,切换到"引用"选项卡,然后单击"目录"组中的"更新目录"按钮。

(2) 在弹出的"更新目录"对话框中根据实际情况进行选择,然后单击"确定"按钮即可,如图 2-83 所示。或者单击目录列表,选择目录上方的"更新目录"按钮,如图 2-84 所示。也可以打开"更新目录"

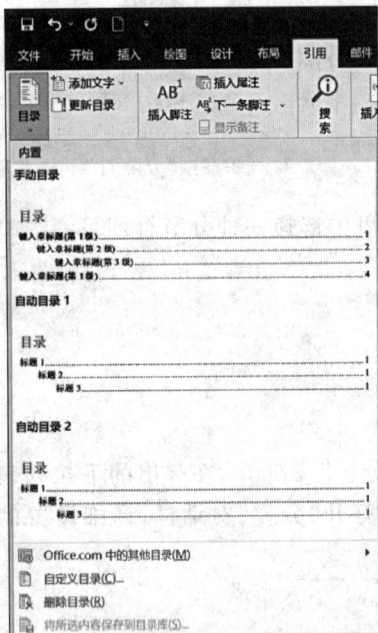

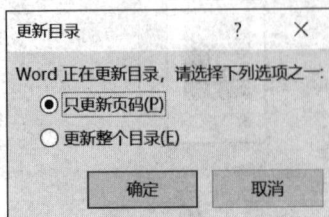

图 2-82 "目录"列表

对话框,实现目录的更新。

图 2-83 "更新目录"对话框

图 2-84 "更新目录"按钮

3）删除目录

插入目录后,如果要将其删除,可将插入点定位在目录列表中。切换到"引用"选项卡,然后单击"目录"组中的"目录"按钮,在弹出的下拉列表中单击"删除目录"选项,即可删除该目录。

6. 插入脚注与尾注

在排版论文时,我们希望所有的引文出处都列在论文最后,并且按编号自动更新,这就需要用到脚注和尾注的功能。

脚注或尾注由两个互相链接的部分组成,注释引用标记和与其对应的注释文本,在注释中能够使用任意长度的文本,并像处理任意其他文本一样设置注释文本格式。

脚注是解释正文中某一个词或句子,因在正文中不便解释,怕影响正文的连续性,而在页脚上面插入解释。脚注是引用的一种,只出现在当前页面的底部,作为文档某处内容的注释,而不会出现在每一页。尾注与题注的形式差不多,一般用于注明这句话或者段落出自何处,在全文尾部给予说明,与正文资料相距很远。

1）插入脚注/尾注

将光标置于需要插入脚注的位置,在"引用"选项卡的"脚注"组中单击"插入脚注"按钮 AB¹ 或"插入尾注"按钮 ,输入脚注或尾注内容。

2）删除脚注/尾注

找到正文中的脚注/尾注标号,选中标号,按 Backspace 键或 Delete 键,就可以将脚注/尾注删除,删除后下方的注释说明也将同步删除。

3）快速转换脚注与尾注

有时需要将脚注变成尾注显示到文档的最后面。在"引用"选项卡的"脚注"组中单击"对话框启动器"按钮 ,打开"脚注和尾注"对话框,如图 2-85 所示,单击"转换"按钮,打开"转换注释"对话框,选择"脚注全部转换成尾注",单击"确定"按钮,如图 2-86 所示,关闭对话框。

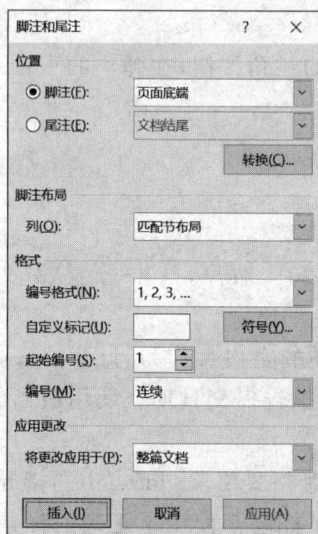

图 2-85　"脚注和尾注"对话框

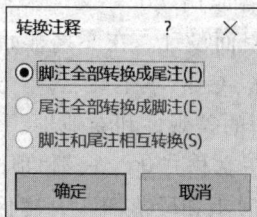

图 2-86　"转换注释"对话框

4）改变脚注/尾注的位置

脚注和尾注的位置可以调整，脚注可以选择放置于页面底端或者文字下方，尾注可以选择置于文档结尾或节的结尾。

单击"引用"选项卡中的"对话框启动器"按钮 ，打开"脚注和尾注"对话框，如图 2-85 所示。选择"位置"部分的"脚注"命令，单击"脚注"后的下拉列表，选择"文字下方"或"页面底端"，单击"应用"按钮，将设置应用到文档中。还可以设置将更改应用于整篇文档或本节。

5）改变脚注/尾注的编号形式

脚注与尾注的编号形式可以是"1,2,3"，也可以是"a,b,c"。在"脚注和尾注"对话框中选择或设置"格式"组中的"编号格式""自定义标记""起始编号""编号"等选项，单击"应用"按钮，将设置应用到文档中。

7. 插入及删除批注

1）插入批注

批注是文档审阅者与作者的沟通渠道，审阅者可将自己的见解以批注的形式插入文档中，供作者查看或参考。

选中需要添加批注的文本，切换到"审阅"选项卡，然后单击"批注"组中的"新建批注"按钮 ，窗口右侧将建立一个标记区，标记区中会为选中的文本添加批注框，此时可在批注框中输入批注内容，如图 2-87 所示。

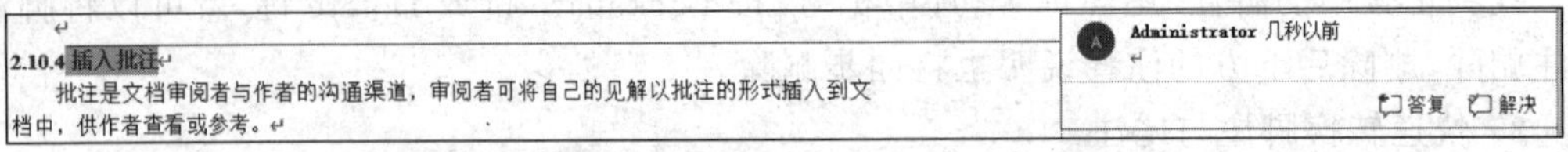

图 2-87　批注框

2）删除批注

方法一：右击批注框，在快捷菜单中选择"删除批注"命令。

方法二：在"批注"组中单击"删除"按钮 。

方法三：在"批注"组中单击"删除"按钮下方的三角按钮，在弹出的下拉列表中选择相应的选项即可。

2.9.4　任务实现

第一步：启动 Word 并打开文档。启动 Word 2019 程序，打开"素材\2"文件夹中的"顶岗实习报告内容原稿.docx"文档。

第二步：封面设计。在文档开始处插入一个新的空白页作为封面，输入必要的封面信息，如学校名称、专业、学生姓名、学号、实习单位和报告提交日期。使用适当的字体样式和大小，确保封面的美观性和专业性。

第三步：正文格式化。根据"顶岗实习报告排版格式要求.docx"中的指导，设置正文的字体、字号、行间距和段落间距。确保所有标题和子标题都使用了正确的标题样式，如果文档中有列表内容，则应用项目符号和编号列表。

第四步：目录生成。跳至文档开头，使用"引用"选项卡中的"目录"功能。选择合适的目录样式,确保目录已正确反映文档中的标题和页码。

　　第五步:图表和图像处理。插入必要的图表和图像,以支持报告内容,调整图表和图像的大小、位置和格式,确保它们清晰且与文本内容相关,为图表和图像添加适当的标题和说明。

　　第六步:页眉/页脚的添加。插入页眉和页脚,包括页码、实习单位和学生信息。对于封面和目录页,确保页眉/页脚不显示或进行适当的调整。使用“设计”选项卡中的“页眉和页脚”工具进行设置。

　　第七步:参考文献格式化。在文档末尾添加参考文献部分,根据所需的引用格式格式化参考文献列表,确保所有引用都有正确的悬挂缩进和行间距。

　　第八步:拼写和语法检查。单击“审阅”选项卡,使用“拼写和语法”功能检查整个文档。修正所有拼写和语法错误。

　　第九步:最终检查和保存。仔细检查整个文档,确保所有内容和格式都符合要求,保存文档为“顶岗实习报告内容原稿_已排版.docx”,检查文档的保存位置是否正确。

　　第十步:关闭文档。确认所有更改都已保存,关闭所有打开的 Word 文档。

　　通过完成本任务,用户能够熟练地使用 Word 2019 进行长文档的格式化和排版,从而确保实习报告的专业性和一致性。

2.9.5　任务小结

　　本任务深入解析了在 Word 2019 中对长文档进行专业排版的方法,包括封面的个性化设计,文档主题的快速更换,页面布局的精细调整,文档结构的分节管理,以及目录的自动生成等关键技巧。此外,还讲解了如何插入脚注、尾注和批注,以增强文档的学术性和互动性。通过实际的排版操作,用户得以掌握文档从草稿到成品的整个流程,最终实现了文档的专业排版。本任务显著提高了用户在文档编辑和排版方面的综合能力。

2.9.6　职场赋能

　　长文档的处理能力是衡量专业写作和编辑能力的重要标准。在学术研究、法律实务、企业报告等领域,长文档的处理不仅涉及信息的组织、结构的安排和内容的校对,还对保证文档的专业性和权威性至关重要。通过对长文档的精心编排和细致校对,不仅提升了项目管理能力,还培养了对复杂问题的解决能力。这反映了在复杂多变的社会环境中,对系统思维的重视,以及在知识管理中对信息整合的追求。掌握长文档处理技能,能够提高信息管理的效率,确保复杂项目的顺利进行,为专业领域的高质量发展提供坚实支持。

2.9.7　习题小测

一、单选题

1. 在 Word 2019 中,添加封面的方法是(　　　)。

　　A. 使用“插入”选项卡中的“封面”选项

B. 使用"页面布局"选项卡中的"封面"选项

C. 手动在文档顶部输入封面信息

D. 使用"设计"选项卡中的"封面"选项

2．在 Word 文档中设置主题的方法是( )。

  A. 在"视图"选项卡中选择主题   B. 在"设计"选项卡中选择主题

  C. 在"引用"选项卡中选择主题   D. 在"插入"选项卡中选择主题

3．在 Word 2019 中,设置页边距的方法是( )。

  A. 在"设计"选项卡中设置   B. 在"布局"选项卡中设置

  C. 在"页面布局"选项卡中设置   D. 在"引用"选项卡中设置

4．在 Word 文档中插入目录的方法是( )。

  A. 使用"插入"选项卡中的"目录"选项 B. 手动输入目录内容

  C. 使用"引用"选项卡中的"目录"选项 D. 使用"设计"选项卡中的"目录"选项

5．在 Word 文档中插入脚注的方法是( )。

  A. 使用"引用"选项卡中的"脚注"选项 B. 使用"插入"选项卡中的"脚注"选项

  C. 手动在页面底部输入脚注内容 D. 使用"设计"选项卡中的"脚注"选项

二、判断题

1．在 Word 2019 中,只能通过手动输入来添加封面。( )

2．Word 2019 允许用户自定义页边距。( )

3．在 Word 文档中,分节符可以用来开始一个新的节,每个节可以有不同的页眉和页脚。( )

4．插入批注时,批注会自动显示在文档的底部。( )

5．在 Word 2019 中,尾注通常出现在文档的末尾,而不是页面底部。( )

项目 2　使用文档处理软件电子活页

项目3 学习电子表格处理

电子表格 Excel 处理软件是美国微软公司研制的办公自动化软件 Office 中的重要成员,经过多次改进和升级,最经典的版本为 Excel 2019。它能够方便地制作出各种电子表格,使用公式和函数对数据进行复杂的运算;用各种图表来表示数据直观明了;利用超级链接功能,用户可以快速打开局域网或 Internet 上的文件,与世界上任何位置的互联网用户共享工作簿文件。本项目以 Excel 2019 电子表格处理为主要任务,分解成 Excel 2019 介绍、Excel 2019 基本操作、公式与函数、格式化工作表、数据处理、图表的使用、打印等多个任务,通过上述任务掌握相关知识和技能。

思维导图

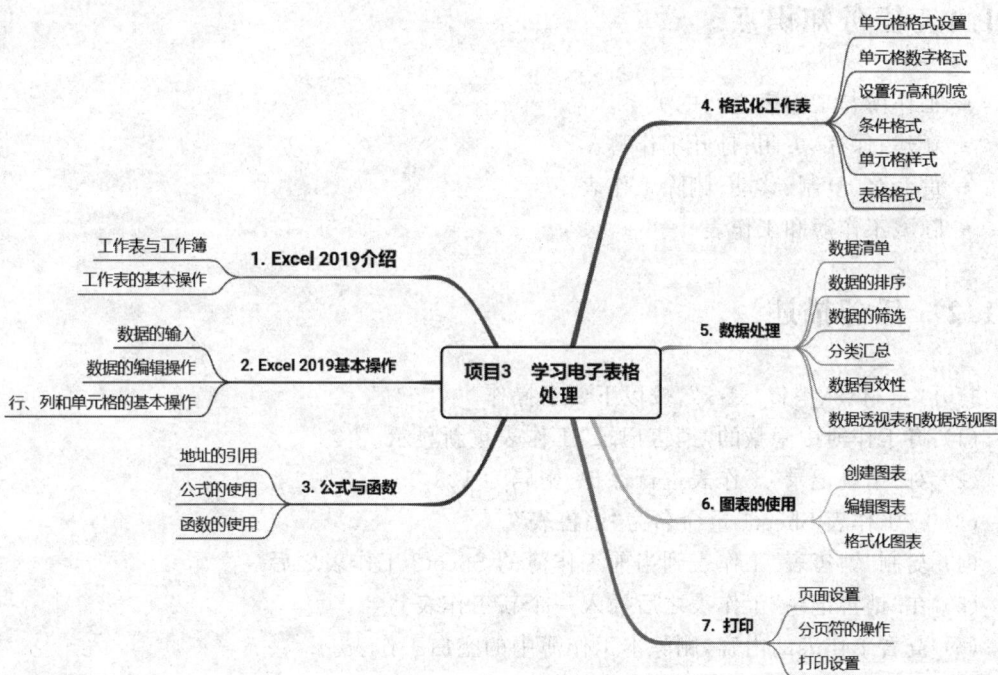

知识目标

- 理解 Excel 2019 的工作界面布局,包括菜单栏、工具栏、工作表、工作簿等。
- 掌握 Excel 2019 中的基本术语,如单元格、行、列、工作表、工作簿等。
- 学习 Excel 2019 中单元格格式设置的方法,包括数字、文本、日期等格式。
- 了解 Excel 2019 中常用的函数和公式,如 SUM、AVERAGE 等。
- 掌握 Excel 2019 图表的创建和编辑方法,包括柱状图、折线图、饼图等。

技能目标

- 能够在 Excel 2019 中进行数据输入、编辑和格式化。
- 能够使用 Excel 2019 的公式和函数进行数据分析和处理。
- 能够根据需要调整单元格格式，以提高数据的可读性和美观性。
- 能够设置 Excel 2019 的打印参数，包括页面布局、打印区域和打印样式。
- 能够创建和调整 Excel 2019 中的图表，以直观展示数据信息。

素质目标

- 培养良好的数据管理习惯，能够有条理地组织和处理数据。
- 提高解决问题的能力，通过 Excel 2019 的功能解决实际工作中的问题。
- 增强细节关注力，通过精确的单元格格式设置和图表设计，提高工作质量。
- 培养创新思维，能够灵活运用 Excel 2019 的功能，创造性地完成工作任务。
- 强化团队合作精神，通过 Excel 2019 的协作功能，与团队成员有效沟通和协作。

任务 3.1　Excel 2019 介绍

3.1.1　任务知识点

- 工作簿与工作表之间的关系。
- 新建、保存、关闭、打开工作簿。
- 重命名、复制、移动、删除工作表。
- 隐藏工作簿和工作表。

3.1.2　任务描述

打开"素材\3\销售.xlsx"，按以下要求操作。

（1）将工作簿中隐藏的"销售记录"工作表重新显示。

（2）对"销售记录"工作表进行保护，密码为123。

（3）将工作表 Sheet1 重命名为"销售表"。

（4）复制"销售表"工作表到当前工作簿的 Sheet2 工作表之后。

（5）在"销售记录"工作表之后插入一个新工作表。

（6）查看工作表的内容，删除本工作簿中的空白工作表。

（7）新建一个工作簿，将本工作簿中的"销售表"工作表移动到新工作簿中，并将新工作簿以"销售表.xlsx"为文件名保存到"素材\3"文件夹下。

3.1.3　知识与技能

在 Excel 中不必进行编程，就能对工作表中的数据进行检索、分类、排序、筛选等操作，利用系统提供的函数可完成各种数据的分析。数据管理启动 Excel 之后，屏幕上显示由横

114

竖线组成的空白表格,可以直接填入数据,就可形成现实生活中的各种表格。Excel 的逻辑功能如图 3-1 所示。

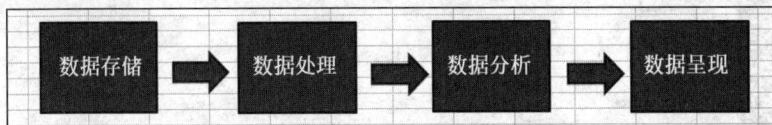

图 3-1　Excel 的逻辑功能

1. 工作表与工作簿

工作簿就像一本书或者一本账册,工作表就像其中的一章或一篇;工作簿中包含一个或多个工作表,工作表依托于工作簿存在。工作表和工作簿的关系就像页面和书本的关系,每个工作簿中可以包含多张工作表,如图 3-2 所示。工作簿所能包含的最大工作表数受内存的限制。在 Excel 程序界面的下方可以看到工作表标签,默认的名称为 Sheet1、Sheet2、Sheet3。每个工作表中的内容相对独立,通过单击工作表标签可以在不同的工作表之间进行切换。

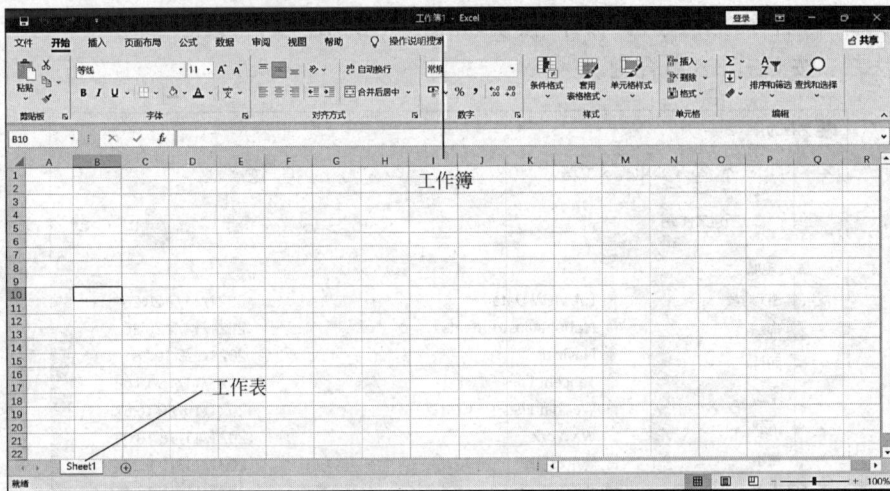

图 3-2　Excel 中的工作表与工作簿

2. 工作表的基本操作

Excel 2019 创建的文件成为工作簿,其扩展名为.xlsx。

1) 新建工作簿

方法一:启动 Excel 2019 时,系统会自动新建一个名为"工作簿 1"的空白工作簿。

方法二:选择"文件"→"新建"命令,在窗口右侧的"新建"部分单击"空白工作簿"项,如图 3-3 所示。

方法三:按 Ctrl+N 组合键。

2) 保存新工作簿

当对工作簿进行了编辑操作后,为防止数据丢失,需将其保存。

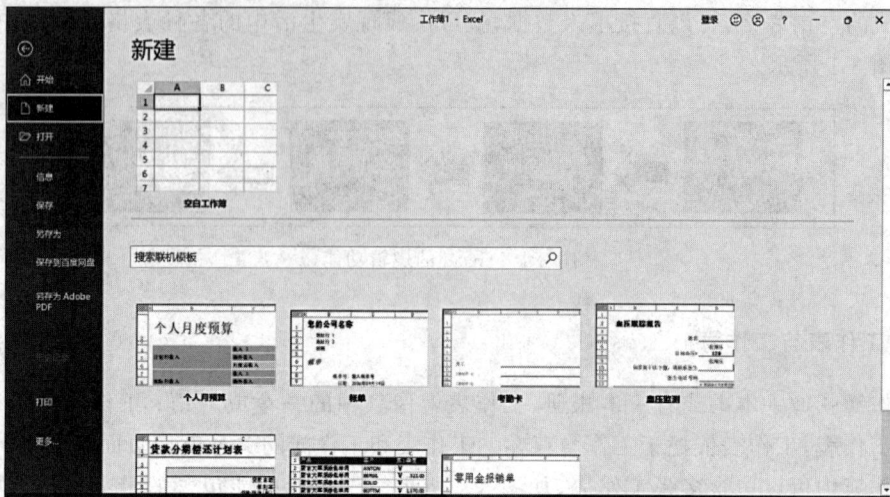

图 3-3　新建工作簿

方法一：要保存工作簿，可单击"快速访问工具栏"中的"保存"按钮。

方法二：选择"文件"→"保存"命令，打开"另存为"对话框，从中选择工作簿的保存位置，输入工作簿名称，然后单击"保存"按钮，如图 3-4 所示。

方法三：按 Ctrl+S 组合键。

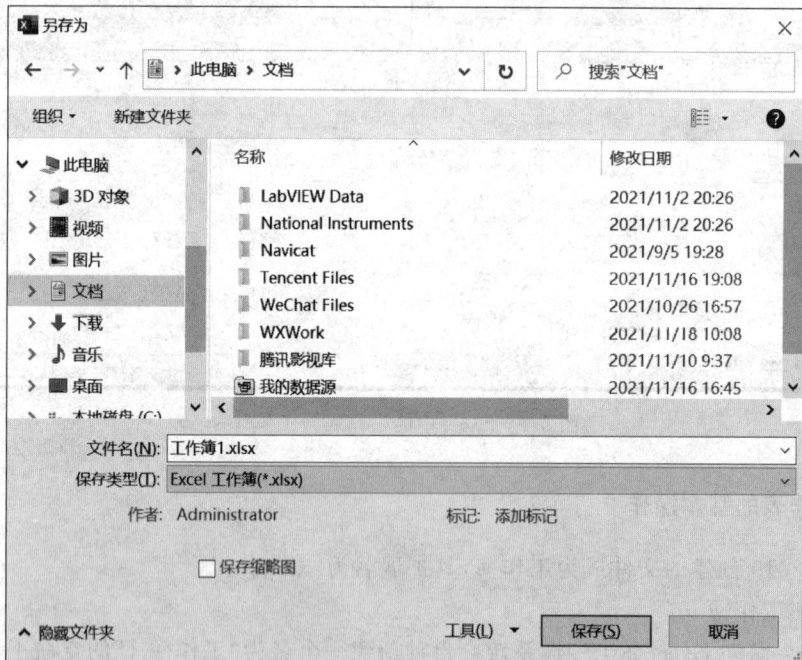

图 3-4　"另存为"工作簿

当对工作簿执行第 2 次保存操作时，不会再打开"另存为"对话框。若要将工作簿另存到其他位置，可选择"文件"→"另存为"命令，在打开的"另存为"对话框重新设置工作簿的保存位置或工作簿名称等，然后单击"保存"按钮即可。

3）关闭工作簿

方法一：单击工作簿窗口右上角的"关闭窗口"按钮。

方法二：选择"文件"→"关闭"命令。若工作簿尚未保存，此时会打开一个提示对话框，用户可根据提示进行相应操作。

4）打开工作簿

选择"文件"→"打开"命令，在"打开"对话框找到工作簿的保存位置，选择要打开的工作簿，单击"打开"按钮。

此外，在"打开"命令对应的界面中列出了用户最近使用过的25个工作簿，单击某个工作簿名称即可将其打开，如图3-5所示。

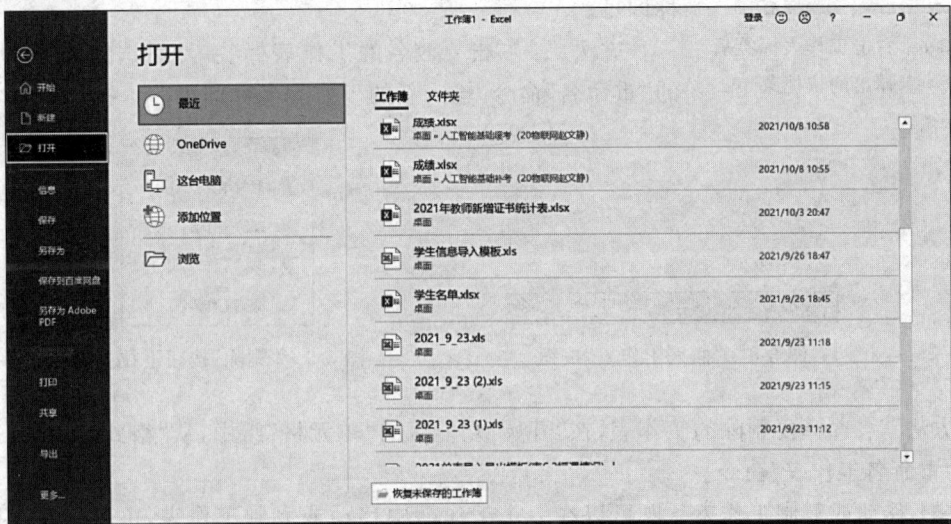

图3-5　打开最近使用文件

5）工作表的管理

一个工作簿包含多个工作表，根据需要可以对工作表进行添加、删除、复制、切换和重命名等操作。

（1）选择工作表。单击某个工作表标签，可以选择该工作表为当前工作表。按住Ctrl键分别单击工作表标签，可同时选择多个工作表。

（2）插入新工作表。

方法一：首先单击插入位置右边的工作表标签，然后在"开始"选项卡的"单元格"组中选择"插入"下拉列表中的"插入工作表"命令，新插入的工作表将出现在当前工作表之前，如图3-6所示。

方法二：右击插入位置右边的工作表标签，再从快捷菜单中选择"插入"命令，如图3-7所示，将出现"插入"对话框，选定工作表后单击"确定"按钮。

方法三：单击工作表右侧的"插入工作表"按钮⊕，如图3-8所示；或使用Shift＋F11组合键。

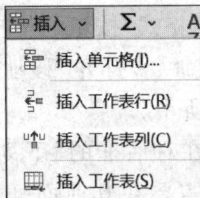

图3-6　"插入"按钮的下拉列表

117

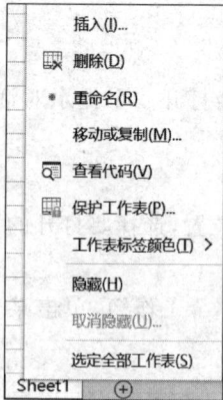

图 3-7　右击工作表标签后弹出的快捷菜单

说明：如果要添加多张工作表，则同时选定与待添加工作表数目相同的工作表标签，然后再执行上述操作。

（3）删除工作表。

方法一：选择要删除的工作表，在"开始"功能区的"单元格"组中选择"删除"下拉列表中的"删除工作表"命令，如图 3-9 所示。

方法二：右击要删除的工作表，从快捷菜单中选择"删除"命令。

（4）重命名工作表。

方法一：双击相应的工作表标签，输入新名称覆盖原有名称即可。

方法二：右击要改名的工作表标签，然后选择快捷菜单中的"重命名"命令，输入新的工作表名称即可。

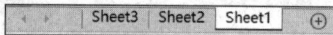

图 3-8　"插入工作表"按钮

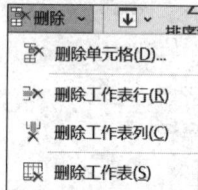

图 3-9　"删除"按钮下拉列表

方法三：选择要删除的工作表，在"开始"功能区的"单元格"组中，从"格式"下拉列表中选择"重命名工作表"命令。

（5）移动或复制工作表。既可以在一个工作簿中移动或复制工作表，也可以在不同工作簿之间移动或复制工作表。

① 在同一个工作簿中移动或复制工作表。

方法一：如果要在当前工作簿中移动工作表，可以沿工作表标签栏拖动选定的工作表标签；如果要在当前工作簿中复制工作表，则需要在拖动工作表标签到目标位置的同时按住 Ctrl 键。

方法二：

a. 选定原工作表，在"开始"功能区的"单元格"组中，从"格式"按钮的下拉列表中选择"移动或复制工作表"命令，打开"移动或复制工作表"对话框，如图 3-10 所示。

b. 在对话框的"下列选定工作表之前"列表框中，单击需要在其前面插入移动或复制工作表的工作表（如果要复制而非移动工作表，还需要选中"建立副本"复选框）。

c. 单击"确定"按钮，关闭对话框。

方法三：右击工作表标签，选择"移动或复制"命令，后续操作与移动或复制工作表的方法二相同。

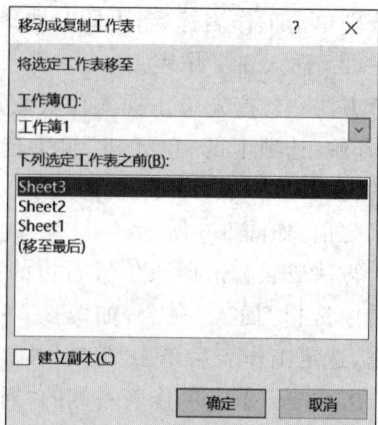

图 3-10　"移动或复制工作表"对话框

②　在不同工作簿之间移动或复制工作表。如果要将工作表移动或复制到已有的工作簿中,则需要先打开用于接收工作表的工作簿。

方法一:在"视图"功能区的"窗口"组中单击"全部重排"按钮🗐,打开"重排窗口"对话框,如图 3-11 所示,然后选择"垂直并排"选项;选择工作簿 1 中要移动的工作表标签,拖动到工作簿 2 中,松开鼠标即可。如果要复制工作表,则在拖动工作表标签到目标位置的同时按住 Ctrl 键。

方法二:

a. 切换到包含需要移动或复制工作表的工作簿中,再选定工作表。

b. 在"开始"功能区的"单元格"组中,从"格式"下拉列表中选择"移动或复制工作表"命令。

c. 在"工作簿"下拉列表框中选定用于接收工作表的工作簿,在"下列选定工作表之前"列表框中单击需要在其前面插入移动或复制工作表的工作表(如果要复制而非移动工作表,则需要选中"建立副本"复选框)。

d. 单击"确定"按钮,关闭对话框。

(6) 隐藏工作簿和取消隐藏。打开需要隐藏的工作簿,在"视图"功能区的"窗口"组中单击"隐藏"按钮▢即可。

如果想显示已隐藏的工作簿,可在另一个工作簿的"窗口"组中单击"取消隐藏"按钮▢,打开"取消隐藏"对话框,在列表框中选中需要显示的被隐藏工作簿的名称,单击"确定"按钮,即可重新显示该工作簿,如图 3-12 所示。

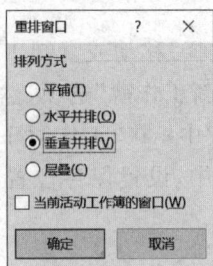

图 3-11　"重排窗口"对话框　　　　图 3-12　取消隐藏工作簿

(7) 隐藏工作表和取消隐藏。

①　隐藏工作表。

方法一:选定需要隐藏的一个或多个工作表,在"开始"功能区的"单元格"组中,从"格式"按钮▤的下拉列表中选择"隐藏和取消隐藏"级联菜单中的"隐藏工作表"命令。

方法二:选定需要隐藏的一个或多个工作表,在工作表标签上右击,选择"隐藏"命令。可同时隐藏多个工作表,但不能将所有工作表同时隐藏,至少要有一个工作表处于显示状态。

②　取消隐藏。

方法一:在"开始"功能区的"单元格"组中,从"格式"按钮▤的下拉列表中选择"隐藏和取消隐藏"→"取消隐藏工作表"命令,打开"取消隐藏"对话框,如图 3-13 所示。

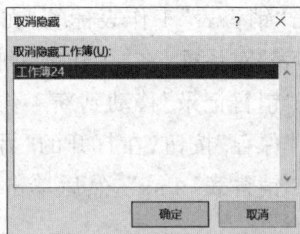

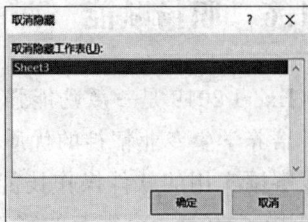

图 3-13　取消隐藏工作表

在列表框中选中需要显示的被隐藏工作表的名称,单击"确定"按钮,即可重新显示该工作表。

方法二:在工作表标签上右击,选择"取消隐藏"命令。

3.1.4 任务实现

第一步:右击工作簿中任意工作表的标签,在快捷菜单中选择"取消隐藏"命令,打开对话框,在对话框中选择"销售记录"工作表,单击"确定"按钮。

第二步:右击"销售记录"工作表的标签,在快捷菜单中选择"保护工作表"命令,弹出"保护工作表"对话框,在对话框中输入密码123,单击"确定"按钮;再次输入密码123,单击"确定"按钮。

第三步:双击 Sheet1 标签,或右击 Sheet1 标签并在快捷菜单中选择"重命名"命令,此时 Sheet1 标签呈反选状态,输入"销售表",按 Enter 键确认即可。

第四步:按住 Ctrl 键不放,用鼠标拖动"销售表"标签至工作表 Sheet2 之后,先松开鼠标键,再松开 Ctrl 键。

第五步:右击"销售记录"工作表标签,选择"插入"命令,在弹出的对话框中选择"工作表"选项,单击"确定"按钮。

第六步:单击各工作表的标签,如果工作表为空,则右击其标签并在快捷菜单中选择"删除"命令,删除空白工作表。

第七步:右击"销售表"工作表标签,在快捷菜单中选择"移动或复制工作表"命令,打开"移动或复制工作表"对话框,在"工作簿"列表框中选择"新工作簿"选项,然后单击"确定"按钮,即可将工作表"销售记录"移动到新工作簿"工作簿1"中;在"工作簿1"窗口的"快速访问工具栏"中单击"保存"按钮,在打开的"另存为"对话框中,设置保存位置为"素材\3"文件夹,保存文件名为"销售表.xlsx",然后单击"保存"按钮。

3.1.5 任务小结

本任务深入探讨了 Excel 2019 的工作簿和工作表管理功能,涵盖创建、保存、关闭、打开、重命名、复制、移动、删除、隐藏和取消隐藏等操作。通过实际操作,成功实现了工作表和工作簿各项基本功能的相关应用。

3.1.6 职场赋能

Excel 2019 是一款功能强大的电子表格软件,它不仅提供了全面的数据管理工具,还是一个培养学生专业精神的优质载体。通过学习如何创建、编辑、移动和删除工作表等操作,可以掌握实用的软件操作技能,同时培养了追求卓越的工作态度。在 Excel 的学习和使用过程中,注重每一个细节的完美,这种精神无论是在学习阶段还是未来的职业生涯中都至关重要。Excel 的学习过程倡导的是一种工匠精神,即在看似平凡的工作中追求卓越的表现,为社会的发展贡献智慧和力量,这不仅体现了对工作的敬业,也彰显了对社会的责任感。

3.1.7 习题小测

一、单选题

1. 在 Excel 中,一个工作簿可以包含( )个工作表。
   A. 1   B. 3   C. 16   D. 无限多
2. 以下( )操作不能在 Excel 中直接实现。
   A. 重命名工作表   B. 复制工作表
   C. 删除工作表   D. 隐藏工作簿
3. 快速复制一个工作表的方法是( )。
   A. 右击工作表标签,选择"复制"命令
   B. 右击工作表标签,选择"移动或复制"命令,在打开的对话框中勾选"创建副本"选项
   C. 直接拖动工作表标签到工作簿底部的空白区域
   D. 以上都是
4. 隐藏工作表的快捷操作是( )。
   A. 右击工作表标签,选择"隐藏"命令   B. 双击工作表标签
   C. 按 Ctrl+H 组合键   D. 按 Alt+H 组合键
5. 以下( )操作可以关闭工作簿而不保存更改。
   A. 单击"文件"菜单,选择"关闭"命令   B. 单击工作簿窗口右上角的"关闭"按钮
   C. 按 Alt+F4 组合键   D. 以上都是

二、判断题

1. 一个工作簿中只能有一个活动工作表。( )
2. 可以通过"格式"菜单中的"工作表"命令来显示隐藏的工作表。( )
3. 可以通过"文件"菜单中的"另存为"命令来保存工作簿。( )
4. 可以通过双击工作表标签来重命名工作表。( )
5. 可以通过按 Delete 键来删除单元格中的数据。( )

任务 3.2 Excel 2019 基本操作

3.2.1 任务知识点

- 文本、数字、日期和时间型数据的输入。
- 自动填充数据。
- 自定义序列填充。
- 数据修改。
- 数据清除与删除。
- 数据复制与移动。
- 行、列、单元格的插入、删除与隐藏。

3.2.2 任务描述

在 A1 单元格输入亚洲,利用填充柄拖曳出来非洲、欧洲、大洋洲、北美洲、南美洲、南极洲。

3.2.3 知识与技能

1. 数据的输入

创建一个工作表,首先要向单元格中输入数据。Excel 2019 能够接受的数据类型可以分为文本(或称字符、文字)、数字(值)、日期和时间、公式与函数等。

在数据的输入过程中,系统自行判断所输入的数据是哪一种类型并进行适当的处理。在输入数据时,必须按照 Excel 2019 的规则进行。

1) 向单元格输入或编辑的方式

方法一:单击选择需要输入数据的单元格,然后直接输入数据。输入的内容将直接显示在单元格内和编辑栏中。

方法二:单击单元格,然后单击编辑栏,可在编辑栏中输入或编辑当前单元格的数据。

方法三:双击单元格,单元格内出现插入光标,移动光标到所需位置,即可进行数据的输入或编辑修改。

说明:如果要在多个单元格中输入相同的数据,可先选定相应的单元格,然后输入数据,按 Ctrl+Enter 组合键,即可向这些单元格同时输入相同的数据。

2) 文本(字符或文字)型数据及输入

在 Excel 2019 中,文本可以是字母、汉字、数字、空格和其他字符,也可以是它们的组合。在默认状态下,所有文字型数据在单元格中均左对齐。输入文字时,文字出现在活动单元格和编辑栏中。输入时注意以下两点。

(1) 在当前单元格中,一般文字(如字母、汉字等)直接输入即可。

(2) 如果把数字作为文本输入(如身份证号码、电话号码、=3+5、2/3 等),应先输入一个半角字符的单引号"'"再输入相应的字符。例如,输入"'01085526366""'=3+5""'2/3"。

3) 数字(值)型数据及输入

在 Excel 2019 中,数字型数据除了数字 0~9 外,还包括+(正号)、-(负号)、()(小括号)、,(千分位号)、.(小数点)、/、$、%、E、e 等特殊字符。

数字型数据默认右对齐,数字与非数字的组合均作为文本型数据处理。输入数字型数据时,应注意以下几点。

(1) 输入分数时,应在分数前输入 0(零)及一个空格,如分数 2/3 应输入 0 2/3。如果直接输入 2/3 或 02/3,则系统将把它视作日期,认为是 2 月 3 日。

(2) 输入负数时,应在负数前输入负号,或将其置于括号中。如-8 应输入"-8"或"(8)"。

(3) 在数字间可以用千分位号","隔开,如输入"12,002"。

(4) 单元格中的数字格式决定 Excel 2019 在工作表中显示数字的方式。如果在"常规"

122

格式的单元格中输入数字,Excel 2019将根据具体情况套用不同的数字格式。

(5) 如果单元格使用默认的"常规"数字格式,Excel 2019会将数字显示为整数、小数,或者当数字长度超出单元格宽度时以科学记数法表示。采用"常规"格式的数字长度为11位,其中包括小数点和类似"E"和"+"这样的字符。如果要输入并显示多于11位的数字,可以使用内置的科学记数格式(即指数格式)或自定义的数字格式。

说明:无论显示数字的位数如何,Excel 2019都只保留15位的数字精度。如果数字长度超出了15位,则Excel 2019会将多余的数字位转换为0(零)。

4) 日期和时间型数据及输入

Excel 2019将日期和时间视为数字处理。工作表中的时间或日期的显示方式取决于所在单元格中的数字格式。在输入了Excel 2019可以识别的日期或时间型数据后,单元格格式显示为某种内置的日期或时间格式。

在默认状态下,日期和时间型数据在单元格中右对齐。如果Excel 2019不能识别输入的日期或时间格式,输入的内容将被视作文本,并在单元格中左对齐。

在控制面板的"区域和时间选项"中的"日期"选项卡和"时间"选项卡中的设置将决定当前日期和时间的默认格式,以及默认的日期和时间符号。输入时注意以下几点。

(1) 一般情况下,日期分隔符使用"/"或"-"。例如,2010/2/16、2010-2-16、16/Feb/2010或16-Feb-2010都表示2010年2月16日。

(2) 如果只输入月和日,Excel 2019就取计算机内部时钟的年份作为默认值。

(3) 时间分隔符一般使用冒号":"。例如,输入7:0:1或7:00:01都表示7点零1秒。可以只输入时和分,也可以只输入小时数和冒号,还可以输入小时数大于24的时间数据。如果要基于12小时制输入时间,则在时间(不包括只有小时数和冒号的时间数据)后输入一个空格,然后输入AM或PM,用来表示上午或下午,否则,Excel 2019将基于24小时制计算时间。例如,如果输入3:00而不是3:00 PM,将被视为3:00 AM。

(4) 如果要输入当天的日期,则按Ctrl+";"组合键;如果要输入当前的时间,则按Ctrl+Shift+":"组合键。

(5) 如果在单元格中既输入日期又输入时间,则中间必须用空格隔开。

5) 自动填充数据

Excel 2019有自动填充功能,可以自动填充一些有规律的数据。如填充相同数据,填充数据的等比数列、等差数列和日期时间序列等,还可以输入自定义序列。

(1) 快速填充数据工具——填充柄。填充柄是Excel中提供快速填充单元格内容的工具。填充柄有序列填充、复制的功能。如果希望在一行或一列相邻的单元格中输入相同的或有规律的数据,可首先在第1个单元格中输入示例数据,然后上、下或左、右拖动填充柄(位于选定单元格或单元格区域右下角的小黑方块)。Excel 2019自动填充数据的具体操作如下。

① 在单元格中输入示例数据,然后将鼠标指针移到单元格右下角的填充柄上,此时鼠标指针变为实心的十字形。

② 按住鼠标左键拖动单元格右下角的填充柄到目标单元格,释放鼠标左键,结果如图3-14所示。

执行完填充操作后,会在填充区域的右下角出现一个"自动填充选项"按钮,单击它将打

图 3-14　填充柄的使用

开一个填充选项列表，如图 3-15 所示，从中选择不同选项，即可修改默认的自动填充效果。

③ 初值为纯数字型数据或文字型数据时，拖动填充柄在相应单元格中填充相同数据

图 3-15　自动填充选项

（即复制填充）。若拖动填充柄的同时按住 Ctrl 键，可使数字型数据自动增 1。

④ 初值为文字型数据和数字型数据混合体，填充时文字不变，数字递增减。如初值为 A1，则填充值为 A2、A3、A4 等。

⑤ 初值为 Excel 预设序列中的数据，则按预设序列填充。

⑥ 初值为日期时间型数据及具有增减可能的文字型数据，则自动增 1。若拖动填充柄的同时按住 Ctrl 键，则在相应单元格中填充相同的数据。

⑦ 输入任意等差、等比数列。先选定待填充数据区的起始单元格，输入序列的初始值，再选定相邻的另一个单元格，输入序列的第 2 个数值。这两个单元格中数值的差额将决定该序列的增长步长。选定包含初始值和第 2 个数值的单元格，用鼠标拖动填充柄经过待填充区域。如果要按升序排列，则从上向下或从左到右填充；如果要按降序排列，则从下向上或从右到左填充。如果要指定序列类型，则先按住右击，再拖动填充柄，在到达填充区域的最后单元格时松开鼠标，在弹出的快捷菜单中选择相应的命令。

（2）"序列"对话框。初始数据不同，自动填充选项列表的内容也不尽相同。对于一些有规律的数据，比如等差、等比序列以及日期数据序列等，我们可以利用"序列"对话框进行填充。

① 在单元格中输入初始数据，然后选定要从该单元格开始填充的单元格区域。

② 在"开始"功能区的"编辑"组中单击"填充"按钮，在展开的填充列表中选择"序列"选项，如图 3-16 所示。

③ 在打开的"序列"对话框中选中所需选项，如"等比序列"单选按钮，然后设置"步长值"（相邻数据间延伸的幅度），最后单击"确定"按钮，如图 3-17 所示。

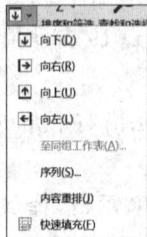

图 3-16　"填充"列表

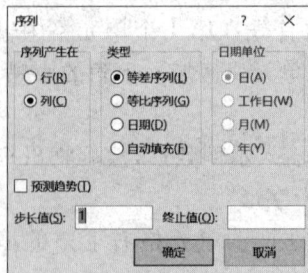

图 3-17　"序列"对话框

Excel 2019 自动填充数据的用处很多,比如计算一列的数据求和运算,Excel 工作表中的一些编号、编码类的都可以使用 Excel 自动填充数据。

(3) 自定义填充序列。Excel 2019 单元格填充是很方便的操作。然而对于一些没有规律而需要经常输入的数据,就需要自定义新的填充序列进行设置了。

① 在单元格依次输入一个序列的每个项目,如甲、乙、丙、丁、戊、己、庚、辛、壬、癸,然后选择该序列所在的单元格区域。

② 选择"文件"→"选项"命令,弹出"Excel 选项"对话框。

③ 在对话框的左侧选择"高级"命令,将右侧区域的滚动条拖至最下方,如图 3-18 所示。

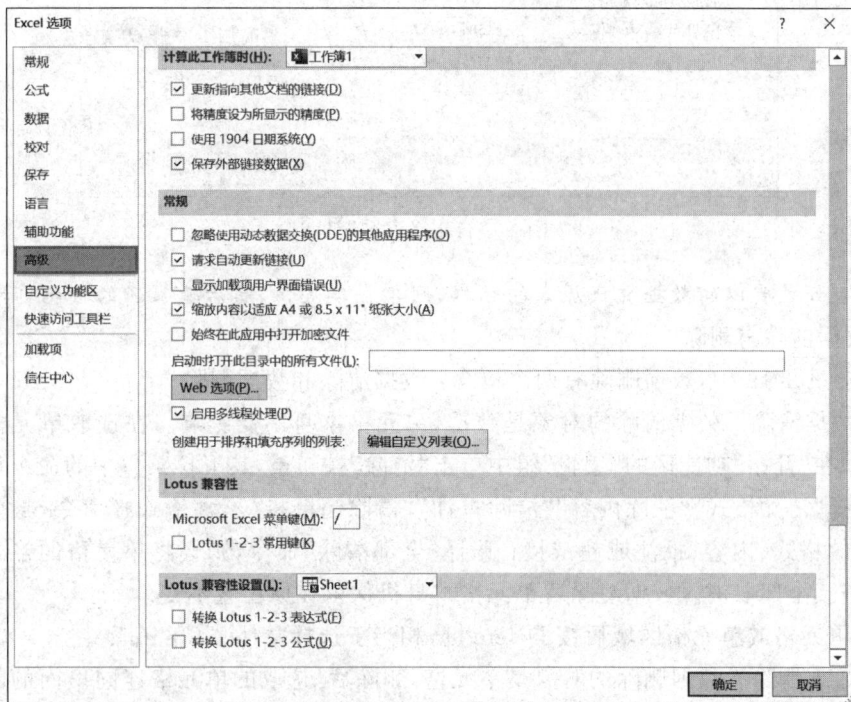

图 3-18　"高级"选项

④ 单击"编辑自定义列表"按钮,弹出"自定义序列"对话框,如图 3-19 所示。在对话框的左侧"自定义序列"列表中的序列即为 Excel 自定义序列。

2. 数据的编辑操作

单元格中的数据输入后可以修改和删除、复制和移动。

1) 数据修改

在 Excel 2019 中,修改数据有两种方法。

方法一:在编辑栏中修改。即先选中要修改的单元格,然后在编辑栏中进行相应的修改,单击✔按钮确认修改。此种方法适合内容较多时的修改或者公式的修改。

方法二:直接在单元格中修改。此时需双击单元格,然后进入单元格修改。此种方法适合内容较少时的修改。

125

图 3-19 "自定义序列"对话框

说明：如果要以新数据替代原来的数据，则单击单元格，然后输入新的数据即可。

2）数据清除与删除

在 Excel 2019 中，数据删除有两个概念：数据清除和数据删除。

（1）数据清除。数据清除的对象是数据，单元格本身不受影响。在选取单元格或单元格区域后，在"开始"功能区的"编辑"组中单击"清除"按钮，其下拉菜单中的命令如图 3-20 所示。选择"清除格式""清除内容""清除批注""清除超链接（不含格式）"命令，将分别只取消单元格的格式、内容、批注或超链接；选择"全部清除"命令，则会将单元格的格式、内容、批注、超链接全部取消。数据清除后单元格本身仍保留在原位置不变。

选定单元格或单元格区域后按 Delete 键，相当于选择"清除内容"命令。

（2）数据删除。数据删除的对象是单元格，删除后，选取的单元格连同里面的数据都从工作表中消失。在选取要删除的单元格或单元格区域后，在"开始"功能区的"单元格"组中单击"删除"按钮，并从下拉列表中选择"删除单元格"命令即可，如图 3-21 所示。

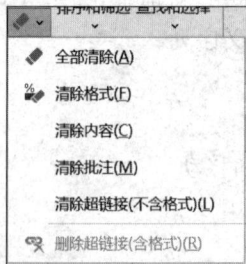

图 3-20 "清除"命令列表

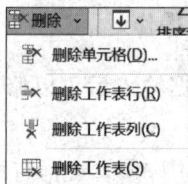

图 3-21 "删除"命令列表

说明：清除内容或删除单元格也可以在选取单元格或单元格区域后，右击，选择"清除内容"或"删除"命令实现。

3）数据复制和移动

（1）数据复制。Excel 数据的复制可以利用剪贴板，也可以用鼠标拖动进行操作。

方法一：用"复制"命令复制数据后，数据源区域周围会出现闪烁的虚线。只要闪烁的虚线不消失，粘贴就可以进行多次，虚线消失则粘贴无法进行。如果只需粘贴一次，则在目标区域直接按 Enter 键即可。

方法二：选择数据源区域后，鼠标指针移动到选定框边框，鼠标指针变成 ，按下 Ctrl 键后，按住鼠标左键拖动到目标区域释放即可。

此外，当数据为纯字符或纯数值且不是自动填充序列的内容时，使用移动鼠标光标自动填充的方法也可以实现数据复制。

（2）数据移动。数据移动与复制类似，可以使用剪贴板的先"剪切"再"粘贴"方式，也可以用鼠标拖动的方式，但不按 Ctrl 键。

（3）选择性粘贴。一个单元格含有内容、格式、批注等多种特性，可以使用"选择性粘贴"功能复制它的部分特性。

方法一：先将数据复制到剪贴板，再选择待粘贴目标区域中的第 1 个单元格，在"开始"功能区的"剪贴板"组中单击"粘贴"下拉菜单中的相应选项，或者选择"选择性粘贴"命令。选择相应选项后，单击"确定"按钮即可完成选择性粘贴。

方法二：先将数据复制到剪贴板，在选择待粘贴目标区域中的第 1 个单元格中右击，从快捷菜单中选择"选择性粘贴"命令的相应选项。

3. 行、列和单元格的基本操作

1）插入操作

（1）插入整行。如果要在某行上方插入一行，则选定该行或其中的任意单元格，在"开始"功能区的"单元格"组中单击"插入"按钮，在其下拉列表中选择"插入工作表行"命令。

（2）插入整列。如果要在某列左侧插入一列，则选定该列或其中的任意单元格，在"开始"功能区的"单元格"组中单击"插入"按钮，在其下拉列表中选择"插入工作表列"命令。

（3）插入单元格。

① 选择要插入新空白单元格的单元格或单元格区域，所选择的单元格数量应与要插入的单元格数量相同。

② 在"开始"功能区的"单元格"组中单击"插入"按钮，在其下拉列表中选择"插入单元格"选项或按 Ctrl＋Shift＋"＝"组合键，弹出"插入"对话框，如图 3-22 所示，从中选择要移动周围单元格的方向，单击"确定"按钮后，即可插入与选择数目相同的单元格。

2）删除操作

（1）删除行或列。先选定要删除的行或列，在"开始"功能区的"单元格"组中单击"删除"按钮，在其下拉列表中选择"删除工作表行"或"删除工作表列"命令，下边的行或右边的列将自动移动并填补删除后的空缺。

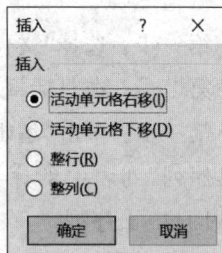

图 3-22　"插入"对话框

（2）删除单元格。先选定要删除的单元格,在"开始"功能区的"单元格"组中单击"删除"按钮,在其下拉列表中选择"删除单元格"命令,打开"删除文档"对话框,如图 3-23 所示。根据需要选择相应的选项,然后单击"确定"按钮,周围的单元格将移动并填补删除后的空缺。

3) 行、列的隐藏

隐藏行或列的方法有 3 种。

方法一:右击需要隐藏的行号(列标),在弹出的快捷菜单中单击"隐藏"命令,如图 3-24 所示。

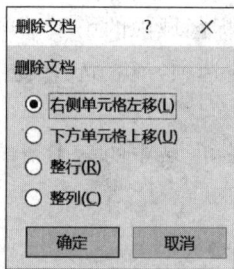

图 3-23　"删除文档"对话框

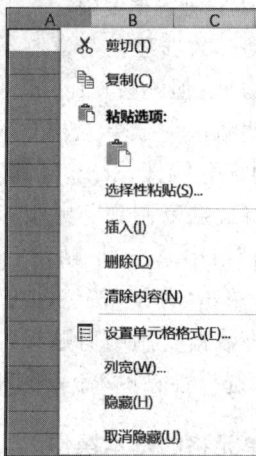

图 3-24　右击行号快捷菜单

方法二:选定需要隐藏的行或列,在"开始"功能区的"单元格"组中单击"格式"按钮▤,在其下拉列表中选择"隐藏和取消隐藏"级联菜单中的相应选项。

方法三:将指针指向要隐藏的行号下边界或列标右边界,使用鼠标向上或向左拖动,直到行高或列宽变为 0。

3.2.4　任务实现

第一步:选择"文件"→"选项"命令,弹出"Excel 选项"对话框。

第二步:在对话框的左侧选择"高级"选项,将右侧区域的滚动条拖至最下方。

第三步:单击"编辑自定义列表"按钮,弹出"自定义序列"对话框。在对话框的左侧"自定义序列"列表中的序列,输入亚洲、非洲、欧洲、大洋洲、北美洲、南美洲、南极洲。即为 Excel 自定义序列。

第四步:在 A1 单元格输入亚洲,用填充柄进行拖曳,即可得到想要的结果。

3.2.5　任务小结

本任务详细讲解了 Excel 2019 中数据输入和编辑的基本操作,涵盖了文本、数字、日期和时间型数据的输入,自动填充数据,数据修改、清除与删除,数据复制与移动,以及行、列、单元格的插入、删除与隐藏等内容。还介绍了编辑功能,包括设置文本对齐方式,设置单元格边框,设置数字格式,调整行高和列宽等格式化操作。

3.2.6　职场赋能

在数字化时代,掌握高效的信息处理技能对于个人综合素质的提升非常重要。通过 Excel 2019 的操作,可优化信息管理流程,提高工作效率,塑造适应数字时代要求的公民素养。精确的数据管理能力和高效的信息利用技巧,为洞察趋势及做出明智决策提供了支撑,有助于培养数据管理领域的专业人才,为推动社会信息化进程贡献力量。

3.2.7　习题小测

一、单选题

1. 在 Excel 中,以下(　　)类型的数据不能使用自动填充功能。

　　A. 文本　　　　　　　　B. 数字　　　　　　　C. 日期　　　　　　　D. 图片

2. 在 Excel 中快速插入一列的方法是(　　)。

　　A. 右击列号,选择"插入"命令　　　　　　B. 按 Ctrl＋I 组合键

　　C. 按 Alt＋I 组合键　　　　　　　　　　D. 按 Alt＋Shift＋I 组合键

3. 在 Excel 中自定义序列填充的选项在(　　)中设置。

　　A. "文件"菜单　　　　　　　　　　　　B. "开始"功能区

　　C. "数据"功能区　　　　　　　　　　　D. "视图"功能区

4. 在 Excel 中快速清除单元格内容的方法是(　　)。

　　A. 按 Delete 键　　　　　　　　　　　B. 按 Backspace 键

　　C. 右击单元格,选择"清除内容"命令　　　D. 以上都是

5. 在 Excel 中,以下(　　)操作不能隐藏行。

　　A. 右击行号,选择"隐藏"命令

　　B. 按 Ctrl＋9 组合键

　　C. 在"开始"功能区中选择"隐藏与取消隐藏"→"隐藏行"命令

　　D. 以上都是

二、判断题

1. 在 Excel 中,只能通过"开始"功能区中的"清除"按钮来清除数据。(　　)

2. 自动填充数据时,Excel 会根据相邻单元格的内容自动推断填充规则。(　　)

3. 在 Excel 中插入行或列的操作会删除原有的数据。(　　)

4. 在 Excel 中隐藏的行或列可以通过按 Ctrl＋Shift＋9 组合键来取消隐藏。(　　)

5. 在 Excel 中,不能移动单个单元格的内容到另一个位置。(　　)

任务 3.3 公式与函数

3.3.1 任务知识点

- 相对地址与绝对地址的引用。
- 创建和编辑公式。
- 移动和复制公式。
- 函数的使用。

3.3.2 任务描述

打开本书配套的"素材\3\认识公式与函数.xlsx",按以下要求操作。

(1) 使用函数求出总分。

(2) 使用函数求出平均分(小数点保留两位)。

(3) 使用函数做排名,并做一个升序排列。

(4) 使用函数求出最大值。

(5) 使用函数求出最小值。

3.3.3 知识与技能

Excel 强大的计算功能主要依赖公式和函数,利用公式和函数可以对表格中的数据进行各种计算和处理操作,从而提高我们在制作复杂表格时的工作效率及计算准确率。而且当数据有变动时,公式计算的结果还会立即更新。

1. 地址的引用

引用的作用是通过标识工作表中的单元格或单元格区域来指明公式中所使用的数据的位置。在 Excel 使用过程中,关于单元格的"绝对引用"和"相对引用"是非常基本也是非常重要的概念。在使用函数公式过程中,如果不注意使用正确的引用方式,可能会导致返回预期之外的错误值。

相对参照地址:假设你要前往某地,但不知道该怎么走,于是就向路人打听。结果得知你现在的位置往前走,碰到第一个红绿灯后右转,再直走约 100 米就到了,这就是相对引用地址的概念。相对参照地址的表示法如 B1、C4。

绝对参照地址:另外有人干脆将实际地址告诉你,假设为"北京路 60 号",这就是绝对参照地址的概念。由于地址具有唯一性,所以不论你在什么地方,根据这个绝对参照地址,所找到的永远是同一个地点。绝对参照地址的表示法须在单元格地址前面加上"$"符号,例如 B1、C4。

将两者的特性套用在公式上,代表相对参照地址会随着公式的位置而改变,而绝对参照地址则不管公式在什么地方,它永远指向同一个单元格。

(1) 相对引用。引用单元格区域时,应先输入单元格区域起始位置的单元格地址,然后输入引用运算符,再输入单元格区域结束位置的单元格地址,如图 3-25 所示。

图 3-25　相对引用

(2) 绝对引用。绝对引用是指引用单元格的精确地址,与包含公式的单元格位置无关,其引用形式为在列标和行号的前面都加上"$"号。则不管将公式复制或移动到什么位置,引用的单元格地址的行和列都不会改变。例如,引用单价如图 3-26 所示。

图 3-26　绝对引用

2. 公式的使用

1) 运算符

公式是工作表中用于对单元格数据进行各种运算的等式,它必须以等号"="开头。一个完整的公式通常由运算符和操作数组成。运算符可以是算术运算符、比较运算符、文本运算符和引用运算符;操作数可以是常量、单元格地址和函数等,如图 3-27 所示。

运算符是用来对公式中的元素进行运算而规定的特殊符号。Excel 中包含四类运算符:算术运

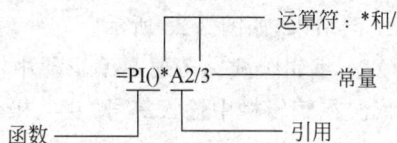

图 3-27　公式

131

算符、关系运算符、文本运算符和引用运算符。

(1) 算术运算符。算术运算符的作用是完成基本的数学运算,并产生数字结果。常见的有"+""−""*""/""%""^",如表 3-1 所示。

(2) 比较运算符(也叫关系运算符)。比较运算符的作用是可以比较两个值,结果为一个逻辑值,不是 TRUE(真)就是 FALSE(假)。常见的有">""<""="">=""<=""<>",如表 3-2 所示。

表 3-1 算术运算符			表 3-2 比较运算符		
算术运算符	含 义	实 例	比较运算符	含 义	实 例
+(加号)	加法	A1+A2	>(大于号)	大于	A1>B1
−(减号)	减法或负数	A1−A2	<(小于号)	小于	A1<B1
*(星号)	乘法	A1*2	=(等于号)	等于	A1=B1
/(正斜杠)	除法	A1/3	>=(大于等于号)	大于等于	A1>=B1
%(百分号)	百分比	50%	<=(小于等于号)	小于等于	A1<=B1
^(脱字号)	乘方	2^3	<>(不等于号)	不等于	A1<>B1

(3) 文本运算符。使用文本运算符"&"(与号)可将两个或多个文本值串起来产生一个连续的文本值。例如,输入="北京"&"08 奥运会"会生成"北京 08 奥运会"。(注意文本输入时须加英文引号)

(4) 引用运算符。引用运算符可以将单元格区域进行合并计算。常见的有":"","" "(空格),如表 3-3 所示。

表 3-3 引用运算符		
引用运算符	含 义	实 例
:(冒号)	区域运算符,用于引用单元格区域	B5:D15
,(逗号)	联合运算符,用于引用多个单元格区域	B5:D15,F5:I15
(空格)	交叉运算符,用于引用两个单元格区域的交叉部分	B7:D7 C6:C8

2) 公式中的优先级

公式中的运算符运算优先级从高到低为引用运算符、算术运算符、文本运算符、比较运算符。

对于优先级相同的运算符,则从左到右进行计算。如果要修改计算的顺序,则应把公式中需要首先计算的部分括在圆括号内。

3) 创建和编辑公式

(1) 创建公式。对于简单的公式,我们可以直接在单元格中输入。首先单击需输入公式的单元格,接着输入=(等号),然后输入公式内容,最后单击编辑栏中的"输入"按钮或按Enter 键结束,如图 3-28 所示。

(2) 编辑公式。若要在编辑栏中输入公式,可单击要输入公式的单元格,然后单击编辑栏,依次在编辑栏中输入等号"="、操作数和运算符,输入完毕,按 Enter 键或单击编辑栏中的"输入"按钮✓。

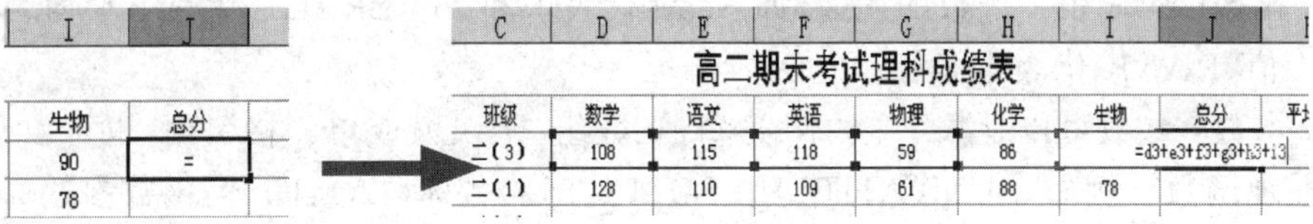

图 3-28　创建公式

若要修改公式,可单击含有公式的单元格,然后在编辑栏中进行修改,修改完毕按 Enter 键即可。

4)移动和复制公式

(1)移动公式。要移动公式,最简单的方法就是:选中包含公式的单元格,将鼠标指针移到单元格的边框线上,当鼠标指针变成十字箭头形状时,按住鼠标左键不放,将其拖到目标单元格后释放鼠标即可,如图 3-29 所示。

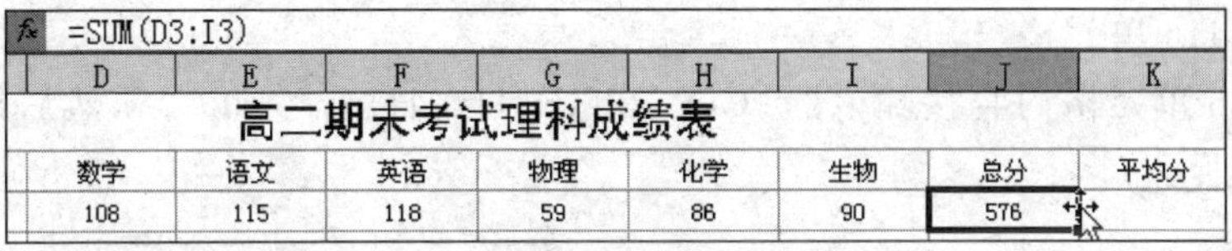

图 3-29　移动公式

(2)复制公式。在 Excel 中,复制公式可以使用填充柄,也可以使用复制、粘贴命令。在复制公式的过程中,一般情况下,系统会自动改变公式中引用的单元格地址。

若将某个单元格中的公式复制到同列(行)中相邻的单元格时,可以通过拖动填充柄来快速完成。方法是:按住鼠标左键向下(也可以是向上、向左或向右,据实际情况而定)拖动要复制公式的单元格右下角的填充柄,到目标位置后释放鼠标即可,如图 3-30 所示。

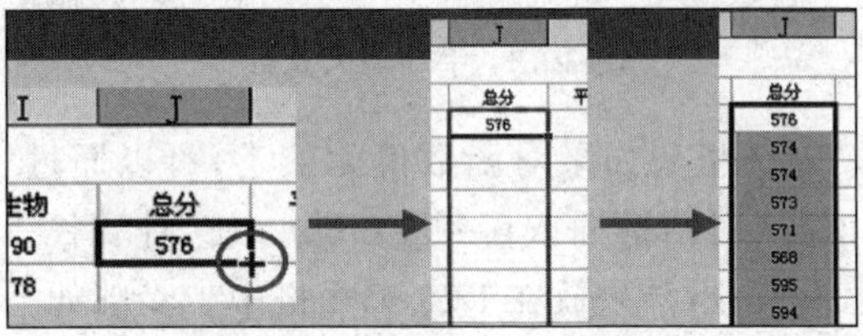

图 3-30　利用填充柄复制公式

在单元格中除了可以输入数值型数据外,还可以输入单元格地址,这样我们就可以计算几个单元格中数据的运算结果。若在公式中输入单元格地址,在计算时,以该单元格当前地址的值来参与计算。

3. 函数的使用

在使用公式计算数据时,还可以在公式中调用 Excel 提供的函数。函数可以看作预先建立好的公式,它完成特定的功能,例如求和、求平均值、求最大值、求最小值、统计数量等。用户只需选择适合的函数并指定参数,即可通过函数计算出结果。

1)函数的组成

函数由函数名和参数组成。

(1) 函数名：代表了函数的用途，如 SUM 代表求和、AVERAGE 代表求平均、MAX 代表求最大值、RANK 代表排名等。

(2) 参数：参数可以是数字、文本、逻辑值、数组、错误值或单元格引用，也可以是常量、公式或其他函数。例如，SUM(A1:E1)中 SUM 是函数名称，“A1:E1”是函数参数。

2) 函数分类

Excel 2019 中的函数可分为数据库函数、日期与时间函数、工程函数、财务函数、信息函数、逻辑函数、查询和引用函数、数学和三角函数、统计函数、文本函数和用户自定义函数等十几类。

3) 如何使用函数

(1) 手动输入函数。如果用户能够准确记住函数的名称及各参数的意义和使用方法，在使用函数时，便可以在相应的单元格或编辑栏中直接输入函数。例如，统计“化学”成绩大于 90 分的人数，结果放在 H16 单元格中，步骤如下。

① 选择 H16 单元格。

② 在 H16 单元格内直接输入“=COUNTIF(H4:H15,">90")”，然后按 Enter 键即可，如图 3-31 所示。

	A	B	C	D	E	F	G	H	I
1	学生成绩表								
2									
3	编号	姓名	政治	语文	数学	英语	物理	化学	
4	1	梁海平	89	50	84	85	92	91	
5	2	欧海军	71	55	75	79	94	90	
6	3	邓远彬	67	59	95	72	88	86	
7	4	张晓丽	76	49	84	89	83	87	
8	5	刘富彪	63	56	82	75	98	93	
9	6	刘章辉	65	47	95	69	90	89	
10	7	邹文晴	77	54	78	90	83	83	
11	8	黄仕玲	74	61	83	81	92	64	
12	9	刘金华	71	50	76	73	100	84	
13	10	叶建琴	72	53	81	75	87	88	
14	11	邓云华	74	46	82	73	91	92	
15	12	李迅宇	65	48	90	79	88	83	
16								=COUNTIF(H4:H15,">90")	

图 3-31　手动输入函数

(2) 使用“插入函数”对话框。如果对函数不太熟悉，可以通过“插入函数”对话框插入函数。例如，通过“插入函数”对话框插入函数 COUNTIF，计算图 3-31 所示的数据表中的“数学”成绩大于 80 的学生人数，结果放在 D16 单元格中。步骤如下。

① 选择 D16 单元格。

② 在“公式”功能区的“函数库”组中单击“插入函数”按钮 ***fx***，弹出“插入函数”对话框。

③ 在对话框的“或选择类别”下拉列表框中选择“统计”，在“选择函数”列表框中选择 COUNTIF 函数，如图 3-32 所示。

④ 单击“确定”按钮，弹出“函数参数”对话框，在对话框的 Range 文本框中设置“E4:E15”，在 Criteria 选项区域内输入“">80"”，如图 3-33 所示。

⑤ 最后单击“确定”按钮，完成函数的插入。

(3) 单击编辑栏中的“插入函数”按钮。除了上述两种方法外，还可以通过单击编辑栏中的“插入函数”按钮 ***fx***，打开“插入函数”对话框插入函数。步骤如下。

① 选择需要插入函数的单元格。

② 单击编辑栏中的“插入函数”按钮 ***fx***，如图 3-34 所示。在打开的“插入函数”对话框中

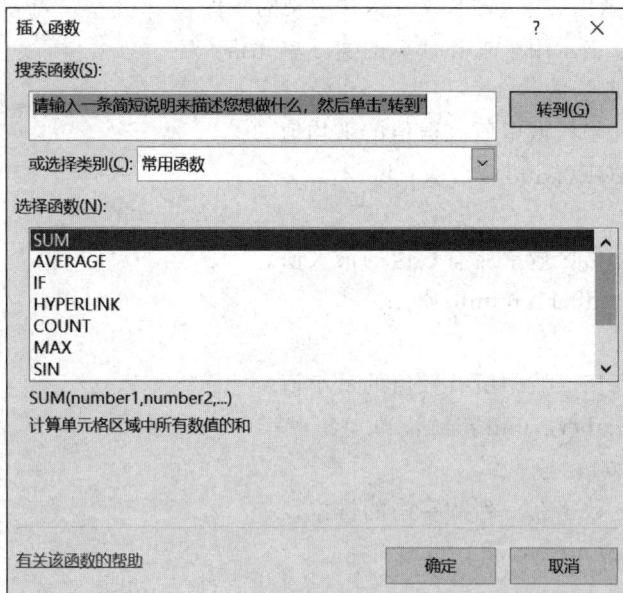

图 3-32 "插入函数"对话框

图 3-33 "函数参数"对话框

选择合适的函数并设置参数。

4）常用函数介绍

（1）SUM 函数。

图 3-34 编辑栏

功能：返回单元格区域中所有数值的和。

格式：SUM(number1,number2,…)

（2）SUMIF 函数。

功能：返回满足条件的单元格区域中所有数值的和。

格式：SUMIF(range,criteria,sum_range)

参数如下。

• range：表示要进行计算的单元格区域。

- criteria：表示以数字、文本或表达式定义的条件。
- sum_range：表示用于求和计算的实际单元格。

（3）AVERAGE 函数。

功能：返回单元格区域中所有数值的平均值。

格式：AVERAGE(number1,number2,…)

（4）MAX 函数。

功能：返回单元格区域中所有数值的最大值。

格式：MAX(number1,number2,…)

（5）MIN 函数。

功能：返回单元格区域中所有数值的最小值。

格式：MIN(number1,number2,…)

（6）RANK 函数。

功能：返回指定数字在一列数字中的排位。

格式：RANK(number,ref,order)

参数如下。

- number：指定的数字。
- ref：组数或引用。
- order：指定排位的方式（0 或省略为降序；非 0 值为升序）。

（7）IF 函数。

功能：根据给定的条件进行判断，若条件是真，则返回第 2 个参数的值；否则返回第 3 个参数的值。

格式：IF(logical-test,value-if-true,value-if-false)

（8）COUNT、COUNTA 函数。

功能：计算参数中包含数字（非空）的单元格个数。

格式：COUNT/COUNTA(value1,value2,…)

（9）COUNTIF 函数。

功能：计算某个区域中满足给定条件的单元格数目。

格式：COUNTIF(range,criteria)

3.3.4　任务实现

第一步：双击 E2 单元格，输入"=SUM(B2:D2)"，按 Enter 键，求出结果，拖曳填充柄至 E35 单元格。

第二步：双击 F2 单元格，输入"=AVERAGE(B2:D2)"，按 Enter 键，求出结果。右击，设置单元格格式，"数字"选项卡下选择"数值"，小数点位数保留两位。

第三步：双击 G2 单元格，输入"=RANK(E2,＄E＄2:＄E＄35)"，按 Enter 键，求出结果，拖曳填充柄至 G35 单元格。

第四步：双击 B36 单元格，输入"=MAX(B2:B35)"，按 Enter 键，求出结果，拖曳填充柄至 D36 单元格。

第五步：双击 B37 单元格，输入"＝MIN(B2：B35)"，按 Enter 键，求出结果，拖曳填充柄至 D37 单元格。

3.3.5　任务小结

本任务详细介绍了 Excel 2019 中公式和函数的使用，涵盖了相对地址和绝对地址的引用、公式的创建和编辑、公式的移动和复制，以及函数的分类和使用方法等内容。任务通过实际操作，成功实现了对 Excel 文件中数据的计算，包括使用 SUM、AVERAGE、RANK、MAX 和 MIN 函数计算总分、平均分、排名、最大值和最小值等。

3.3.6　职场赋能

公式和函数是 Excel 2019 的核心功能之一，能够极大地简化复杂的数据计算和分析过程。通过学习这些功能，不仅能够提高解决问题的效率，更能够培养创新思维。在面对挑战时，能够灵活应用公式和函数找到最优解，这体现了创新精神和问题解决能力。这种能力不仅在学术研究中重要，更在实际工作中具有广泛的应用价值，有助于在职业生涯中不断进步，成为数据分析领域的专家。

3.3.7　习题小测

一、单选题

1. 在 Excel 中，使用（　　）类型的地址引用可以使得公式在拖曳填充柄时，而单元格引用地址不变。

A. 相对地址　　　B. 绝对地址　　　C. 混合地址　　　D. 静态地址

2. 在 Excel 中，下列（　　）函数用于计算一组数值的平均值。

A. SUM　　　B. AVERAGE　　　C. COUNT　　　D. MAX

3. 当在 Excel 中移动一个包含相对地址引用的公式时，以下（　　）操作是正确的。

A. 拖动填充柄　　　　　　　B. 复制和粘贴特殊

C. 使用剪切和粘贴　　　　　D. 直接输入新单元格地址

4. 在 Excel 中，复制一个包含公式的单元格到另一个单元格而不改变公式的方法是（　　）。

A. 使用复制和粘贴值　　　　　　B. 使用复制和粘贴特殊功能

C. 直接拖动填充柄　　　　　　　D. 使用剪切和粘贴

5. 在 Excel 中，下列（　　）函数用于计算一组数值中的最大值。

A. MAX　　　B. MIN　　　C. AVERAGE　　　D. SUM

二、判断题

1. 在 Excel 中可以通过按 Delete 键来删除单元格中的数据。（　　）

2. 在 Excel 中，绝对地址在拖曳填充柄时地址引用不会改变。（　　）

3. 使用 Excel 的 SUM 函数可以计算多个不连续单元格的总和。（　　）

4. 相对地址引用在移动公式时会自动调整以匹配新位置。(　　)

5. 在 Excel 中,混合地址(如 $A2)可以固定列而允许行改变。(　　)

任务 3.4　格式化工作表

3.4.1　任务知识点

- 设置文字的对齐方式。
- 设置单元格边框。
- 设置数字格式。
- 设置单元格行高和列宽。
- 条件格式。
- 单元格样式。
- 表格格式。

3.4.2　任务描述

打开"素材\3\单元格格式设置.xlsx",利用数字格式将图中原格式的数据转换为转变后的格式数据,如图 3-35 所示。

3.4.3　知识与技能

类型	原格式	转变后的格式
数值	-25636	-25,636.00
货币	10000	¥10,000.00
会计专用	1555	¥　1,555.00
日期	39914	2009/4/11
时间	0.6980536	16:45:12
百分比	0.11	11.00%
分数	0.1	1/10
科学计数	1200000000	1.20E+09
文本	2422	2422
特殊	25638	贰万伍仟陆佰叁拾捌

图 3-35　格式转换

1. 单元格格式设置

在 Excel 中,组成 Excel 的最基本元素为单元格,一个单元格如何来设置,决定了我们未来如何去采集这个数据,如何去做运算。

下面介绍如何设置单元格格式。

在打开的 Excel 2019 工作表中,在"开始"功能区的"字体"组中单击"对话框启动器"按钮 ,打开"设置单元格格式"对话框。

(1)"对齐"选项卡中设置文字对齐方式。单元格的对齐方式包括左对齐、居中、右对齐、顶端对齐、垂直居中、底端对齐等多种方式,用户可以在"开始"功能区或"设置单元格格式"对话框中进行设置。

① 打开工作簿窗口,选中需要设置对齐方式的单元格。右击被选中的单元格,在打开的快捷菜单中选择"设置单元格格式"命令。

② 在打开的"设置单元格格式"对话框中切换到"对齐"选项卡。在"文本对齐"方式区域可以分别设置"水平对齐"和"垂直对齐"方式。

其中,"水平对齐"方式包括"常规""靠左(缩进)""居中""靠右(缩进)""填充""两端对

齐""跨列居中"和"分散对齐"8 种方式;"垂直对齐"方式包括"靠上""居中""靠下""两端对
齐"和"分散对齐"5 种方式。

③ 选择合适的对齐方式,并单击"确定"按钮即可,如图 3-36 所示。

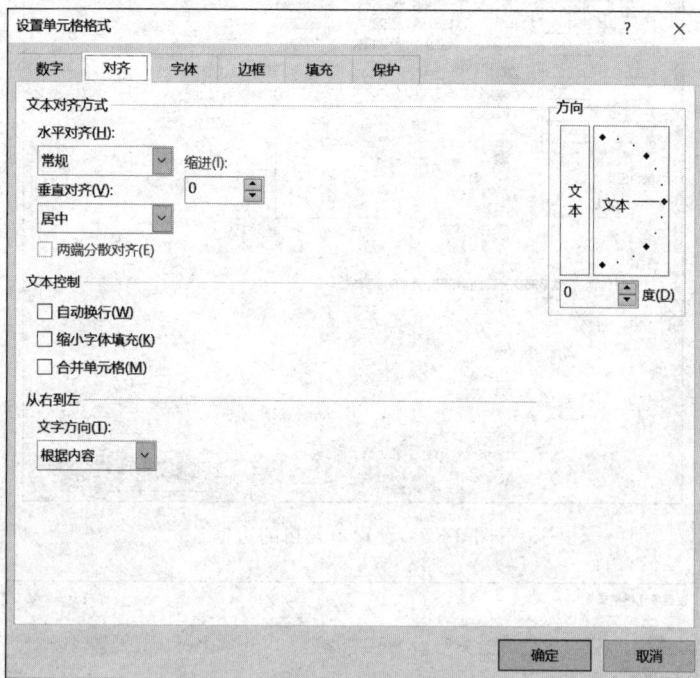

图 3-36 设置单元格的对齐方式

(2)"边框"选项卡中设置单元格边框。用户可以为选中的单元格区域设置各种类型的
边框。

方法一:在"开始"功能区的"字体"组中单击边框按钮⊞,在打开的下拉列表中选择合
适的边框类型。

方法二:选中需要设置的单元格并右击,在弹出的快捷菜单中选择"设置单元格格式"
命令,打开"设置单元格格式"对话框。在"边框"选项卡中选择需要的边框样式,单击"确定"
按钮,如图 3-37 所示。

2. 单元格数字格式

在 Excel 表中,数据有各种各样的样式,我们可以通过设定单元格的数字格式,从而得
到我们需要的结果。

选中需要设置对齐方式的单元格,右击被选中的单元格,在打开的快捷菜单中选择"设
置单元格格式"命令。在打开的"设置单元格格式"对话框中切换到"数字"选项卡,如
图 3-38 所示。

1) 数值格式

数值格式包括设置数据的千位分隔样式、小数位数。

方法一:

(1)选择需要设定数据格式的单元格或单元格区域。

图 3-37　设置单元格的边框

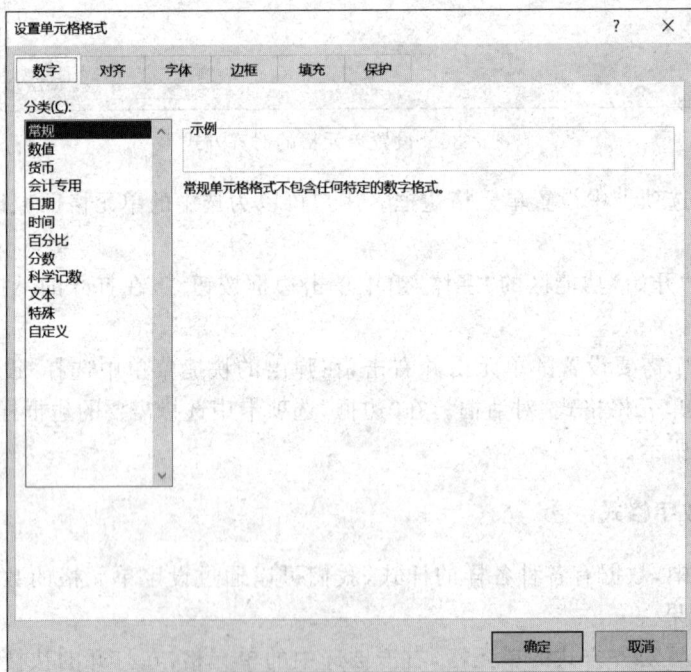

图 3-38　设置单元格的数字格式

　　（2）单击"格式"工具栏中的"千位分隔样式"按钮，可以改变数值为千位格式。单击"增加小数位数"按钮，可以增加小数位数；单击"减少小数位数"按钮，可以减少小数位数。每单击一次，可以增加或减少一位小数，如果需要增加或减少若干位小数，可连续单击按钮。

方法二：

（1）选择需要设定数据格式的单元格或单元格区域。

（2）选择"格式"→"单元格"命令，出现"单元格格式"对话框。

（3）在"单元格格式"对话框中选择"数字"选项卡。

（4）在"分类"列表框中选择"数值"类型。

（5）在"小数位数"输入框中输入需要的小数位数，若选中"使用千位分隔符"复选框，则设置数值为千位格式。

（6）单击"确定"按钮完成设置。

也可以右击被选中的单元格，在弹出的快捷菜单中选择"设置单元格格式"命令，出现"单元格格式"对话框，在对话框中完成同样的操作。

2）百分比格式

以百分数形式显示单元格的值。单击"格式"工具栏中的"百分比样式"按钮，或在"单元格格式"对话框的"数字"选项卡中选择"分类"选项中的"百分比"格式，都可以将数值设置为百分比格式。百分比格式将单元格值乘以 100 并添加百分号，还可以设置小数点位置。

3）分数格式

如果需要将小数以"分数"格式显示，则在"单元格格式"对话框的"数字"选项卡中选择"分类"选项中的"分数"格式。"分数"格式以分数显示数值中的小数，数值的整数部分和分数之间用一个空格间隔，还可以设置分母的位数和分母的值。

4）文本格式

默认方式下，文本在单元格内靠左对齐，数值在单元格内靠右对齐。当输入文本数字时，应先输入单引号，再输入数字。如果需要将单元格中已经存在的数值型数据设置为文本格式，可以采用以下方法。

（1）选择需要设定数据格式的单元格或单元格区域。

（2）选择"格式"菜单中的"单元格"命令，出现"单元格格式"对话框。

（3）在"单元格格式"对话框中选择"数字"选项卡。

（4）在"分类"列表框中选择"文本"类型，

（5）单击"确定"按钮，将选中的数字单元格设置为文本格式。如果要将数字当作文本输入，应先对单元格或单元格区域设定文本格式，或先输入单引号"'"，再输入数字。

5）自定义数字格式

Excel 虽然已经提供了很多数字格式，但是并不能满足所有的工作需求。而它提供的"自定义数字格式"最大限度地弥补了这个缺陷。

（1）自定义数字格式中的代码符号及含义作用。

① 自定义数字格式中"G/通用格式"代表以常规的数字显示，相当于"分类"列表中的"常规"选项。

② 自定义数字格式中"#"代表数字占位符。只显示有意义的零而不显示无意义的零。小数点后数字如大于"#"的数量，则按"#"的位数四舍五入。

③ 自定义数字格式中 0 代表数字占位符。如果单元格的内容大于占位符，则显示实际数字；如果小于点位符的数量，则用 0 补足。

④ 自定义数字格式中"@"代表文本占位符，如果只使用单个@，其作用是引用原始文本，要在输入数字数据之后自动添加文本，使用自定义格式为："文本内容"@；要在输入数字数据之前自动添加文本，使用自定义格式为：@"文本内容"。@符号的位置决定了 Excel 输入的数字数据相对于添加文本的位置。

⑤ 自定义数字格式中"＊"代表重复下一次字符，直至充满列宽。

⑥ 自定义数字格式中","代表千位分隔符。

⑦ 自定义数字格式中"\"代表用这种格式显示下一个字符。

⑧ 自定义数字格式中"?"代表数字占位符。在小数点两边为无意义的零添加空格，以便按固定宽度输出时，小数点可对齐；另外还可用于有不等长数字的分数。

⑨ 时间和日期代码常用日期和时间代码。

YYYY 或 YY：以四位（1900～9999）或两位（00～99）表示年。

MM 或 M：以两位（01～12）或一位（1～12）表示月。

DD 或 D：以两位（01～31）或一位（1～31）表示天。

提示：如果把代码设置为 YYYY-MM-DD，则 2018 年 1 月 10 日显示为 2018-01-10；如果把代码设置为 YY-M-D，2018 年 10 月 10 日显示为 18-1-10。

（2）自定义数字格式的组成规则。自定义数字格式可以为 4 种类型的数值指定不同格式：正数、负数、零值、文本。在代码中，用分号分隔不同的区段，每段区域代码作用于不同类型的数值。

自定义数字格式代码的结构如下。

正数：_ ＊ ＃,＃＃0_。

负数：_ ＊ -＃,＃＃0_。

零值：_ ＊ "-"_。

文本：_ @_。

以上 4 个区段构成了自定义数字格式代码的完整结构，每个区段均以";"（在英文半角状态下输入的分号）隔开，每个区段代码对不同类型的数据内容产生作用，如图 3-39 所示。

除了正负作为分隔依据外，也可以分区段设置所需要的条件。比如，设为"大于条件值；小于条件值；等于条件值；文本"，或者设为"条件值1；条件值2；不满足条件值12；文本"。以上两种格式都是可以的。

当然，在实际应用中，不必都按照 4 个区段结构来编写格式代码，少于 4 个区段都是被允许的。当自定义格式代码只有 1 个时，格式代码作用于所有类型；当只有 2 个时，第一区段作用于正数和零值，第二区段作用于负数；当只有 3 个区段时，第一区段作用于正数，第二区段作用于负数，第三区段作用于零值。

但当自定义格式中包含有条件时，代码区段不能少于 2 个。当代码区段有 2 个时，第一区段作用于满足条件值 1，第二区段作用于其他；当代码区段有 3 个时，第一区段满足条件值 1，第二区段满足条件值 2，第三区段作用于其他。

3. 设置行高和列宽

在编辑表格时，经常要根据单元格中字体的高度或及内容的长度调整行高或列宽。行高和列宽可以精确设置，也可以设置为自动调整，还可以进行粗略调整。

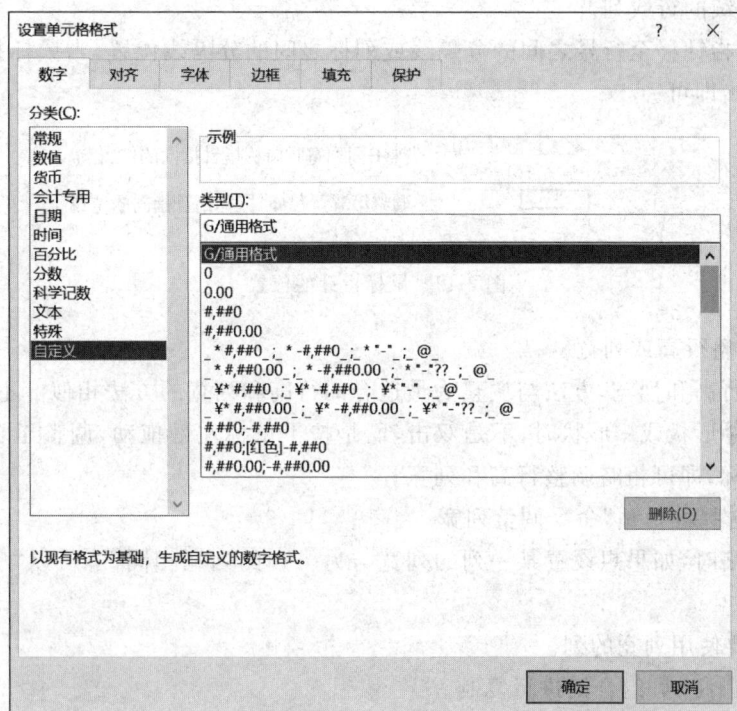

图 3-39 自定义数字格式可以为正数、负数、零值、文本

1）精确设置行高或列宽

（1）选择要设置行高的行或要设置列宽的列。

（2）在"开始"功能区的"单元格"组中单击"格式"按钮，弹出下拉列表。

（3）在下拉列表中选择"列宽"或"行高"命令，将会弹出"列宽"或"行高"对话框，分别如图 3-40 和图 3-41 所示。在对话框中输入需要设置的值，单击"确定"按钮即可。

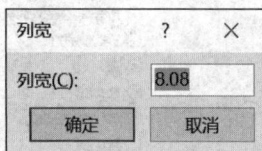

图 3-40 "列宽"对话框

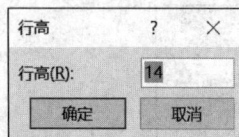

图 3-41 "行高"对话框

2）自动调整行高或列宽

在编辑表格时，还可以根据单元格中字体的高度或内容的长度自动调整行高或列宽。

（1）只设置 1 行或 1 列。如果只设置某一行为自动调整行高，或只设置某一列为自动调整列宽，步骤如下。

① 将鼠标指针移至要调整行高的行号下边框线位置，或要调整列宽的列标右边框线位置，例如，如果要调整第 3 行或 B 列的列宽，鼠标指针的位置如图 3-42 所示。

② 当鼠标指针呈✛形状或✛形状时，双击即可。

（2）同时调整连续的多行或多列。如果要同时调整多行或多列为自动调整行高或列宽，步骤如下。

① 选择连续的行或列。

② 将鼠标指针移至行号之间的分隔线或列标之间的分隔线位置，当鼠标指针呈➕形状或➕形状时双击即可。

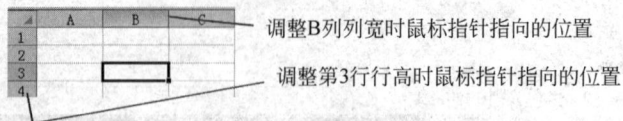

图 3-42　鼠标指针的位置

3）粗略调整行高或列宽

粗略调整行高和列宽，方法与调整为最适合的行高和列宽的方法相似。不同之处在于，当鼠标指针呈➕形状或➕形状时，不是双击，而是按下鼠标左键拖动，调整至合适的行高或列宽后释放鼠标，即可粗略调整行高和列宽。

4）使用"选择性粘贴"命令调整列宽

在编辑表格时，如果想设置某一列的列宽与另一列的列宽相同，还可以"复制"列宽，步骤如下。

（1）选择要使用列宽的列。

（2）按下 Ctrl＋C 组合键进行复制。

（3）选择要复制列宽的列。

（4）在"开始"功能区的"剪贴板"组中单击"粘贴"按钮下方的下拉按钮，在下拉列表中选择"选择性粘贴"命令，如图 3-43 所示，打开"选择性粘贴"对话框。

（5）在对话框中，选中"列宽"选项，如图 3-44 所示，单击"确定"按钮即可。

说明：不能使用"选择性粘贴"命令调整行高。

图 3-43　"粘贴"下拉列表

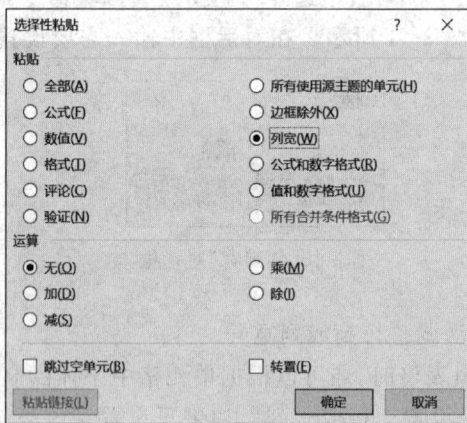

图 3-44　"选择性粘贴"对话框

4. 条件格式

条件格式是指在单元格区域中设置"条件"和"格式"，使满足"条件"的单元格自动应用设置的"格式"。

1) "条件"和"格式"设置在同一单元格

在使用 Excel 制作表格时,经常用到条件格式。多数情况下,"条件"和"格式"设置在相同的单元格。

例如,要求在图 3-45 所示的表格中,设置条件格式为:将"大于 90"的分数填充为黄色。步骤如下。

	A	B	C	D	E	F	G
1	姓名	政治	语文	数学	英语	物理	化学
2	梁海平	89	50	84	85	92	91
3	欧海军	71	55	75	79	94	90
4	邓远彬	67	59	95	72	88	86
5	张晓丽	76	49	84	89	83	87
6	刘富彪	63	56	82	75	98	93
7	刘章辉	65	47	95	69	90	89
8	邹文晴	77	54	78	90	83	83
9	黄仕玲	74	61	83	81	92	64
10	刘金华	71	50	76	73	100	84
11	叶建琴	72	53	81	75	87	88
12	邓云华	74	46	82	73	91	92
13	李迅宇	65	48	90	79	88	83

图 3-45 "条件格式"示例一

(1) 选择要设置条件格式的第 1 个单元格 B2。

(2) 在"开始"功能区的"样式"组中单击"条件格式"按钮,弹出下拉列表。

(3) 将鼠标指针移至下拉列表中的"突出显示单元格规则"选项,弹出级联菜单,如图 3-46 所示。

(4) 在级联菜单中选择"大于"命令,弹出"大于"对话框。

(5) 在"大于"对话框中左边的文本框中输入 90,在右侧的下拉列表中选择"自定义格式"命令,弹出"设置单元格格式"对话框,在对话框中设置"填充黄色",然后单击"确定"按钮,返回"大于"对话框,如图 3-47 所示。

图 3-46 "突出显示单元格规则"级联菜单

图 3-47 "大于"对话框

(6) 单击"确定"按钮,完成 B2 单元格的条件格式设置,然后用格式刷将所有成绩区域都设置成与 B2 单元格相同的格式,效果如图 3-48 所示。

图 3-48 "条件格式"示例一效果图

2）"条件"和"格式"设置在不同单元格

在设置条件格式时,有时"条件"和"格式"设置在不同的单元格,这样在设置条件时就需要用到公式。

例如,要求在图 3-49 所示的表格中设置条件格式:将"总分"低于 200 的同学"姓名"设置为红色字体。步骤如下。

（1）选择要设置条件格式的第一个单元格 A2。

（2）在"开始"功能区的"样式"组中单击"条件格式"按钮,在下拉列表中选择"新建规则"命令,弹出"新建格式规则"对话框,如图 3-50 所示。

图 3-49 "条件格式"示例二

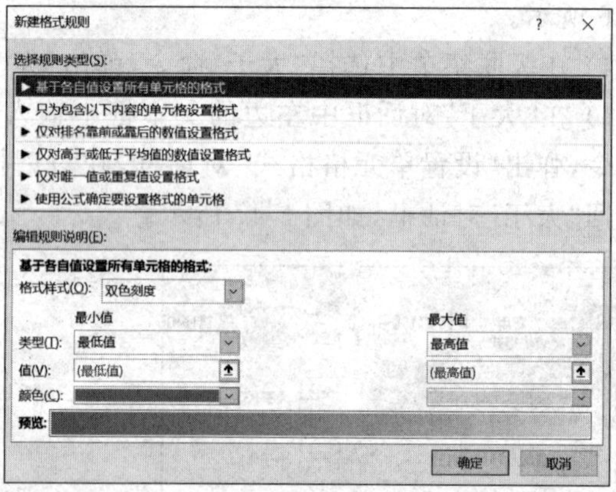

图 3-50 "新建格式规则"对话框

（3）在对话框的"选择规则类型"列表中选择"使用公式确定要设置格式的单元格"选项,在下方的文本框中编辑公式"＝E2＜200",单击"格式"按钮,打开"设置单元格格式"对话框,选择"字体"标签,"颜色"选择红色,如图 3-51 所示。然后单击"确定"按钮,完成 A2 单元格条件格式的设置。

（4）使用"格式刷"将单元格区域 A3：A21 设置成与 A2 单元格相同的格式,效果如图 3-52 所示。

3）编辑条件格式

（1）删除条件格式。

① 选择要删除"条件格式"的单元格或单元格区域。

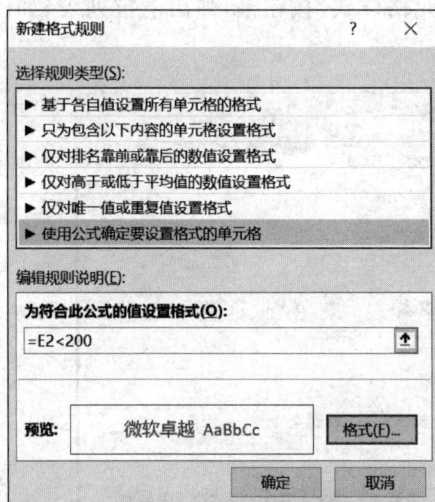

图 3-51 编辑"条件"公式

图 3-52 "条件格式"示例二效果图

② 在"开始"功能区的"样式"组中单击"条件格式"按钮，在下拉列表中选择"清除规则"命令，然后在其级联菜单中选择"清除所选单元格的规则"命令或"清除整个工作表的规则"命令，即可删除指定的条件格式。

（2）修改条件格式。

① 选择要删除"条件格式"的单元格或单元格区域。

② 在"开始"功能区的"样式"组中单击"条件格式"按钮，在下拉列表中选择"管理规则"命令，弹出"条件格式规则管理器"对话框，如图 3-53 所示。

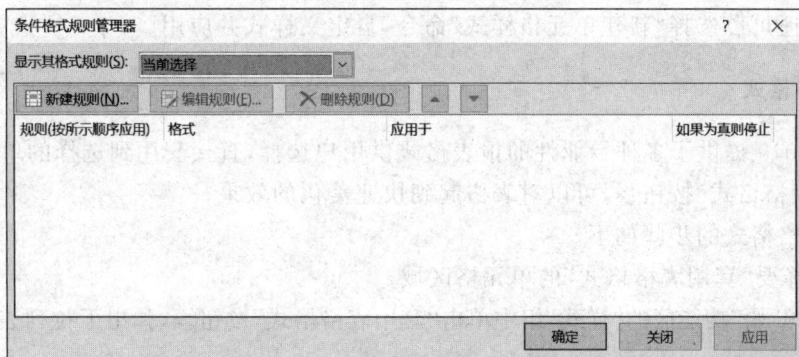

图 3-53 "条件格式规则管理器"对话框

③ 在对话框中单击"编辑规则"按钮，修改规则。

④ 修改完成后单击"确定"按钮，返回"条件格式规则管理器"窗口中，单击"确定"按钮，完成条件格式的修改。

5. 单元格样式

如果想快速格式化表格，可以直接应用"单元格样式"进行单元格格式的设置，步骤如下。

（1）选择要应用"单元格样式"的单元格区域。

（2）在"开始"功能区的"样式"组中单击"单元格样式"按钮，弹出下拉列表，如图 3-54 所示。

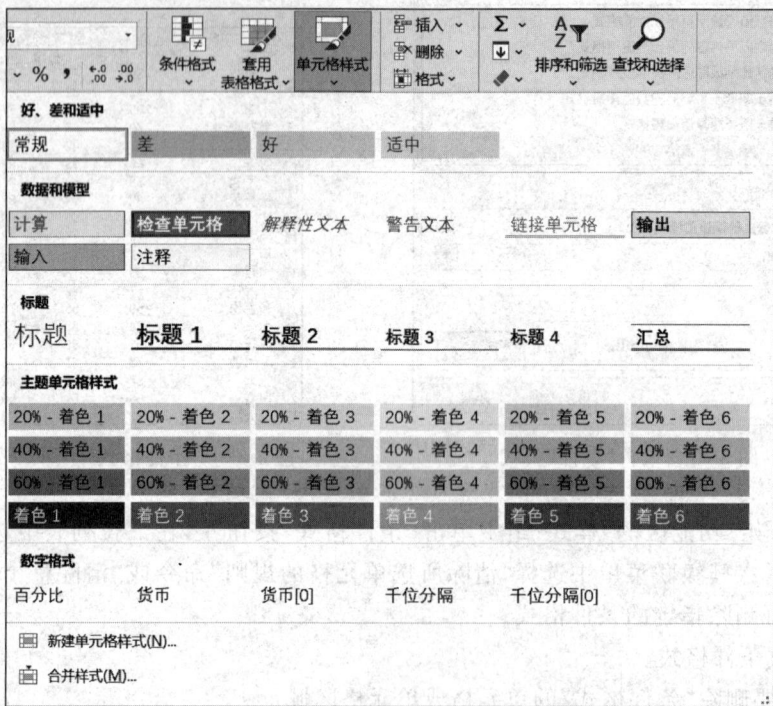

图 3-54 "单元格样式"按钮的下拉列表

（3）在下拉列表中将鼠标指针指向某个样式，可以预览效果。如果要应用样式，单击该样式即可。还可以选择"新建单元格样式"命令，自定义样式并应用。

6. 表格格式

Excel 2019 提供了多种专业性的报表格式供用户选择，直接套用到选择的单元格区域。单击"套用表格格式"按钮，可以对表格起到快速美化的效果。

套用表格格式的步骤如下。

（1）选择要"套用表格格式"的单元格区域。

（2）在"开始"功能区的"样式"组中单击"套用表格格式"按钮，弹出下拉列表，如图 3-55 所示。

（3）在列表中选择一个合适的格式，打开"创建表"对话框，如图 3-56 所示。

（4）如果要修改套用表格格式的单元格区域，用鼠标重新选择单元格区域即可。单元格区域确定后，单击"确定"按钮，选定的单元格区域将套用指定的表格样式。

3.4.4 任务实现

第一步：在 C1 单元格输入数值−25636。右击单元格，打开"设置单元格格式"对话框，选择"数字"选项卡，从"分类"列表中选择"数值"，小数位数设为 2 位，使用千分位分隔符，然

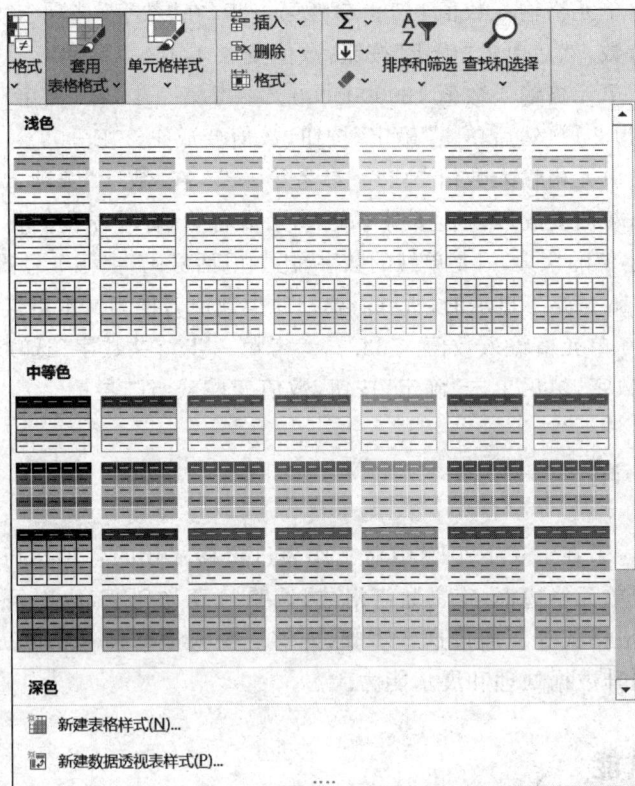

图 3-55   "套用表格格式"按钮的下拉列表

后单击"确定"按钮。数值变成−25,636.00。

第二步：在 C2 单元格输入数值 10000。参考第一步，在"数字"选项卡中选择"货币"，小数位数为 2 位，货币符号选择￥，然后单击"确定"按钮，数值变成￥10,000.00。

第三步：在 C3 单元格输入数值 1555。参考第一步，在"数字"选项卡中选择"货币"。小数位数为 2 位，货币符号选择￥，然后单击"确定"按钮，数值变成￥1,555.00（￥符号在单元格最左侧）。

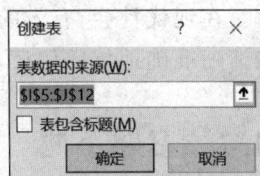

图 3-56   "创建表"对话框

第四步：在 C4 单元格输入数值 39914。参考第一步，在"数字"选项卡中选择"日期"，"类型"选择" ∗ 2001/3/14"，"区域"设置为中文（中国），然后单击"确定"按钮，数值变成 2009/4/11（Excel 采用 1900 纪元法，即数值 1 为 1900/1/1，所以 39914 代表距离 1900/1/1 过去了 39913 天，即为公元的 2009/4/11 这一天）。

第五步：在 C5 单元格输入数值 0.698054。参考第一步，在"数字"选项卡中选择"时间"，"类型"选择" ∗ 13:30:55"，"区域"设置为中文（中国），然后单击"确定"按钮，数值变成 16:45:12（Excel 采用 1900 纪元法，即数值 1 为 1900/1/1。1 天代表 24 小时，0.698054 按比例计算结果为 16:45:12）。

第六步：在 C6 单元格输入数值 0.11。参考第一步，在"数字"选项卡中选择"百分比"，小数位数为 2 位，然后单击"确定"按钮，数值变成 11%。

第七步：在 C7 单元格输入数值 0.1。参考第一步,在"数字"选项卡中选择"分数","类型"设置分母为两位数,然后单击"确定"按钮,数值变成 1/10。

第八步：在 C8 单元格输入数值 1200000000。参考第一步,在"数字"选项卡中选择"科学记数",小数位数为 2 位,然后单击"确定"按钮,数值变成 1.20E+09。

第九步：在 C9 单元格输入数值 2422。参考第一步,在"数字"选项卡中选择"文本",然后单击"确定"按钮,数值变成 2422 且数字靠近单元格右侧(有时候我们在 Excel 中输入的数值并没有含有比大小值的含义,只是单纯的数字,比如电话号码、银行卡号码、身份证号码等)。而在 Excel 中,超过 15 位是不显示的,所以需要把此类数值转换为文本格式,方便存储。

第十步：在 C10 单元格输入数值 25638。参考第一步,在"数字"选项卡中选择"特殊","类型"为中文大写数字,然后单击"确定"按钮,数值变成贰伍陆叁捌。

3.4.5　任务小结

本任务深入探讨了在 Excel 2019 中对工作表进行格式化的各种技巧,包括如何调整文字的对齐方式,设置单元格边框,定义数字格式,调整行高与列宽,应用条件格式,使用单元格样式以及设置表格格式等。通过这些步骤,能够更深入地掌握 Excel 2019 提供的工作表格式化工具,从而提升数据处理和展示能力。

3.4.6　职场赋能

掌握 Excel 2019 的格式化技巧,不仅可以提升表格的美观度,还能增强数据的可视化效果。合理设置文字、数字和图表等元素的格式,使数据呈现时更加直观,有助于提高沟通效率。在现代社会,有效的沟通能力是成功的关键。格式化技巧可以更好地利用数据和图表来清晰准确地传递信息,成为数据美化的高手,为团队和组织的沟通协作提供有力支持。

3.4.7　习题小测

一、单选题

1. 在 Excel 中,设置单元格文本为两端对齐的方法是(　　)。

　　A. 右击单元格,选择"设置单元格格式"对话框中的"对齐"选项卡,然后选择"两端对齐"选项

　　B. 按 F5 键,在打开的对话框中选择"对齐"选项卡,然后选择"两端对齐"选项

　　C. 按 Ctrl+Shift+A 组合键

　　D. 按 Ctrl+Shift+B 组合键

2. 在 Excel 中,为选定的单元格区域添加双线边框的方法是(　　)。

　　A. 使用"格式刷"复制已有的双线边框单元格的格式

　　B. 在"开始"功能区的"单元格"组中单击"格式"按钮,选择"边框"→"更多边框"命令

　　C. 按 Ctrl+B 组合键

　　D. 按 Ctrl+U 组合键

3. 在 Excel 中,将数字格式设置为货币格式的方法是(　　　)。

　　A. 在"开始"功能区的"数字"组中单击"货币"按钮

　　B. 通过"页面布局"功能区的"工作表选项"组中的"数字格式"下拉列表

　　C. 在"公式"功能区的"定义名称"组中单击"货币"按钮

　　D. 通过"数据"功能区的"数据工具"组中的"文本导入向导"选项

4. 在 Excel 中,调整列宽以适应内容的方法是(　　　)。

　　A. 在"开始"功能区的"单元格"组中单击"格式"按钮,选择"列宽"→"最适合列宽"命令

　　B. 在"页面布局"功能区的"页面设置"组中单击"调整为合适大小"按钮

　　C. 在"视图"功能区的"工作区"组中单击"放大/缩小"按钮

　　D. 在"数据"功能区的"排序与筛选"组中单击"自动筛选"按钮

5. 在 Excel 中,使用条件格式来突出显示低于平均值的单元格的方法是(　　　)。

　　A. 在"开始"功能区的"条件格式"组中选择"突出显示单元格规则"→"低于平均值"命令

　　B. 在"插入"功能区的"图表"组中单击"条件格式"按钮

　　C. 在"页面布局"功能区的"页面设置"组中单击"条件格式"按钮

　　D. 在"公式"功能区的"函数库"组中单击"条件格式"按钮

二、判断题

1. 在 Excel 中,可以通过选择单元格并按空格键来设置文字对齐方式。(　　　)

2. 在 Excel 中,可以通过选择单元格并按 Ctrl＋1 组合键来打开"设置单元格格式"对话框。(　　　)

3. 在 Excel 中,可以通过选择单元格并使用鼠标拖动的方式来调整列宽。(　　　)

4. 在 Excel 中,条件格式不能用于基于公式确定要设置格式的单元格。(　　　)

5. 在 Excel 中,表格格式允许用户快速地为表格应用预定义的样式。(　　　)

任务 3.5　数 据 处 理

3.5.1　任务知识点

- 数据清单。
- 数据的排序。
- 数据的筛选。
- 分类汇总。
- 数据有效性。
- 数据透视表和数据透视图。

3.5.2　任务描述

子任务一：学生成绩统计分析

打开"素材\3\学生成绩统计表.xlsx",按以下要求操作。

（1）按学生总分从高到低排序，若总分相同，数学成绩高的同学排在前面。

（2）在 J 列递增输入名次。

（3）复制 A2:I14 区域至工作表 Sheet2 中进行筛选，筛选出总分最高的 3 位同学。

子任务二：销售数据分类汇总

打开"素材\3\分类汇总和数据有效性.xlsx"，按以下要求操作。

（1）分地区统计金额的总计。

（2）分地区与产品分类统计金额的总计。

（3）将分类汇总后 2 级目录得到的结果复制到 Sheet3 中。

3.5.3 知识与技能

1. 数据清单

1）数据清单

具有二维表特性的电子表格在 Excel 中被称为数据清单。数据清单类似数据库表，可以像数据库表一样使用，其中行表示记录，列表示字段。

数据清单具有以下特点。

（1）数据清单的第 1 行必须为文本类型，是列标题，也称为字段名。

（2）第 1 行的下面是连续的数据区域，每一列包含相同类型的数据。

（3）除第 1 行之外的其他各行是描述一个人或事物的相关信息的，称为一条记录。

2）管理数据

数据清单既可以按照一般工作表的方法进行编辑，也可以通过"记录单"命令进行增加、删除、修改、查找和浏览数据。

（1）添加"记录单"命令按钮到"自定义快速访问工具栏"中。

默认情况下，Excel 2019 不显示"记录单"命令按钮，如果需要，用户可以自己向"自定义快速访问工具栏"中添加"记录单"命令按钮，步骤如下。

① 选择"文件"→"选项"命令，打开"Excel 选项"对话框。

② 在对话框的左侧选择"快速访问工具栏"命令，在右侧区域的"从下列位置选择命令"下拉列表中选择"不在功能区中的命令"，然后拖动下方列表框的滚动条，选择"记录单…"命令。

③ 单击"添加"按钮，将其添加到右侧的"自定义快速访问工具栏"列表中，如图 3-57 所示。

④ 最后单击"确定"按钮，就可以将"记录单…"命令按钮■添加到"自定义快速访问工具栏"中。

（2）使用"记录单…"命令进行数据的添加、删除、浏览及查询。

使用"记录单…"命令可以进行数据的查询、添加及删除，步骤如下。

① 将活动单元格定位在数据表的任意单元格位置。

② 单击"自定义快速访问工具栏"中的"记录单…"命令按钮■，打开 Sheet1 对话框，如图 3-58 所示。

③ 单击"新建""删除""上一条""下一条""条件"按钮就可以进行数据的添加、删除、浏览及查询。

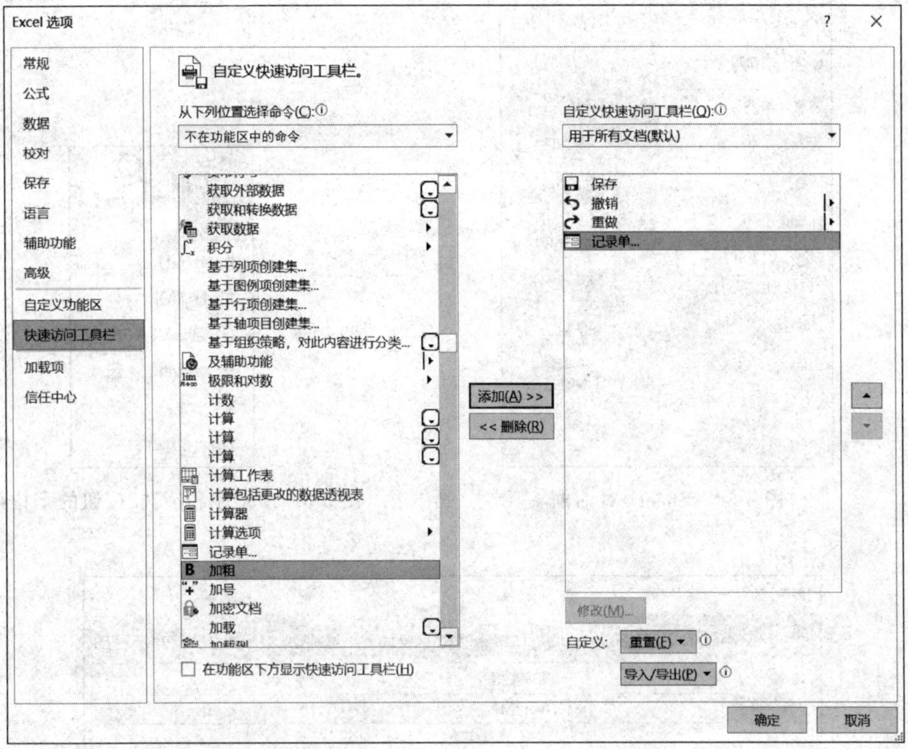

图 3-57　"Excel 选项"对话框

2. 数据的排序

Excel 2019 提供了多种对工作表中的数据进行排序的方法。排序是根据字段进行的，如果只根据一个字段排序，该字段称为主要关键字；如果排序的字段还有第 2 个、第 3 个等，均称为次要关键字。

1）单个关键字排序

（1）将活动单元格定位在数据表中"主要关键字"列的任意单元格位置。

（2）在"开始"功能区的"编辑"组中单击"排序和筛选"按钮 ，弹出下拉列表，如图 3-59 所示。

（3）在下拉列表中选择"升序"或"降序"命令，即可按照指定的主要关键字"升序"或"降序"排序数据表中的数据。

2）多个关键字排序

排序时，如果主要关键字相同，还可以再指定其他的排序字段，称为多个关键字排序。多个关键字排序的步骤如下。

（1）将活动单元格定位在数据表中任意单元格位置。

（2）在"开始"功能区的"编辑"组中单击"排序和筛选"按钮 ，在下拉列表中选择"自定义排序"命令，弹出"排序"对话框，如图 3-60 所示。

（3）在对话框中设置排序的"主要关键字"及"次序"，单击对话框左上角的"添加条件"按钮或"删除条件"按钮，可以增加或删除排序字段。

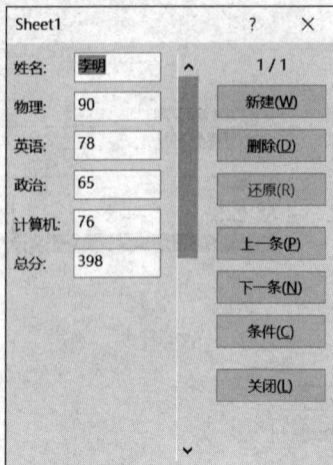

图 3-58 Sheet1 对话框

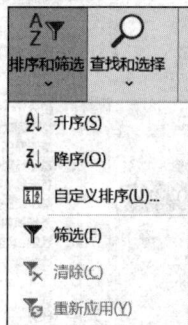

图 3-59 "排序和筛选"按钮的下拉列表

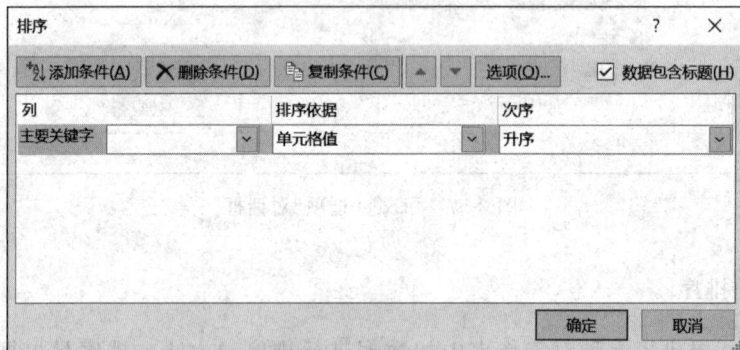

图 3-60 "排序"对话框

（4）排序字段设置完成后，单击"确定"按钮，即可将数据按照指定的多个字段进行排序。

3. 数据的筛选

在 Excel 数据清单中，可以通过"筛选"功能将某些记录暂时隐藏起来，只显示满足某些条件的数据，以方便用户查看数据。筛选有两种：自动筛选和高级筛选。

1）自动筛选

自动筛选是根据数据表中某个或多个字段的值或填充颜色进行筛选。当多个字段设置了筛选条件时，表示显示同时满足这些条件的记录。

Excel 2019 中，自动筛选可以"按数字筛选"，也可以"按颜色筛选"。

（1）按数字筛选。

① 将活动单元格定位在数据清单中的任意单元格位置。

② 在"开始"功能区的"编辑"组中单击"排序和筛选"按钮 ，在下拉列表中选择"筛选"命令，此时，数据清单中每个字段名右侧都会出现一个下拉按钮，如图 3-61 所示。

| 姓名 ▼ | 语文 ▼ | 数学 ▼ | 英语 ▼ | 总分 ▼ |

图 3-61　字段名右侧显示下拉按钮

③ 单击要设置筛选条件的字段右侧的下拉按钮,在下拉列表中可以选择"数字筛选"命令,如图 3-62 所示。在级联菜单中设置筛选条件或自定义自动筛选条件,也可以删除已经设置的筛选条件。

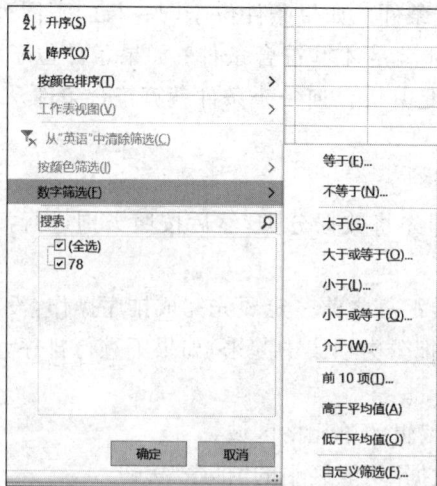

图 3-62　"数字筛选"级联菜单

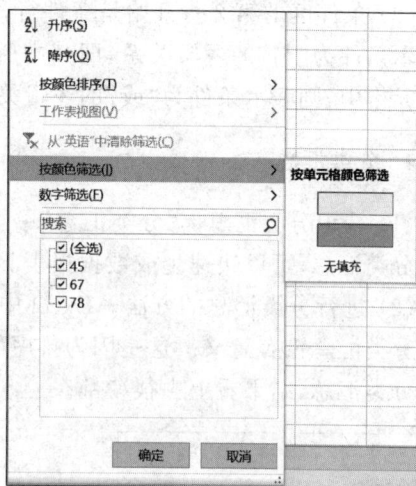

图 3-63　"按颜色筛选"级联菜单

(2) 按颜色筛选。如果数据清单中单元格填充了颜色,Excel 2019 还可以按照颜色进行筛选。只需在"排序和筛选"下拉列表中选择"按颜色筛选"命令,在其级联菜单中选择要筛选的颜色即可,如图 3-63 所示。

(3) 编辑筛选条件。设置自动筛选后,设置了筛选条件的字段名右侧的下拉按钮会变成 ▼ 形状,单击该下拉按钮,可在下拉列表中选择相应的命令修改该字段的筛选条件或删除该字段的筛选条件。

如果要取消自动筛选,步骤如下。

① 将活动单元格定位在数据表的任意单元格位置。

② 在"开始"功能区的"编辑"组中单击"排序和筛选"按钮，弹出下拉列表,此时下拉列表中的"筛选"命令处于选中状态,如图 3-64 所示。

③ 在下拉列表中再次选择"筛选"命令,即可取消自动筛选,同时数据清单中每个字段右侧的下拉按钮也会消失。

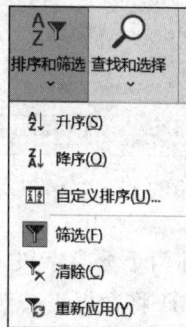

图 3-64　"排序和筛选"下拉列表

说明:设置自动筛选的自定义条件时,可以使用通配符?和 *,?代表任意一个字符, * 代表任意个数的字符。

2) 高级筛选

高级筛选是依据多个字段进行的复杂筛选,筛选的条件或条件区域放在数据区域之外,条件区域与数据区域至少要留一个空行或空列。高级筛选可以将符合条件的数据复制或抽

155

取到另一个工作表或当前工作表的其他空白位置上。

要正确使用高级筛选,必须遵循以下原则。

(1)高级筛选时,必须在工作表中建立一个条件区域,输入各条件的字段名和条件值。条件区由一个字段名行和若干条件行组成,可以放置在工作表的任何空白位置,但必须与数据区隔开最少一行或一列,以防止条件区的内容受到数据表插入或删除记录行的影响。

(2)条件区的第 2 行开始是条件行,用于存放条件。如果条件位于同一行的不同列中,则表示条件为"与"的逻辑关系,即其中所有条件都满足才算符合条件;如果条件位于不同行单元格中,则表示条件为"或"的逻辑关系,即满足其中任何一个条件就算符合条件。

4. 分类汇总

(1)认识分类汇总。"分类汇总"顾名思义,即先将数据分类,然后按照类别进行汇总。通过分类汇总,可以快速生成数据报表。

(2)进行分类汇总的方法。Excel 中进行分类汇总之前一定要先完成排序操作,没有排序的分类汇总没有意义。这是因为排序的目的是把分类项集中起来,如果不进行排序,直接进行分类汇总,结果看上去很凌乱。

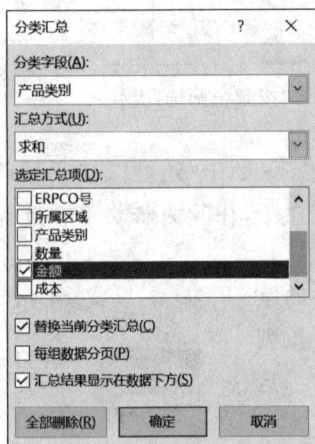

图 3-65 "分类汇总"对话框

① 选定要编辑的单元格区域。

② 单击"数据"功能区中的"排序"按钮。

③ 打开"排序"对话框,在"主要关键词"中选择"产品类别"(因为要求分类字段为"产品类别"),单击"确定"按钮。

④ 单击"数据"功能区中的"分类汇总"按钮,打开"分类汇总"对话框。

⑤ 在"分类汇总"对话框的"分类字段"中选择"产品类别","汇总方式"为"求和","选定汇总项"为"金额",选中"汇总结果显示在数据下方"选项,如图 3-65 所示。

⑥ 单击"确定"按钮后,即可实现分类汇总功能。

(3)嵌套分类汇总。嵌套分类汇总是指在已创建的分类汇总的数据表基础上再次按照某个字段进行分类汇总,即两个分类字段。设置嵌套分类汇总的步骤如下。

① 将数据表按照两个分类字段进行主要关键字和次要关键字的排序。

② 用单一分类汇总的方法,按照第 1 个分类字段进行第 1 次分类汇总。

③ 在第 1 次分类汇总的基础上,再按照第 2 个分类字段进行第 2 次分类汇总。这里应注意,第 2 次分类汇总时,要取消选中"替换当前分类汇总"复选框。

(4)复制选定结果。在进行完 Excel 数据分类汇总后,如果只想提取某一级的汇总结果,按如下方法操作。

① 单击级别 2,按 Ctrl+G 组合键,打开"定位"对话框,单击"定位条件"按钮,如图 3-66 所示。

② 在打开的"定位条件"对话框中选择"可见单元格",单击"确定"按钮。

图 3-66 "定位"对话框

③ 此时数据区域中可见部分已被选定,按 Ctrl＋C 组合键进行数据复制。

④ 在新表中直接按 Ctrl＋V 组合键粘贴即可。从图 3-67 中可以看到,此时的数据只有 1、2 两个级别,将总计行删除,同时删除分类汇总,即可得到想要的结果数据。

5．数据有效性

数据有效性是对单元格或单元格区域输入的数据从内容到数量上进行限制。对于符合条件的数据就允许输入,对于不符合条件的数据则禁止输入,这样就可以依靠系统检查数据的有效性,避免错误的数据录入。

	A	B	C	D	E	F	G	H	I
1	订购日期	发票号	工单号	ERPCO号	所属区域	产品类别	数量	金额	成本
2					常熟 汇总			6,675,968.73	
3					昆山 汇总			3,633,383.98	
4					南京 汇总			1,227,918.83	
5					苏州 汇总			6,415,978.31	
6					无锡 汇总			6,628,991.86	

图 3-67 新粘贴的数据结果

1）设置整数数据的有效性

（1）选中自己想设置数据有效性的任意一列。

（2）在"数据"功能区中单击"数据验证"按钮,在下拉列表中选择"数据验证"命令,打开"数据验证"对话框,如图 3-68 所示。

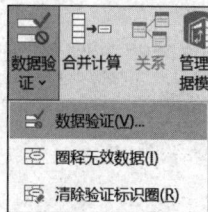

图 3-68 "数据验证"按钮的
下拉列表

（3）在"设置"选项卡设置有效数据,如"数据"为"介于","最小值"为 1000,"最大值"为 2000,如图 3-69 所示,单击"确定"按钮。

（4）在所选中数列输入任意整数值,如数据为 1000～2000 时允许输入,如果不在此范围内不允许输入并给出如图 3-70 所示提示。

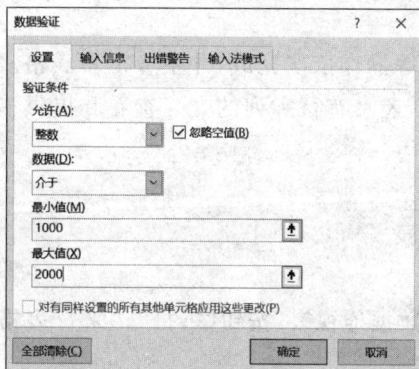

图 3-69 "数据验证"对话框

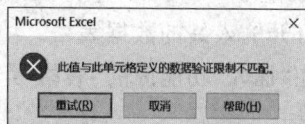

图 3-70 输入非法值的提示

157

2）设置文本长度数据有效性

（1）选中自己想设置数据有效性的任意一列。

（2）在"数据"功能区中单击"数据验证"按钮，在下拉列表中选择"数据验证"命令，打开"数据验证"对话框。

（3）在"设置"选项卡的"允许"选项中选择"文本长度"，"数据"设为"等于"，"长度"设为 4。单击"确定"按钮，如图 3-71 所示。

（4）在所选中数列中输入任意整数值，如文本长度不等于 4 时不允许输入。

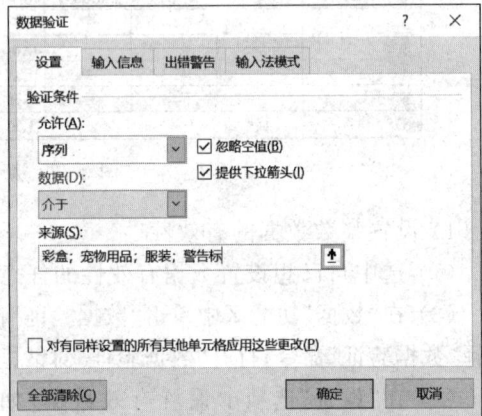

3）设置序列数据有效性

（1）选中自己想设置数据有效性的任意一列。

（2）打开"数据验证"对话框中的"设置"选项卡，在"允许"中选择"序列"。

（3）在"来源"中设置为"彩盒；宠物用品；服装；警告标"（其中的分号为英文状态下）单击"确定"按钮，如图 3-72 所示。

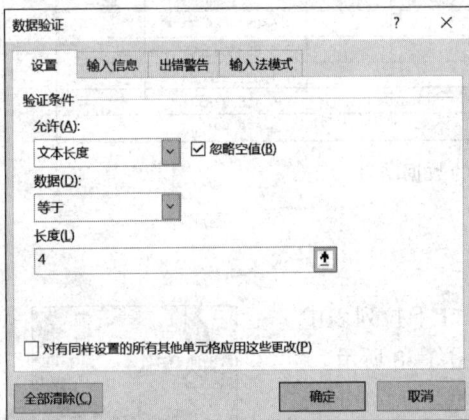

图 3-71　数据验证条件　　　　　　　图 3-72　设置序列数据有效性

（4）在所选中列任意一个位置，右侧都会出现一个下拉的三角框，该列只能选择"彩盒""宠物用品""服装""警告标"之一，没有其他选项，也不允许输入任何值。

6. 数据透视表和数据透视图

数据透视表能够将筛选、排序和分类汇总等操作依次完成，并生成汇总表格。可以对数据进行查询、汇总、动态查看、突出显示等操作，还具有行和列的交互查看和提供多功能报表等功能。

1）创建数据透视表

一列数据是一个字段，一行数据是一条记录。

（1）打开输入好的数据表格。

（2）在"插入"功能区的"表格"组中单击"数据透视表"按钮　，打开"来自表格或区域的数据透视表"。

（3）在对话框的"选择表格或区域"和"选择放置数据透视表的位置"分别设置分析数据区域和数据表放置的区域，可以直接在单元格中画出来，如图 3-73 所示。

图 3-73 来自表格或区域的数据透视表

（4）选择好区域，单击"确定"按钮，工作区右边出现了"数据透视表字段"，在这里填上要设计数据透视表的列、行、数值。

（5）在设置"数据透视表字段列表"的同时，左边出现了制作好的数据透视表，如图 3-74 所示。

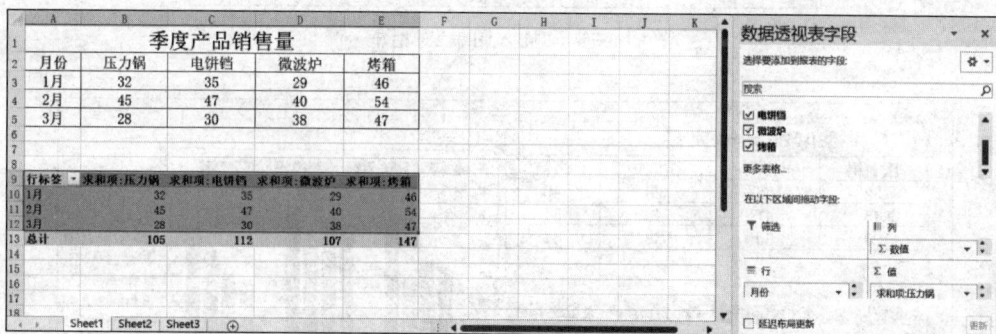

图 3-74 设置数据透视表字段

2）创建数据透视图

（1）在"数据透视表工具"功能区的"工具"组中单击"数据透视图"按钮 。

（2）出现"插入图表"对话框，选择合适的样式，单击"确定"按钮，如图 3-75 所示，数据透视图就做好了，如图 3-76 所示。

3.5.4 任务实现

子任务一：学生成绩统计分析

打开"素材\3\学生成绩统计表.xlsx"，按照如下步骤进行。

第一步：单击 A2:J14 单元格区域的任意单元格，然后在"开始"功能区的"编辑"组中单击"排序和筛选"按钮，在下拉列表中选择"自定义排序"命令，打开"排序"对话框；在对话框中设置"主要关键字"为"总分"，"次序"为"降序"。然后单击左上角的"添加"按钮，添加一个次要关键字，设置"次要关键字"为"数学"，"次序"为"降序"，最后单击"确定"按钮即可。

第二步：在 J3 单元格中输入 1，然后拖动 J3 单元格的填充柄，填充至 J14 单元格后松开即可。

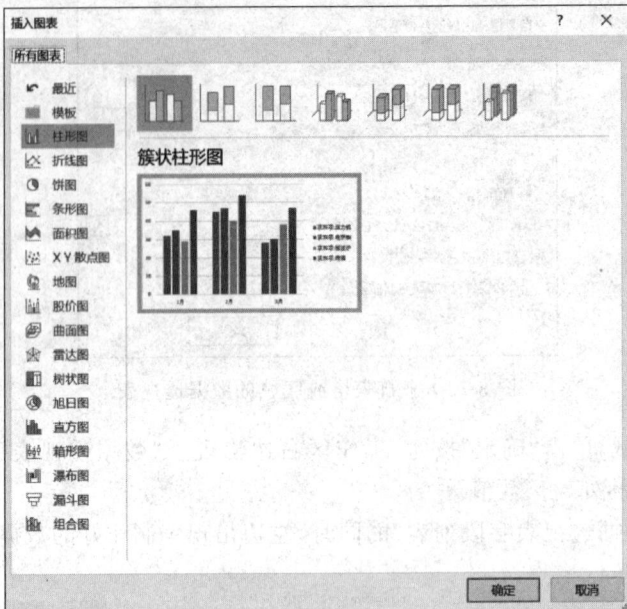

图 3-75　"插入图表"对话框

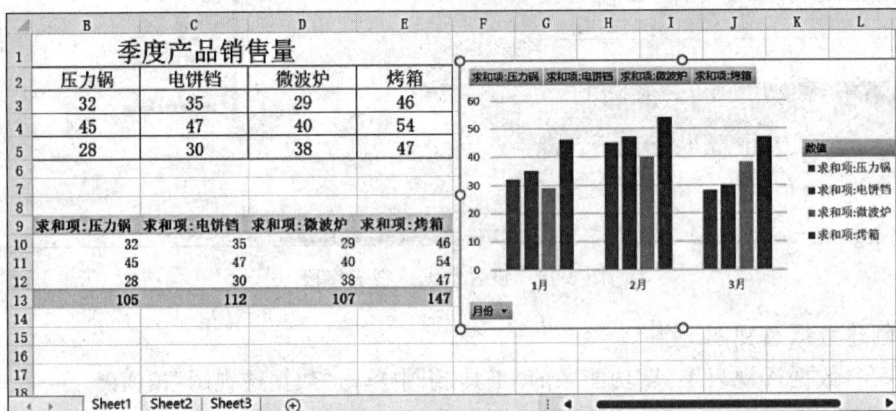

图 3-76　数据透视表和数据透视图

第三步：选择 A2:I14 单元格区域，按下 Ctrl＋C 组合键；切换到 Sheet2 工作表，单击 A1 单元格，按下 Ctrl＋C 组合键进行粘贴。在"开始"功能区的"编辑"组中单击"排序和筛选"按钮，在下拉列表中选择"筛选"命令，此时，每个字段的右侧会出现一个下拉按钮，单击"总分"字段右侧的下拉按钮，在下拉列表中选择"数字筛选"→"10 个最大的值"命令，弹出"自动筛选前 10 个"对话框，在对话框中设置为"最小"、4 项，然后单击"确定"按钮即可。

第四步：按照上述方法将 A2:I14 单元格区域复制到 Sheet3 工作表中，然后在"数据"功能区的"分级显示"组中单击"分类汇总"按钮，打开"分类汇总"对话框，在对话框中设置"分类字段"为"性别"，"汇总方式"为"平均值"，"汇总项"为"语文""数学"和"英语"，然后单击"确定"按钮即可。

子任务二：销售数据分类汇总

打开"素材\3\分类汇总和数据有效性.xlsx"，按照如下步骤进行。

第一步：打开"分类汇总和数据有效性"工作簿，单击 E 列任意一个单元格，然后在"开始"功能区的"编辑"组中单击"排序和筛选"按钮，在下拉列表中选择"降序"命令或者"升序"命令均可。接着在"数据"功能区的"分级显示"组中单击"分类汇总"按钮，打开"分类汇总"对话框，设置"分类字段"为"所属区域"，"汇总方式"为"求和"，"选定汇总项"为"金额"，然后单击"确定"按钮。

第二步：在"数据"功能区的"分级显示"组中单击"分类汇总"按钮，在"分类汇总"对话框中单击"全部删除"按钮。单击 E 列任意一个单元格，然后在"开始"功能区的"编辑"组中单击"排序和筛选"按钮，在下拉列表中选择"降序"命令或者"升序"命令均可。然后单击 F 列任意一个单元格，在"开始"功能区的"编辑"组中单击"排序和筛选"按钮，在下拉列表中选择"降序"命令或者"升序"命令均可。在"数据"功能区的"分级显示"组中单击"分类汇总"按钮，打开"分类汇总"对话框，设置"分类字段"为"所属区域"，"汇总方式"为"求和"，"选定汇总项"为"数量、金额、成本"，然后单击"确定"按钮。接着在"数据"功能区的"分级显示"组中单击"分类汇总"按钮，打开"分类汇总"对话框，设置"分类字段"为"产品类别"，"汇总方式"为"求和"，"选定汇总项"为"数量、金额、成本"，然后单击"确定"按钮。

第三步：打开 3 级目录，选中全部数据，在"开始"功能区的"编辑"组中单击"查找与选择"按钮，在下拉列表中选择"定位条件"，打开"定位条件"对话框，在对话框中选择"可见单元格"，单击"确定"按钮。按 Ctrl＋C 组合键对数据进行复制；切换到 Sheet3，按 Ctrl＋V 组合键进行粘贴。

3.5.5　任务小结

本任务详细介绍了 Excel 2019 中数据处理的基本操作，包括数据清单的管理、数据排序和筛选、分类汇总、设置数据有效性、创建数据透视表和数据透视图等内容。通过这些步骤，可以更好地理解和应用 Excel 2019 的数据处理功能，从而提高数据分析和呈现的效率。

3.5.6　职场赋能

数据处理技术是 Excel 2019 的重要组成部分，通过学习能够深入理解数据的本质，为决策提供有力的数据支持。在现代社会，数据已经成为重要的资源，能够揭示事物发展的内在规律。通过数据处理，可以培养理性思考的能力，学会从数据中提炼有价值的信息，成为数据整理的专业人士，为社会的科学决策提供支持。

3.5.7　习题小测

一、单选题

1. 在 Excel 中，数据清单通常指的是（　　　）。

　　A．一组数据　　　　　　B．一个图表　　　　　　C．一个宏　　　　　　D．一个公式

2. 在 Excel 中，以下（　　　）选项不是数据排序提供的功能。

　　A．按一个字段排序　　　　　　　　　　B．按多个字段排序

C. 按颜色排序　　　　　　　　　　D. 按单元格大小排序

3. 在 Excel 中,数据筛选功能主要用于(　　)。

A. 隐藏不需要的数据　　　　　　　B. 显示所有数据

C. 计算数据总和　　　　　　　　　D. 创建数据图表

4. 在 Excel 中,分类汇总通常用于(　　)。

A. 格式化数据　　　　　　　　　　B. 汇总数据

C. 插入图片　　　　　　　　　　　D. 编写宏

5. 在 Excel 中,设置数据有效性时,(　　)可以用来限制只能输入预定义的列表值。

A. 序列　　　　　B. 日期　　　　　C. 时间　　　　　D. 数字

二、判断题

1. 在 Excel 中,表格格式允许你快速地为表格应用预定义的样式。(　　)

2. 在 Excel 中,数据透视表可以自动更新以反映源数据的更改。(　　)

3. 在 Excel 中,数据有效性规则可以应用于整个工作表。(　　)

4. 在 Excel 中,排序数据时,只能按一个字段进行排序。(　　)

5. 在 Excel 中,数据透视图是数据透视表的图形表示。(　　)

任务 3.6　图表的使用

3.6.1　任务知识点

- 图表类型。
- 创建图表。
- 更改图表类型。
- 更改图表的形式。
- 更改图表大小。
- 更改图表数据。
- 设置图表各元素的格式。

3.6.2　任务描述

打开"素材\3\产品销售图.xlsx",创建示例图所示的图表。要求对图表做以下编辑。

(1) 将图表放置在 A8:G24 单元格区域中。

(2) 在图表的上方添加标题为"季度产品销售图"。

(3) 为图表的纵坐标添加竖排标题,标题名称为"销售量"。

(4) 将图例从图表中去掉。

(5) 设置纵坐标轴刻度起始位为 10。

(6) 在图表下方添加数据表,并显示图例项标识。

(7) 将图表的标题文字设置为黑体、24 磅。

（8）图表应用内置样式 8。

（9）设置图表区背景为橙色；设置绘图区填充色为渐变填充：预设渐变为"顶部聚光灯—个性色 1"，方向为"线性对角—右上到左下"。

（10）将模拟运算表的垂直和分级显示边框去掉，将边框线设置为深蓝的实线。

3.6.3　知识与技能

1. 创建图表

图表就是用图形表示数据表中的部分或全部数据，形象且直观。

图表是基于工作表中的数据建立的，因此，一旦为工作表中的数据建立了图表后，图表和建立图表的数据就建立了一种动态链接关系。当工作表中的数据发生变化时，图表中对应项的数据系列自动变化；当改变图表中的数据系列时，与系列对应的工作表数据也会发生相应的变化。

1）图表

（1）图表类型。Excel 2019 提供了 11 种图表类型，包括柱形图、折线图、饼图、条形图、面积图、XY（散点）图、气泡图、股价图、曲面图、圆环图和雷达图。

① 柱形图。经常用于表示以行和列排列的数据，对于显示随时间变化的数据很有用。

② 折线图。可以显示一段时间内连续的数据，特别适合显示趋势。

③ 饼图。适合于显示个体与整体的比例关系。

④ 条形图。对于比较两个或多个项之间的差异很有用。

⑤ 面积图。以阴影或颜色填充折线下方区域，适用于要突出部分时间系列时。特别适合显示随时间改变的量。

⑥ XY（散点）图。适合表示表格中数值之间的关系，常用于统计与科学数据的显示。特别适合于比较两个可能互相关联的变量。

⑦ 气泡图。与散点图相似，但气泡图不常用且通常不易理解。气泡图是一种特殊的 XY 散点图，可显示 3 个变量的关系。

⑧ 股价图。常用于显示股票市场的波动，可使用它显示特定股票的最高价/最低价与收盘价。

⑨ 曲面图。适合显示两组数据的最优组合，但难以阅读。

⑩ 圆环图。与饼图一样，圆环图显示整体中各部分的关系。但与饼图不同的是，它能够绘制超过一列或一行的数据。圆环图不易阅读。

⑪ 雷达图。可用于对比表格中多个数据系列的总计，雷达图可显示 4～6 个变量的关系。

（2）图表元素。在 Excel 中，图表是由多个部分组成的，这些组成部分被称为图表元素。

一个完整的图表大致由图表标题、图表区、绘图区、图例、数据系列、数据标签、坐标轴、网格线等元素构成，如图 3-77 所示。

① 图表标题。图表标题是显示在绘图区上方的文本框，用来介绍图表的作用。

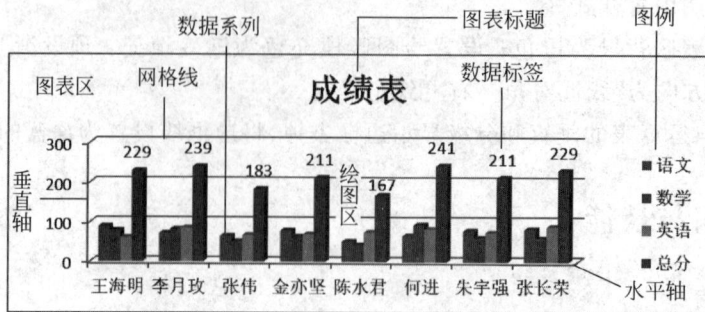

图 3-77　图表元素

② 图表区。相当于一个画板，图表区中主要分为图表标题、图例、绘图区三大组成部分。

③ 绘图区。绘图区是图表的核心，其中又包括数据系列、坐标轴、网格线、坐标轴标题和数据标签等。对于三维效果的图表，还包括图表背景墙和图表基底。

④ 图例。图例显示各个系列代表的内容。由图例项和图例项标示组成，默认显示在绘图区的右侧。

⑤ 数据系列。数据系列对应工作表中的一行或者一列数据。一个图表中可以包含一个或多个数据系列，每个数据系列都有唯一的颜色或图表形状，并与图例相对应。

⑥ 数据标签。在数据系列的数据点上显示的与数据系列对应的实际值。

⑦ 坐标轴。按位置不同可分为主坐标轴和次坐标轴，默认显示的是绘图区左边的主 Y 轴和下边的主 X 轴。

⑧ 网格线。网格线用于显示各数据点的具体位置，同样有主次之分。

除了上面的图表元素外，在图表中还可以包含数据表。数据表通常显示在绘图区的下方。但由于数据表的占用区域比较大，为了节省空间，通常情况下不在图表中显示数据表。

（3）图表的形式。图表有两种形式，即嵌入式图表和图表工作表（独立式图表）。

① 嵌入式图表。与工作表的数据在一起，或者与其他的嵌入式图表在一起。当希望图表作为工作表的一部分，与数据或其他图表在一起时，嵌入式图表是最好的选择。

② 图表工作表。这是特定的工作表，只包含单独的图表。当希望图表显示最大尺寸，而且不会妨碍数据或其他图表时，可以使用图表工作表。

2）创建图表

可以使用"插入"功能区"图表"组中的各图表按钮、通过"插入图表"对话框以及按 F11 键创建图表。其中，前两种方法创建的是嵌入式图表，第 3 种方法创建的是图表工作表。

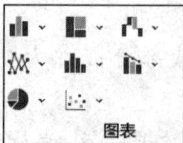

图 3-78　图表类型

方法一：使用"插入"功能区"图表"组中的各图表按钮。

（1）选择创建图表的数据。

（2）在"插入"功能区的"图表"组中选择合适的图表类型，如图 3-78 所示。

方法二：通过"插入图表"对话框。

（1）选择创建图表的数据。

（2）在"插入"功能区的"图表"组中单击"推荐的图表"按钮，打开"插入图表"对话框，如图 3-79 所示。

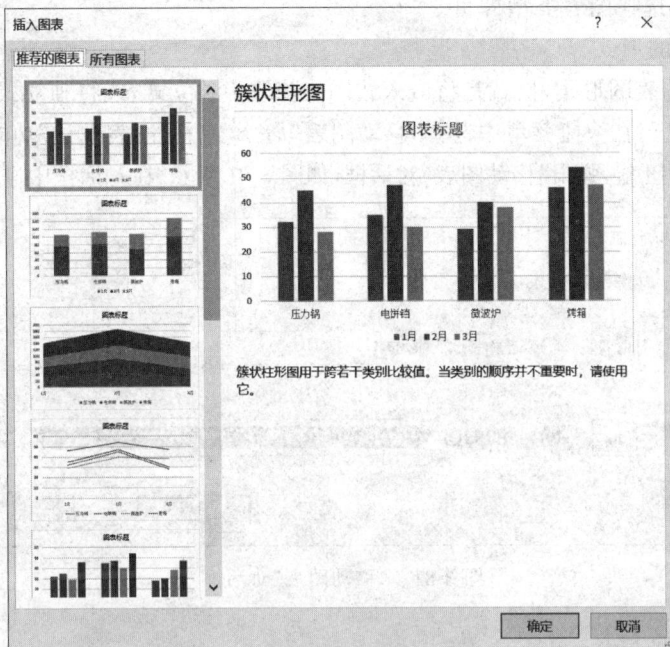

图 3-79 "插入图表"对话框

（3）在对话框中选择图表类型及其子类型，单击"确定"按钮。

方法三：按下 F11 键。

选择创建图表的数据后直接按 F11 键，可以快速创建一个以 Chart1 命名的图表工作表，图表工作表默认的图表类型为簇状柱形图。

创建图表的数据区域可以是连续的，也可以是不连续的。如果数据区域是数据表中不连续的几列，这些列的开始行和末行应该是相同的；如果数据区域是数据表中不连续的几行，这些行的开始列和末列也应该是相同的。

2. 编辑图表

图表创建后，当单击图表时，在 Excel 功能区会出现"图表设计"功能区和"格式"功能区，如图 3-80 所示。

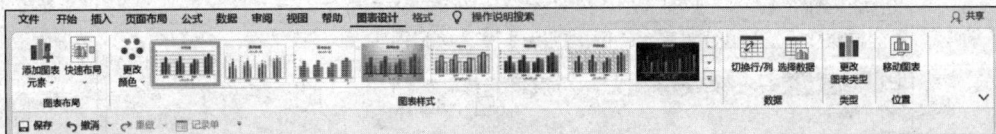

图 3-80 "图表设计"功能区

最初创建的图表中通常只有横纵坐标轴、数据系列和图例项，还有很多图表元素未显示。如果需要，可以将其添加到图表中，还可以对图表中的元素进行修改。在编辑图表之前，首先应单击选中图表。

165

1）更改图表类型

在"图表设计"功能区的"类型"组中单击"更改图表类型"按钮▮▮,在弹出的"更改图表类型"对话框中重新选择图表类型即可。

2）改变图表的形式

如果要改变图表的形式,也就是将嵌入式图表修改为独立式,或将独立式图表修改为嵌入式,可以右击图表区,在快捷菜单中选择"移动图表"命令,或在"图表设计"功能区的"位置"组中单击"移动图表"按钮▯,弹出"移动图表"对话框,如图 3-81 所示,在对话框中进行相应的设置。

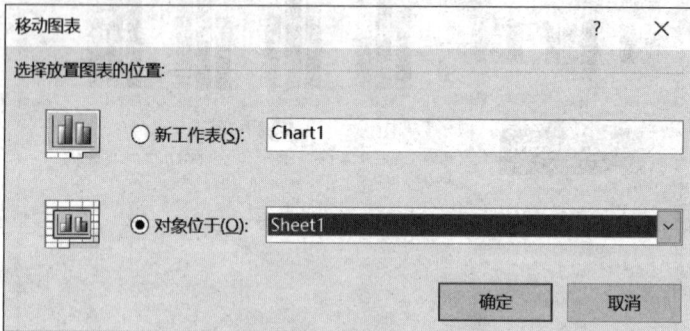

图 3-81 "移动图表"对话框

3）改变图表的大小

要改变图表的大小,可以先选择图表,然后将鼠标指针指向图表的四个角之一,当鼠标指针变成双箭头时,按住左键进行拖动即可。

除了上述方法外,还可以在"格式"功能区"大小"组中设置图表的高度和宽度。

4）编辑数据系列

（1）修改图表数据源。

方法一:右击图表任意位置,在快捷菜单中选择"选择数据"命令,或在"图表设计"功能区的"数据"组中单击"选择数据"按钮▮▮,弹出"选择数据源"对话框并重新选择数据源,如图 3-82 所示。

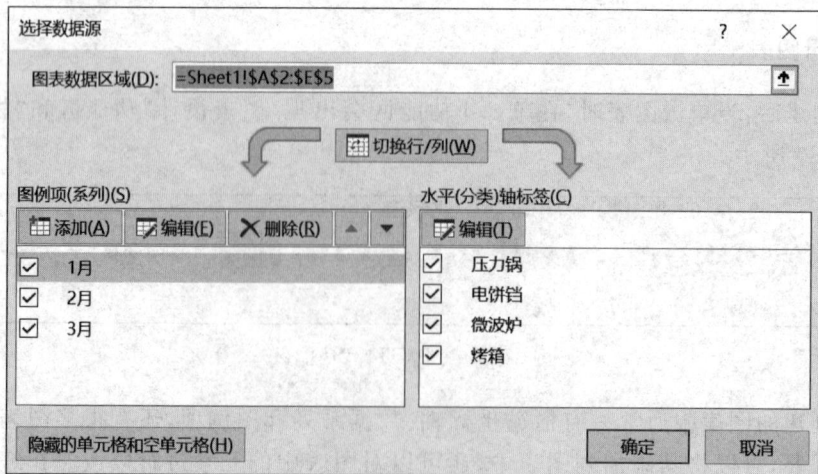

图 3-82 "选择数据源"对话框

方法二：单击选中图表的绘图区，可看到图表的数据源区域周围显示为蓝色边框，如图 3-83 所示。将鼠标指针指向蓝色边框的四个角上，当鼠标指针变成双向箭头时，按下鼠标左键拖动，即可改变图表的数据源。

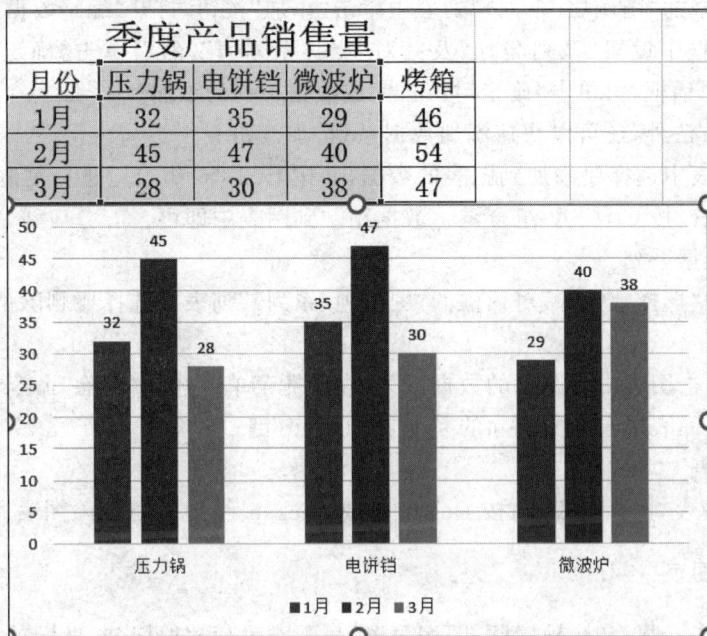

图 3-83 选择绘图区

（2）修改数据系列。修改某个数据系列的步骤如下。

① 在"图表设计"功能区的"数据"组中单击"选择数据"按钮，打开"选择数据源"对话框。

② 在对话框的"图例项（系列）"列表中选择要修改的系列，然后单击"编辑"按钮，打开"编辑数据系列"对话框，如图 3-84 所示。

图 3-84 "编辑数据系列"对话框

③ 在对话框中修改数据系列的名称以及系列值所引用的对应单元格区域，然后单击"确定"按钮，返回到"选择数据源"对话框，再单击"确定"按钮，完成数据系列的修改。

在"选择数据源"对话框中还可以修改图表中水平（分类）轴标签，也可以通过单击"图例项（系列）"列表框中的"上移"按钮 或"下移"按钮 调整数据系列的相互位置以及通过单击"切换行/列"按钮交换数据系列和分类轴的位置等。

（3）添加数据系列。如果需要向图表中添加新的内容，除了修改数据源外，还可采取以下方法。

① 打开"选择数据源"对话框。

② 在对话框的"图例项（系列）"列表中单击"添加"按钮，打开"编辑数据系列"对话框。

③ 在对话框中设置"系列名称"及其对应的"系列值"，然后单击"确定"按钮；返回到"选择数据源"对话框，再单击"确定"按钮，完成数据系列的添加。

除了上述方法外，还可以快速添加数据系列，步骤如下。

① 在工作表中选择要添加到图表的数据，并按 Ctrl+C 组合键进行复制。

② 选定图表，按 Ctrl+V 组合键将数据粘贴到图表中即可。

（4）删除数据系列。

方法一：在"选择数据源"对话框的"图例项（系列）"列表中选择要删除的系列，单击"删除"按钮。

方法二：右击图表中要删除的数据系列，在快捷菜单中选择"删除"命令。

方法三：在图表中选择要删除的系列，按 Delete 键。

5）删除图表

若要删除图表，选择图表后，按 Delete 键或 Backspace 键即可删除图表。

3. 格式化图表

1）设置图表标题、坐标轴标题、图例位置、显示或隐藏数据标签、坐标轴及网格线

在"图表设计"功能区的"图标布局"组中单击"添加图表元素"命令按钮■■，可以分别设置图表标题、坐标轴标题、图例位置及显示或隐藏数据标签、坐标轴和网格线。

2）设置坐标轴刻度

（1）在"格式"功能区的"当前所选内容"组中单击"图表元素"列表框，在列表中选择"垂直轴"。

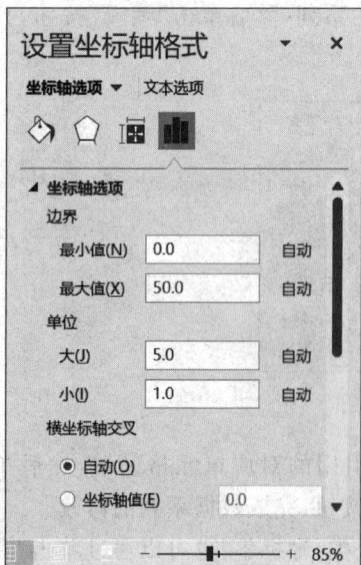

图 3-85 "设置坐标轴格式"面板

（2）单击下方的"设置所选内容格式"按钮，右边弹出"设置坐标轴格式"面板，如图 3-85 所示。

（3）在面板上方选择"坐标轴选项"选项区，在下方区域中进行相应的设置，然后单击右上角的"关闭"按钮即可。

3）设置图表中文字的格式

单击要设置文字格式的图表元素，如图表标题、图例等，再在"开始"功能区的"字体"组中单击各命令按钮，进行相应的格式设置即可。

如果单击整个图表，则表示要对图表中所有的文字格式进行设置。

4）设置图表区和绘图区的格式

双击图表区或绘图区，弹出"设置图表区格式"对话框或"设置绘图区格式"对话框，在对话框中进行相应的设置即可。

3.6.4 任务实现

第一步：打开"素材\3\产品销售图.xlsx"文件，在 Sheet 工作表中选择 A2:E5 区域。接着，在"插入"功能区的"图表"组中单击"柱形图"按钮，在下拉列表中选择"二维柱形图"的第 1 个图表类型，插入柱形图。

第二步：选择插入的图表，在"开始"功能区的"剪贴板"组中单击"剪切"按钮，然后选择 A8 单元格；单击"粘贴"按钮，将图表粘贴到 A8 单元格位置。通过右下角的尺寸控点，调整图表大小，使其放置在 A8:G24 区域中。

第三步：单击图表，在"图表设计"功能区的"图表布局"组中单击"添加图表元素"按钮，在下拉列表中选择"图表标题"命令。再在下级联表中选择"图表上方"命令，此时在图表的上方添加了一个"图表标题"文本框，将其文字修改为"季度产品销售图"。

第四步：再次单击图表，在"图表设计"功能区的"图表布局"组中单击"添加图表元素"按钮，在下拉列表中选择"坐标轴标题"下的"主要纵坐标标题"，在图表的纵坐标数值的左侧出现"坐标轴标题"文本框，然后双击坐标轴标题，在"设置坐标轴标题格式"对话框中选择"文本选项"下的"文本框"标签，在"文字方向"的下拉列表中选择"竖排"，纵坐标轴的文字方向变为竖排，将其文字修改为"销量"。

第五步：选择图表，在"图表设计"功能区的"图表布局"组中单击"添加图表元素"按钮，在下拉列表中选择"图例"按钮，再在下拉列表中选择"无"。

第六步：单击纵轴刻度将其选定，然后双击，打开"设置坐标轴格式"面板，在"坐标轴选项"标签中，设置"边界"的"最小值"为固定值 10，设置"单位"的"大"值为 10，然后单击右上角的"关闭"按钮。

第七步：选择图表，在"图表设计"功能区的"图表布局"组中单击"添加图表元素"按钮，在下拉列表中选择"数据表"按钮，再在下拉列表中选择"显示图例项标示"命令。

第八步：单击图表标题，在"开始"功能区的"字体"组中选择"字体"下拉列表中的"黑体"，"字号"下拉列表中选择 24。

第九步：选择图表，切换至"图表设计"功能区，单击"图表样式"组中的快翻按钮，在展开的"图表样式"库中选择"样式 8"。

第十步：双击图表区域，打开"设置图表区格式"对话框，在"填充"处选择"纯色填充"，设置颜色为"橙色"。单击绘图区域，对话框变为"设置绘图区格式"，在"填充"处选择"渐变填充"，在"预设颜色"中选择"顶部聚光灯—个性色 1"，设置"类型"为"线性"，"方向"为"线性对角—右上到左下"。

第十一步：在图表模拟运算表处双击，打开"设置模拟运算表格式"对话框，在"表选项"标签中，取消选中"垂直""边框""显示图例项标示"复选框。在"填充与线条"标签中的"边框"选项中选择"实线，深蓝色"。

第十二步：选择图表，在"开始"功能区的"字体"组中设置所有文字为"黑色"。

3.6.5 任务小结

本任务深入探讨了在 Excel 2019 中创建和格式化图表的各个环节，内容包括选择合适的图表类型、从数据生成图表、对图表进行编辑以及对图表外观进行格式化。通过详细的讲解和实操,可以更加深入地理解并有效利用 Excel 2019 的图表功能,从而提升数据可视化的效果和专业性。

3.6.6 职场赋能

图表是数据可视化的重要手段,能够将抽象的数据转化为直观的图形展示。通过学习 Excel 2019 的图表制作功能,可以选择合适的图表类型,并对其外观进行定制,从而更加清晰地展现数据趋势。数据可视化不仅能够增强信息的传递效果,还能帮助大家更好地理解复杂的数据。通过这一技能的学习,可以使学生成为数据表达的行家,为社会的创新发展提供有力支持。数据可视化是现代信息社会中不可或缺的技能,有助于提高社会的整体信息素养,促进社会的透明度和公正性。

3.6.7 习题小测

一、单选题

1. 在 Excel 中,( )图表类型最适合比较不同类别之间的数值大小。
   A. 折线图   B. 饼图   C. 柱状图   D. 散点图

2. 在 Excel 2019 中,若要将嵌入式图表转换为独立的图表工作表,应使用以下( )操作。
   A. 在"图表设计"功能区的"位置"组中单击"移动图表"按钮
   B. 按 F11 键
   C. 右击图表并选择"删除"命令
   D. 在"插入"功能区的"图表"组中单击图表类型

3. 在 Excel 2019 中,若要更改图表的类型,应使用以下( )操作。
   A. 在"图表设计"功能区的"类型"组中单击"更改图表类型"按钮
   B. 在"格式"功能区的"大小"组中单击"更改图表类型"按钮
   C. 右击图表并选择"删除"命令
   D. 在"插入"功能区的"图表"组中单击图表类型

4. 在 Excel 2019 中,若要设置图表中文字的格式,应使用以下( )操作。
   A. 在"图表设计"功能区的"图表布局"组中单击"添加图表元素"按钮
   B. 在"开始"功能区的"字体"组中单击各命令按钮
   C. 双击图表区并选择"设置图表区格式"对话框
   D. 在"插入"功能区的"图表"组中单击图表类型

5. 在 Excel 2019 中,若要删除图表中的某个数据系列,以下( )方法是不正确的。
   A. 在"选择数据源"对话框的"图例项(系列)"列表中选择要删除的系列,单击"删除"按钮
   B. 右击图表中要删除的数据系列,在快捷菜单中选择"删除"命令
   C. 在图表中选择要删除的系列,按 Delete 键
   D. 在"图表设计"功能区的"数据"组中单击"选择数据"按钮,然后在对话框中选择"删除"按钮

二、判断题

1. 在 Excel 中,图表的数据源只能来自同一工作表的数据。( )

2. 在 Excel 中,更改图表类型会丢失原有的图表数据。( )

3. 在 Excel 中,图表的大小可以通过直接拖动图表边缘或使用"格式"功能区的"大小"组中的工具进行调整。( )

4. 在 Excel 中,图表的标题只能在图表创建时添加,之后无法再修改。( )

5. 在 Excel 中,图表的坐标轴标题只能显示为水平方向的文字。( )

任务 3.7 打   印

3.7.1 任务知识点

- 设置页边距。
- 设置纸张大小和纸张方向。
- 设置打印比例。
- 设置分页符。
- 打印设置。

3.7.2 任务描述

使用 Excel 程序打开"素材\3\交通流量表.xlsx",按以下要求操作。

(1) 设置纸张大小为 A4,打印方向为纵向。

(2) 设置水平、垂直均居中,上、下页边距均为 3 厘米。

(3) 设置页眉为"交通流量",并将其设置为居中、粗斜体,设置页脚为当前日期,右对齐。

(4) 设置打印网格线。

3.7.3 知识与技能

工作表编辑完成后,经常需要打印。如果计算机连接了打印机,就可以将工作表直接打印出来。在打印之前,通常还需对页面进行一些设置,例如,设置页边距、分页、纸张大小和方向,打印比例、页眉和页脚等。设置完成后,应使用"打印预览"功能预览一下打印效果,如果有不满意的地方,在打印前对工作表继续调整,以便实现最佳的打印效果。

1. 页面设置

1) 设置页边距

页边距是指工作表数据区域与页面边界的距离,设置页边距的步骤如下。

(1) 在"页面布局"功能区的"页面设置"组中单击"页边距"按钮,弹出下拉列表,如图 3-86 所示。

图 3-86　设置页边距

（2）在下拉列表中选择页边距选项或选择"自定义页边距"命令，打开"页面设置"对话框，如图 3-87 所示，在对话框的"页边距"选项卡中设置上、下、左、右边距。

2）设置纸张的大小及方向

Excel 工作表的默认纸张大小为 A4，可以根据实际情况进行调整：在"页面布局"功能区的"页面设置"组中单击"纸张大小"按钮，在弹出的菜单中选择所需的纸张。

纸张的方向有"横向"和"纵向"两种。在"页面布局"功能区的"页面设置"组中单击"纸张方向"按钮，可以设置纸张方向，如图 3-88 所示。

除此之外，通过"页面设置"对话框的"页面"选项卡，也可以设置纸张大小和方向，如图 3-89 所示。

3）设置打印比例

如果用户希望在一张纸上打印出更多的内容，可以调整打印比例，有以下方法。

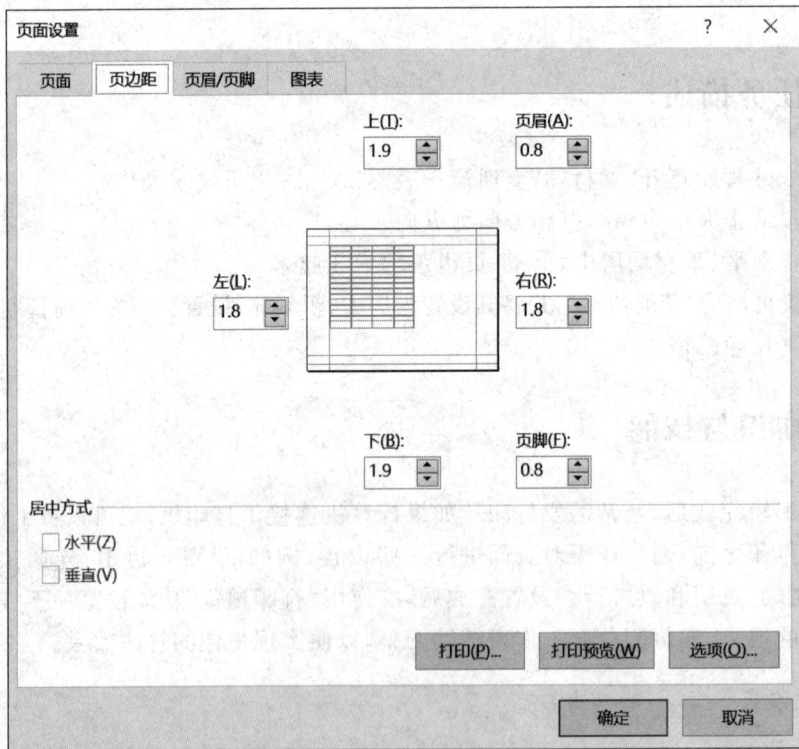

图 3-87　"页面设置"对话框中的"页边距"选项卡

　　方法一：在图 3-89 所示对话框中选择"缩放"区的"缩放比例"选项，在其微调框中进行设置。

图 3-88 "纸张方向"按钮

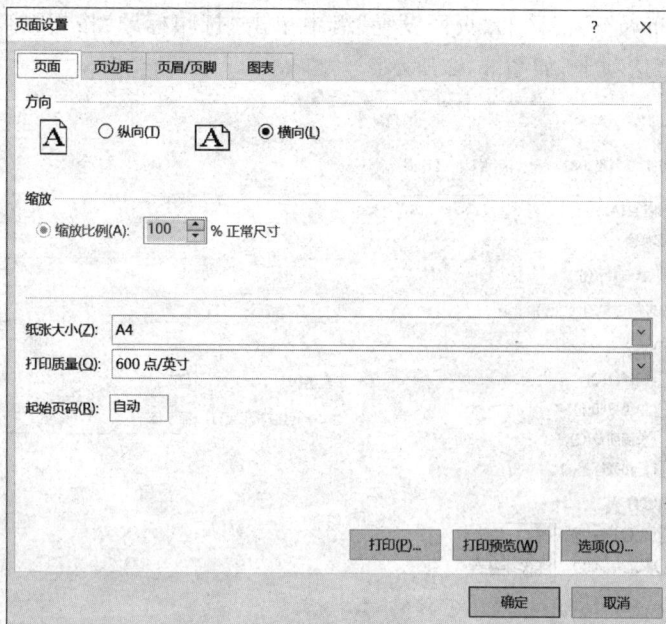

图 3-89 "页面设置"对话框中的"页面"选项卡

方法二：在"页面布局"功能区的"调整为合适大小"组中设置"缩放比例"微调框，如图 3-90 所示。

4）设置打印区域

Excel 2019 提供了设置打印区域的功能，允许用户只打印指定数据表区域。

设置打印区域的步骤如下。

（1）选定打印区域。

（2）在"页面布局"功能区的"页面设置"组中单击"打印区域"按钮，弹出下拉列表，如图 3-91 所示。

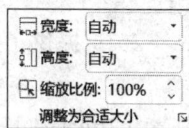

图 3-90 设置缩放比例

图 3-91 "打印区域"下拉列表

（3）在下拉列表中选择"设置打印区域"命令，这时在所选区域四周将会自动添加虚的边框线。打印区域设置完成。

如果还有其他需要打印的内容，可以继续选择要打印的区域，然后在"页面布局"功能区的"页面设置"组中单击"打印区域"按钮，在下拉列表中选择"添加到打印区域"命令即可。

若要取消打印区域，可以在"打印区域"按钮的下拉列表中选择"取消打印区域"命令即可。

5）设置行和列的标题

当打印一个较长的工作表时，常常需要在每一页上打印行或列标题，操作步骤如下。

（1）在"页面布局"功能区的"页面设置"组中单击"打印标题"按钮，打开"页面设置"对话框中的"工作表"选项卡，如图 3-92 所示。

图 3-92   设置打印行和列的标题

（2）将光标定位在"顶端标题行"或"左端标题列"文本框中，然后在工作表中单击行标题所在的行号或列标题所在的列标，或直接输入行号或列标，单击"确定"按钮即可。

除了设置行和列的标题，在图 3-92 中还可以设置打印区域、打印行号和列标、网格线及打印顺序等。

2. 分页符的操作

在打印时，有时候需要在某个行或列处强行分页，Excel 2019 提供了分页功能。

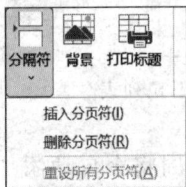

图 3-93   "分隔符"按钮的
下拉列表

1）插入水平分页符

选择要插入水平分页符位置下方的第 1 行，然后在"页面布局"功能区的"页面设置"组中单击"分隔符"按钮，弹出下拉列表，如图 3-93 所示。在下拉列表中选择"插入分页符"命令，即可在选定行的上方插入水平分页符。

2）插入垂直分页符

选择要插入垂直分页符位置右侧的第 1 列，打开图 3-93 所示的下拉列表，在列表中选择"插入分页符"命令，即可在选定列的左侧插入垂直分页符。

3）同时插入水平和垂直分页符

如果要同时插入水平和垂直分页符，应选择水平分页符位置下方的第 1 行和垂直分页符位置右侧的第 1 列的交叉单元格，然后在“分隔符”下拉列表中选择“插入分页符”命令，如图 3-94 所示。

	A	B	C	D	E	F	G	H
1	姓名	物理	数学	英语	政治	计算机	总分	
2	李明	90	89	78	65	76	398	
3	王涛	77	78	97	64	88	404	
4	高海波	56	89	83	75	63	366	
5	李晓明	83	82	93	96	90	444	
6	李慧	87	67	75	66	84	379	
7	王小刚	60	69	62	50	45	286	
8	单蕾	88	92	90	89	90	449	
9								
10								

图 3-94 同时插入水平和垂直分页符

4）删除分隔符

选择水平分页符下方第 1 行中的任意单元格或垂直分页符右侧第 1 列中的任意单元格，在“分隔符”下拉列表中选择“删除分页符”命令，即可删除一个水平分页符或垂直分页符；选择“重置所有分页符”命令，可删除所有分页符。

5）移动分页符

只有在分页预览视图下才能调整分页符位置，在“视图”功能区的“工作簿视图”组中单击“分页预览”按钮，即可进入分页预览视图，如图 3-95 所示。

图 3-95 分页预览视图

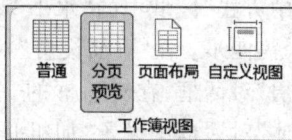

在分页预览视图中，手动分页符以实线表示，自动分页符以虚线表示。

用鼠标拖动分页符，即可调整分页符的位置；将分页符拖到数据区之外，即可删除分页符。

3. 打印设置

所有设置都完成后，就可以打印工作表了。打印工作表的步骤如下。

(1) 选择“文件”→“打印”命令，展开打印面板，如图 3-96 所示。

(2) 在打印面板的中间区域，可以对打印机、打印范围和页数、打印方向、纸张大小、页边距等进行设置。打印面板的右侧是预览区，显示了当前工作表第 1 页的预览效果，可以单击预览图左下角的按钮预览其他页面，还可以单击预览图右下角的“缩放到页面”按钮进行预览的放大或缩小。

(3) 预览无误后，单击“打印”按钮，即可打印工作表。

3.7.4 任务实现

第一步：选择“文件”→“打印”命令，单击“页面设置”按钮，打开“页面设置”对话框。

第二步：在“页面设置”对话框的“页面”选项卡中，设置打印方向为“纵向”，纸张大小为 A4。

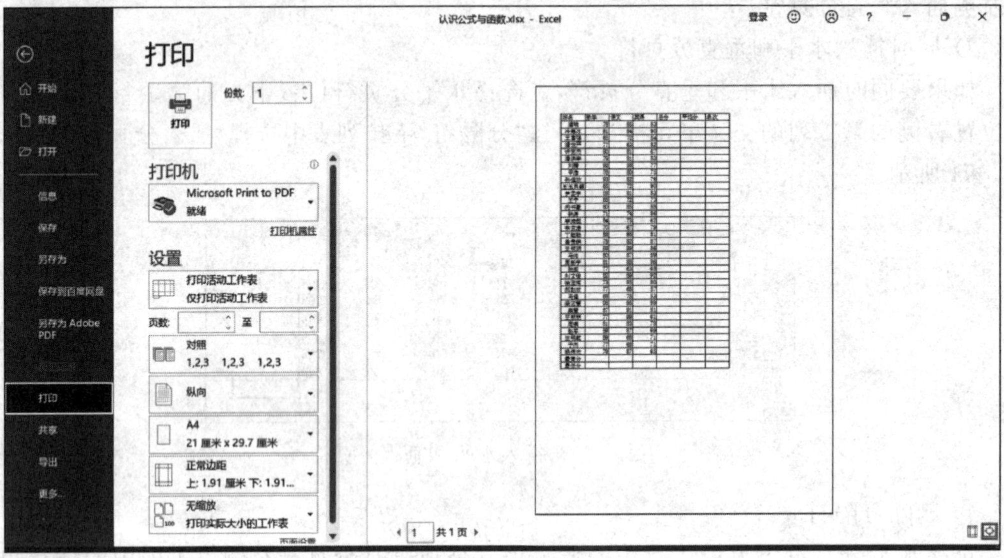

图 3-96　打印面板

第三步：在"页面设置"对话框的"页边距"选项卡中，设置上、下边距为 3 厘米，并选中"居中方式"区域中的"水平"和"垂直"复选框。

第四步：在"页面设置"对话框的"页眉/页脚"选项卡中单击"自定义页眉"按钮，弹出"页眉"对话框，在对话框的"中"区域中设置页眉为"交通流量"；然后单击"字体"按钮，在"字体"对话框中设置"加粗并倾斜"，单击"确定"按钮完成"页眉"的设置。

第五步：在"页面设置"对话框的"页眉/页脚"选项卡中单击"自定义页脚"按钮，单击"右"区域，将插入点定位在"右"区域中，然后单击"插入日期"按钮，将当前日期插入页脚中，单击"确定"按钮。

第六步：在"页面设置"对话框的"工作表"选项卡中选中"打印"区域中的"网格线"选项。

3.7.5　任务小结

本任务深入讲解了 Excel 2019 的打印设置，包括页面布局、分页符操作和打印选项配置。学习了如何设定页边距，选择纸张大小与方向，调整打印比例，以及如何指定打印区域，显示行列标题和编辑页眉页脚。此外，还掌握了使用打印预览功能来查看和调整打印效果，包括设置打印范围、页数、方向和纸张大小等。通过学习这些步骤，可以更高效地使用 Excel 2019 的打印功能。

3.7.6　职场赋能

掌握 Excel 2019 的打印功能，是确保工作成果以最佳形式呈现的关键。通过精确调整页面布局和打印设置，满足各种打印需求，从而保障了打印质量。这不仅表明了对工作成果的负责态度，而且强调了关注细节和追求高品质的重要性。在众多行业中，细节常常是决定成功与否的关键。学习打印技巧能够培养出严谨的工作习惯,确保每一项任务都达到高标准,成为一名负责任的工匠。

3.7.7　习题小测

一、单选题

1. 在 Excel 中,(　　)功能区可以设置页边距。

　　A. 插入　　　　　　B. 页面布局　　　　　　C. 公式　　　　　D. 视图

2. 要改变 Excel 工作表的纸张大小和方向,应在(　　)功能区操作。

　　A. 视图　　　　　　B. 文件　　　　　　　　C. 页面布局　　　　D. 公式

3. 在 Excel 中,设置打印时的缩放比例的方法是(　　)。

　　A. 在"页面布局"功能区的"页面设置"组中单击"打印区域"按钮

　　B. 在"视图"功能区的"工作簿视图"组中单击"缩放"按钮

　　C. 在"页面布局"功能区的"页面设置"组的"页面设置"对话框中单击"缩放"选项

　　D. 在"页面布局"功能区的"页面设置"组中单击"缩放比例"按钮

4. 在 Excel 中插入分页符的操作通常在(　　)功能区完成。

　　A. 插入　　　　　　B. 视图　　　　　　　　C. 页面布局　　　　D. 公式

5. 在 Excel 中,打印设置主要涉及的方面是(　　)。

　　A. 页边距和纸张大小　　　　　　　　B. 公式和数据

　　C. 视图和宏　　　　　　　　　　　　D. 工具和语言

二、判断题

1. 在 Excel 中,页边距设置影响打印输出,但不影响屏幕显示。(　　　)

2. 打印比例设置为 100% 意味着工作表将以实际大小打印。(　　　)

3. 在 Excel 中,插入分页符的操作将影响电子表格的数据处理。(　　　)

4. Excel 中的打印设置只能选择"文件"→"打印"命令并在打开的对话框中进行。(　　　)

5. 改变纸张方向不会影响 Excel 工作表的打印输出。(　　　)

项目3　学习电子表格处理电子活页

项目 4　PowerPoint 2019 演示文稿制作

　　PowerPoint 2019 是微软公司的演示文稿软件。用户可以在投影仪或者计算机上进行演示,也可以将演示文稿打印出来,制作成胶片,以便应用到更广泛的领域。利用PowerPoint 2019 不仅可以创建演示文稿,还可以在面对面会议、远程会议或网络直播中展示演示文稿。PowerPoint 2019 软件做出的文件称为演示文稿,其后缀名为 ppt、pptx,也可以将其保存为 pdf、图片格式等。2010 及以上版本,可保存为视频格式,进行连续自动演示。演示文稿中的每一页叫幻灯片,每张幻灯片都是演示文稿中既相互独立又相互联系的内容。本项目以 PowerPoint 2019 演示文稿制作为主要任务,分解成 PowerPoint 2019 入门、熟悉PowerPoint 2019 的功能区、幻灯片的基本操作、幻灯片的外观设置、在幻灯片中插入各种对象、幻灯片的切换效果和动画效果、演示文稿的放映、共享与发布等多个任务。

思维导图

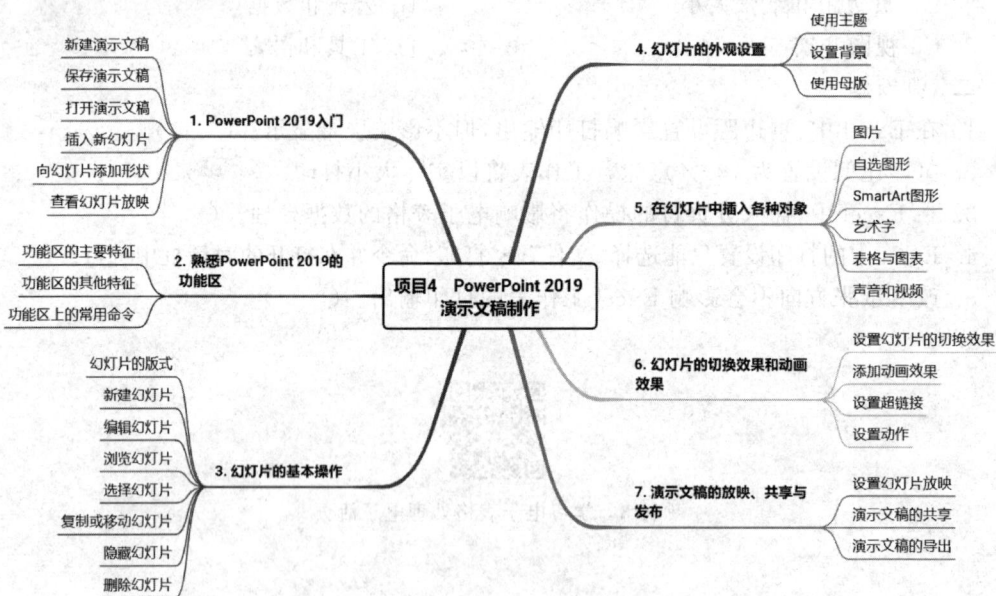

知识目标

- 理解并掌握 PowerPoint 2019 的操作界面布局,包括菜单栏、工具栏、幻灯片缩略图、备注栏等组成部分。
- 学习并掌握 PowerPoint 2019 的基本操作,如新建、打开、保存和关闭演示文稿,以及插入、删除、复制和粘贴幻灯片等。

- 掌握 PowerPoint 2019 的外观设置方法,包括主题、字体、颜色、背景等。
- 了解并熟悉 PowerPoint 2019 的切换和动画效果,学会为幻灯片添加切换效果和动画效果。
- 学习 PowerPoint 2019 的共享和发布功能,掌握如何将演示文稿共享给他人以及如何发布到网络上。

技能目标

- 能够熟练操作 PowerPoint 2019,快速完成演示文稿的创建和编辑。
- 能够灵活运用 PowerPoint 2019 的外观设置,使演示文稿更具美观性和专业性。
- 能够为演示文稿添加合适的切换和动画效果,提高演示效果。
- 能够运用 PowerPoint 2019 的共享和发布功能,实现演示文稿的跨平台分享和传播。

素质目标

- 培养良好的审美观,提高在设计演示文稿时的审美能力。
- 增强团队协作意识,学会与他人共享和协作完成演示文稿。
- 提高沟通表达能力,通过制作高质量的演示文稿,更好地传达自己的观点和想法。
- 培养创新精神,勇于尝试不同的设计风格和表现手法,丰富演示文稿的视觉效果。
- 养成良好的学习习惯,不断学习新知识,提高自己的技能水平。

任务 4.1 PowerPoint 2019 入门

4.1.1 任务知识点

- 新建、打开、保存演示文稿。
- 插入新幻灯片。
- 向幻灯片添加形状。
- 查看幻灯片放映。

4.1.2 任务描述

(1) 创建一个空白的演示文稿,命名为"空白.pptx"后保存至桌面。
(2) 根据样本模板"城市单色"创建一个演示文稿,以"城市.pptx"命名后保存至桌面。

4.1.3 知识与技能

1. 新建演示文稿

在 PowerPoint 2019 中,选择"文件"→"新建"命令后,选择"空白演示文稿",即可创建"演示文稿1.pptx",如图 4-1 所示。

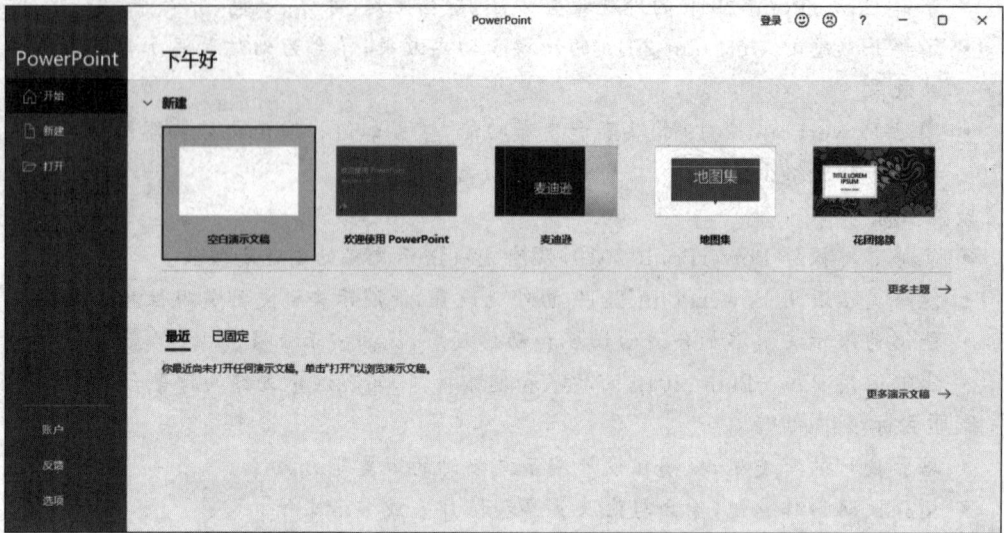

图 4-1　新建演示文稿

2. 保存演示文稿

选择"文件"→"另存为"命令,弹出"另存为"对话框。在"文件名"下拉列表框中输入PowerPoint 演示文稿的名称,"保存类型"选择"PowerPoint 演示文稿(＊.pptx)",然后单击"保存"按钮,即可成功保存演示文稿,如图 4-2 所示。

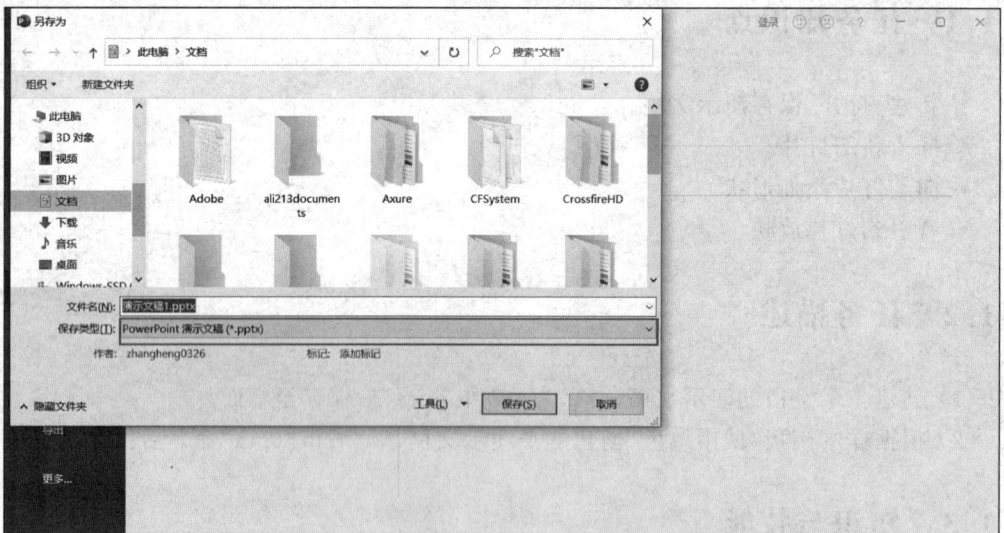

图 4-2　保存演示文稿

3. 打开演示文稿

在菜单中选择"文件"→"打开"命令,弹出"打开"对话框。选择所需的文件类型,选择相应文件后单击"打开"按钮,即可成功打开演示文稿文件,如图 4-3 所示。

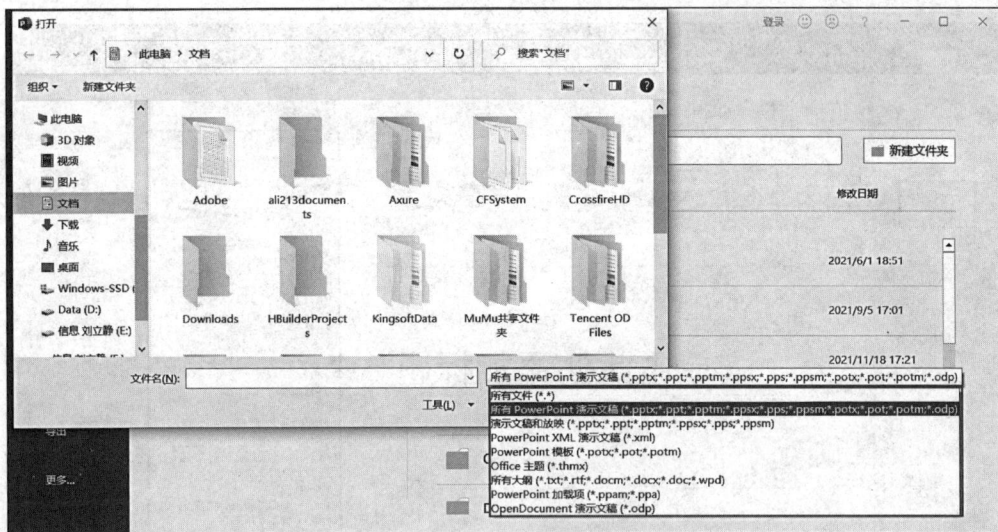

图 4-3　打开演示文稿

4. 插入新幻灯片

在"开始"功能区的"幻灯片"组中单击"新建幻灯片"按钮,然后单击所需的幻灯片布局,即可插入相应布局的幻灯片,如图 4-4 所示。

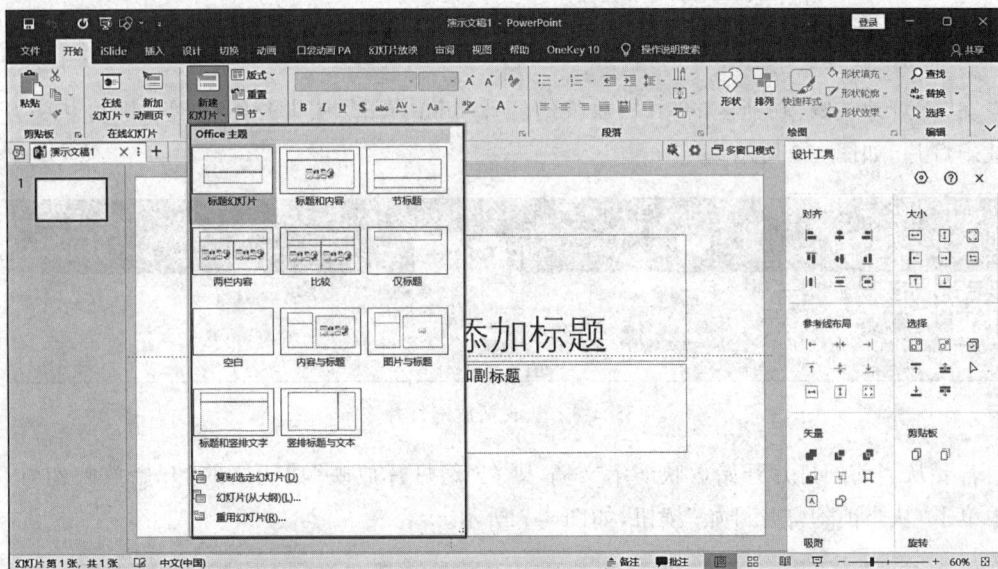

图 4-4　插入新幻灯片

5. 向幻灯片添加形状

在"开始"功能区的"绘图"组中单击"形状"按钮,如图 4-5 所示。

单击所需形状,然后在幻灯片中的任意位置按下鼠标左键并拖动,即可绘制相应的形状。

图 4-5　向幻灯片添加形状

提示：要创建规范的正方形或圆形（或限制其他形状的尺寸），请在拖动的同时按住 Shift 键。

6. 查看幻灯片放映

在"幻灯片放映"功能区的"开始放映幻灯片"组中单击"从头开始"按钮，即可从头开始播放幻灯片，如图 4-6 所示。

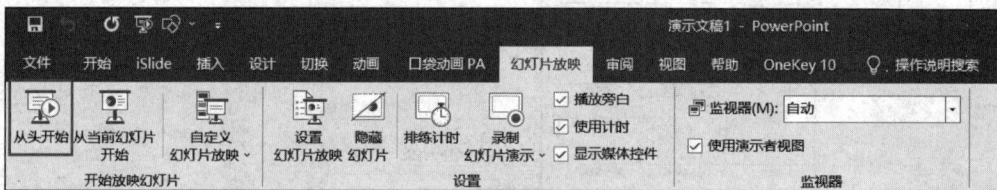

图 4-6　从头播放幻灯片

若要从当前幻灯片开始放映演示文稿，则在"幻灯片放映"功能区的"开始放映幻灯片"组中单击"从当前幻灯片开始"按钮，如图 4-7 所示。

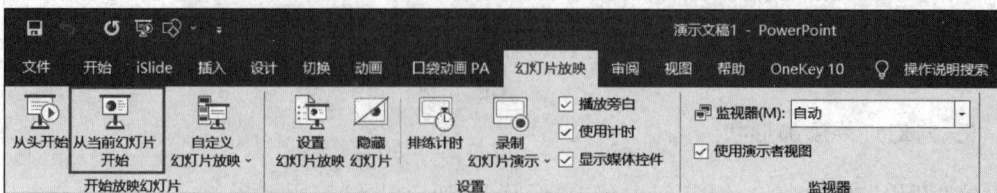

图 4-7　从当前位置播放幻灯片

4.1.4　任务实现

第一步：双击 PowerPoint 2019 的快捷按钮，启动 PowerPoint 的同时新建了一个空白的演示文稿。单击快速访问工具栏中的"保存"按钮，将演示文稿按照指定的文件名保存到指定的文件夹。

第二步：启动 PowerPoint 2019，选择"文件"→"新建"命令，在右侧区域上列出的样本模板中双击"城市单色"选项，即可按照模板创建一个演示文稿，然后按照要求保存演示文稿。

4.1.5　任务小结

本任务详细介绍了如何在 PowerPoint 2019 中新建、打开和保存演示文稿的基本步骤，涵盖了从创建空白演示文稿到保存已完成作品的全过程。此外，本任务还介绍了如何插入新幻灯片以及如何向幻灯片添加形状，这对于提升演示文稿的视觉吸引力和信息传达效率至关重要。最后，通过一系列具体的操作步骤，实现了对幻灯片放映的预览和设置，确保了演示文稿在正式展示时能够达到最佳效果。通过基础操作实践，用户不仅熟悉了 PowerPoint 2019 的操作界面和功能布局，还为后续深入学习和使用 PowerPoint 打下了坚实的基础。

4.1.6　职场赋能

在职场环境中，PowerPoint 2019 的入门技能对于提升工作效率和职业形象至关重要。掌握新建、打开和保存演示文稿的方法，能够确保工作的连续性和资料的安全性。插入新幻灯片和添加形状的技巧有助于在汇报和展示时更加直观和生动地传达信息。熟练使用幻灯片放映功能，可以在会议和演讲中更好地控制节奏和吸引观众的注意力，从而提升沟通效果。

4.1.7　习题小测

一、单选题

1. 在 PowerPoint 中，(　　)组合键用于新建演示文稿。
　　A. Ctrl＋O　　　　　B. Ctrl＋S　　　　　C. Ctrl＋N　　　　　D. Ctrl＋P

2. 若要在 PowerPoint 中打开一个已有的演示文稿，应该选择(　　)命令。
　　A. "文件"→"新建"　　　　　　　　B. "文件"→"打开"
　　C. "文件"→"保存"　　　　　　　　D. "文件"→"另存为"

3. 在 PowerPoint 中，(　　)组合键用于保存当前的演示文稿。
　　A. Ctrl＋C　　　　　B. Ctrl＋V　　　　　C. Ctrl＋S　　　　　D. Ctrl＋Z

4. 若要在 PowerPoint 中插入一张新的幻灯片，应单击(　　)选项卡中的(　　)按钮。
　　A. "插入""图片"　　　　　　　　　B. "设计""主题"

C. "开始""新建幻灯片"　　　　　　　D. "视图""母版"

5. 查看 PowerPoint 幻灯片放映的正确快捷方式是按(　　)键。

　　A. F1　　　　　　B. F5　　　　　　C. F10　　　　　　D. F12

二、判断题

1. 在 PowerPoint 中,可以通过按 F12 键直接打印演示文稿。(　　　)

2. 插入新幻灯片时,默认版式是"标题幻灯片"。(　　　)

3. 向幻灯片添加形状只能通过"插入"功能区来完成。(　　　)

4. 演示文稿中的所有幻灯片都可以在普通视图中查看。(　　　)

5. PowerPoint 不允许用户在演示文稿中添加视频。(　　　)

任务 4.2　熟悉 PowerPoint 2019 的功能区

4.2.1　任务知识点

- 功能区的特征。
- 功能区上的常用命令。

4.2.2　任务描述

新建一个幻灯片,然后插入"素材\4\素材图片.jpg",并用 PowerPoint 2019 的裁剪功能将图片中的水印裁剪掉。

4.2.3　知识与技能

1. 功能区的主要特征

在 PowerPoint 2019 中功能区显示在标题栏的下方。

功能区中包含了多个不同功能的具体功能区,每个具体功能区均与一种活动类型相关,例如插入媒体或对对象应用动画。图 4-8 中显示的是"开始"功能区。

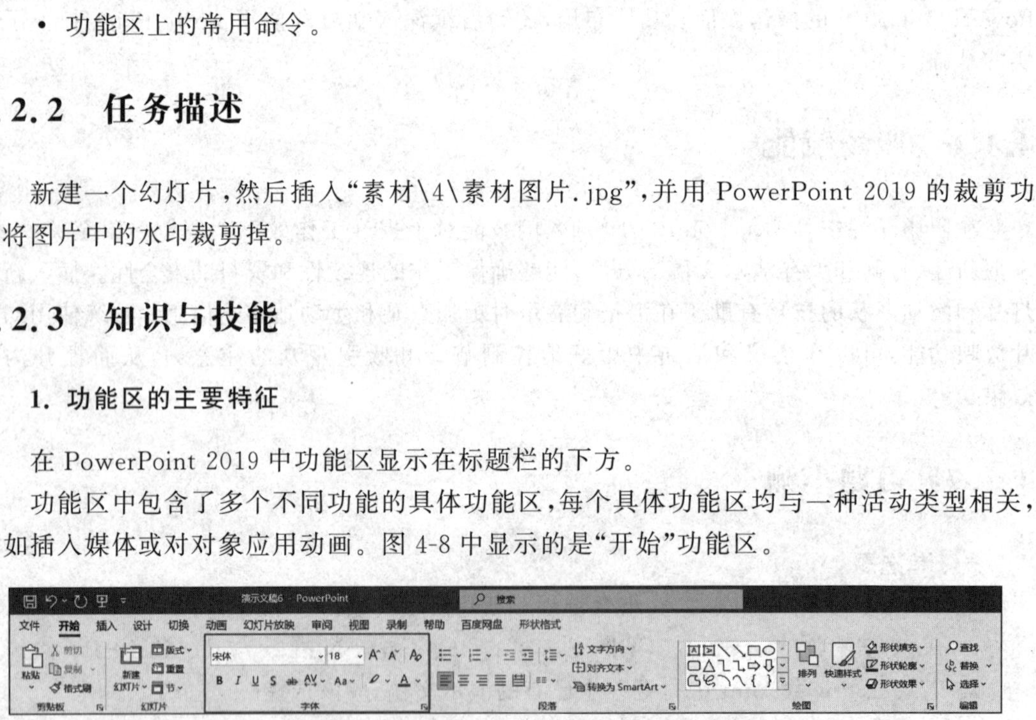

图 4-8　PowerPoint 2019 的功能区

每个具体功能区中都包括相应的组,组中包含不同类型的命令,图 4-8 中框选出的是"开始"功能区中的"字体"组。

"开始"功能区的"幻灯片"组中包含了多个按钮或命令,若要创建幻灯片,则单击"新建幻灯片"按钮。

2. 功能区的其他特征

在功能区上看到的其他元素有库、"上下文"功能区和对话框启动器,如图 4-9 所示。

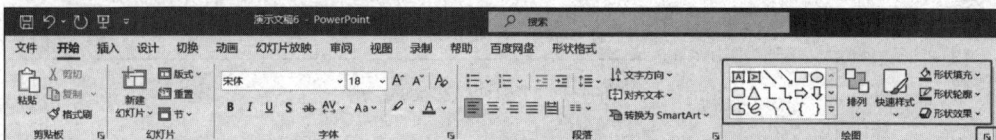

图 4-9 对话框启动器

1)库

库为显示一组相关可视选项的矩形窗口或菜单。图 4-9 中"绘图"组代表的是形状库。

2)"上下文"功能区

为减少混乱,某些具体功能区只有在需要时才会显示。例如,只有在幻灯片上插入某一图片并选择该图片的情况下才会显示"图片格式"功能区,这种功能区称为"上下文"功能区。

3)对话框启动器

对话框启动器在部分组的右下角显示,图 4-9 是启动"设置形状格式"对话框中的"对话框启动器"。

3. 功能区上的常用命令

1)"文件"菜单

使用"文件"菜单可创建新文件、打开或保存现有文件和打印演示文稿,如图 4-10 所示。

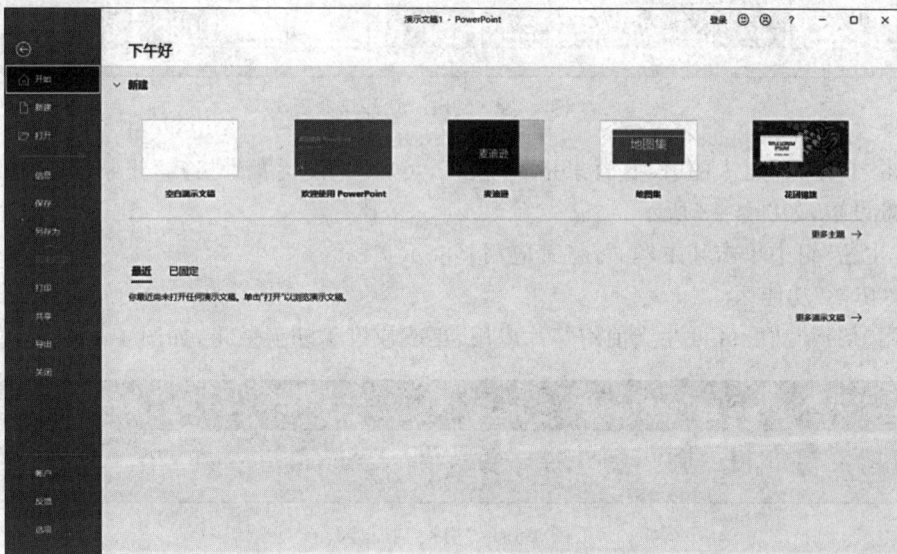

图 4-10 "文件"菜单

2)"开始"功能区

使用"开始"功能区可插入新幻灯片、将对象组合在一起以及设置幻灯片上文本的格式,如图 4-11 所示。

图 4-11 "开始"功能区

单击"幻灯片"组中的"新建幻灯片"旁边的下拉箭头,则可从多个幻灯片布局中选择需要的布局新建幻灯片。

"字体"组可以设置字体样式、字体加粗、斜体及字号等。

"段落"组包括"文本右对齐""文本左对齐""两端对齐"和"居中"等命令按钮。

3)"插入"功能区

使用"插入"功能区可将表、形状、图表、页眉或页脚插入演示文稿,如图 4-12 所示。

图 4-12 "插入"功能区

4)"设计"功能区

使用"设计"功能区可自定义演示文稿的背景、主题和颜色或页面设置,如图 4-13 所示。

图 4-13 "设计"功能区

单击"自定义"组中的"设置背景格式"按钮,可启动"设置背景格式"任务窗格,进行演示文稿背景设置,如图 4-13 所示。

在"主题"组中单击某主题,可将其应用于演示文稿。

5)"切换"功能区

使用"切换"功能区可对当前幻灯片应用、更改或删除切换效果,如图 4-14 所示。

图 4-14 "切换"功能区

在"切换到此幻灯片"组中单击某切换效果,可将其应用于当前幻灯片。

在"计时"组的"声音"列表中,可从多种声音中选择某一种声音以在切换幻灯片过程中播放。

在"计时"组的"换片方式"中,可选中"单击鼠标时"复选框以在单击时切换幻灯片,也可以设置切换时间。

6)"动画"功能区

使用"动画"功能区可对幻灯片上的对象应用、更改或删除动画效果,如图 4-15 所示。

图 4-15 "动画"功能区

单击"添加动画"按钮,然后选择应用于选定对象的动画。

单击"动画窗格"按钮,可启动"动画窗格"任务窗格。

"计时"组包括用于设置"开始"和"持续时间"的区域。

7)"幻灯片放映"功能区

使用"幻灯片放映"功能区可进行幻灯片放映,自定义幻灯片放映设置,隐藏单个幻灯片等,如图 4-16 所示。

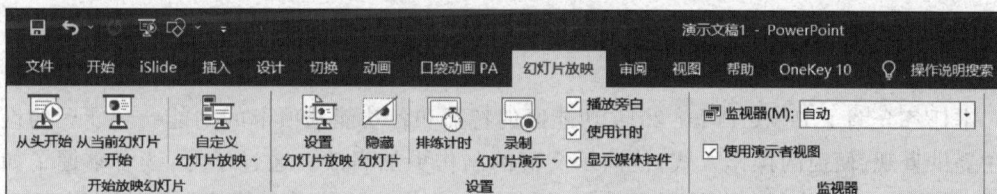

图 4-16 "幻灯片放映"功能区

"开始幻灯片放映"组中包括"从头开始"和"从当前幻灯片开始"按钮。

单击"设置幻灯片放映"按钮,可打开"设置放映方式"对话框。

8)"审阅"功能区

使用"审阅"功能区可检查拼写,更改演示文稿中的语言,或比较当前演示文稿与其他演示文稿的差异,如图 4-17 所示。

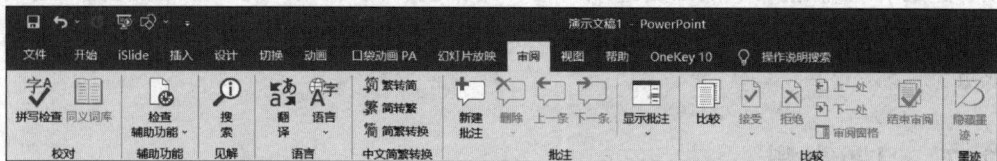

图 4-17 "审阅"功能区

"校对"组用于启动拼写检查程序。

"语言"组用于编辑语言,在该组中可以选择相应的语言。

9)"视图"功能区

使用"视图"功能区可以查看幻灯片母版、备注母版、幻灯片浏览,还可以打开或关闭标尺、网格线和绘图指导等,如图 4-18 所示。

图 4-18　"视图"功能区

4.2.4　任务实现

第一步：新建一个幻灯片。

第二步：选择"插入"功能区，然后单击"图片"按钮，图片来源选择"此设备"。

第三步：弹出"插入图片"对话框，选择要插入的图片，单击"插入"按钮。

第四步：裁剪图片。选择"图片格式"功能区，然后在"大小"组中单击"裁剪"按钮。

第五步：图片周围出现八个方向标志，用鼠标拖动最下方的图片标志，从下向上拖动直至水印被阴影部分覆盖掉。

第六步：单击空白部分，即可完成对图片的裁剪。

4.2.5　任务小结

本任务介绍了 PowerPoint 2019 功能区的特征和各功能选项卡的功能。功能区的设计旨在提供直观、便捷的操作方式，使演示文稿的制作更加高效。通过学习，读者掌握了如何利用功能区选项卡执行各种编辑和排版任务，进一步提高了演示文稿的制作效率。

4.2.6　职场赋能

掌握 PowerPoint 2019 的功能区，对职场人士来说是一种提升日常工作效率和展示工作成果的有效技能。这种技能让专业人士能够快速调整演示文稿的格式和设计，使信息传达更加清晰有力。在项目管理中，这种能力可以帮助读者迅速调整演示内容，确保团队成员对项目进展有明确的认识，从而促进项目按计划推进。同时，对 PowerPoint 功能区的高效运用也是个人职业技能的一部分，它有助于个人从团队中脱颖而出，成为执行关键任务的重要成员。

4.2.7　习题小测

一、单选题

1. PowerPoint 中的功能区包含(　　)元素。

　　A. 菜单栏和工具栏　　　　　　　　　　B. 功能选项卡和按钮

　　C. 状态栏和任务窗格　　　　　　　　　D. 标题栏和时间线

2. PowerPoint 中的"插入"功能区的位置是(　　)。

　　A. 在功能区的左侧　　　　　　　　　　B. 在功能区的右侧

C. 在功能区的顶部　　　　　　　　　　D. 在功能区的底部

3. 在 PowerPoint 中,(　　)功能区中包含了"保存"按钮。

A. "开始"　　　　　　B. "插入"　　　　　　C. "设计"　　　　　　D. "视图"

4. PowerPoint 中的功能区适应不同的视图模式的方法是(　　)。

A. 保持不变　　　　　　　　　　　　B. 根据视图模式变化

C. 总是隐藏　　　　　　　　　　　　D. 总是显示

5. 在 PowerPoint 中自定义功能区的方法是(　　)。

A. 通过"文件"菜单　　　　　　　　　B. 通过"视图"功能区

C. 通过"设计"功能区　　　　　　　　D. 通过"选项"按钮

二、判断题

1. PowerPoint 中的功能区会根据当前选择的幻灯片自动变化。(　　)

2. 功能区的每个选项卡都可以包含多个相关的命令。(　　)

3. 用户可以通过功能区直接访问 PowerPoint 的所有功能。(　　)

4. 在 PowerPoint 中,可以通过右击功能区的选项卡来自定义它。(　　)

5. 功能区的命令按钮可以移动或重新排列。(　　)

任务 4.3　幻灯片的基本操作

4.3.1　任务知识点

- 幻灯片版式。
- 新建、编辑、浏览、选择、复制、移动、隐藏、删除幻灯片。

4.3.2　任务描述

打开"素材\4\计算机硬件系统.pptx",按以下要求操作。

(1) 设置第 1 张幻灯片的标题为"计算机硬件系统",字体为隶书,字号为 40 磅。

(2) 修改第 2 张幻灯片的版式为"标题和内容"。

(3) 删除第 6 张幻灯片。

(4) 交换第 6 张幻灯片和第七张幻灯片的位置。

(5) 隐藏第 2 张幻灯片。

4.3.3　知识与技能

1. 幻灯片的版式

幻灯片版式是 PowerPoint 2019 的排版格式,每张幻灯片都有其版式,通过幻灯片版式的应用可以对文字、图片、图表、表格、SmartArt 等元素构建合理简洁的布局。在 PowerPoint

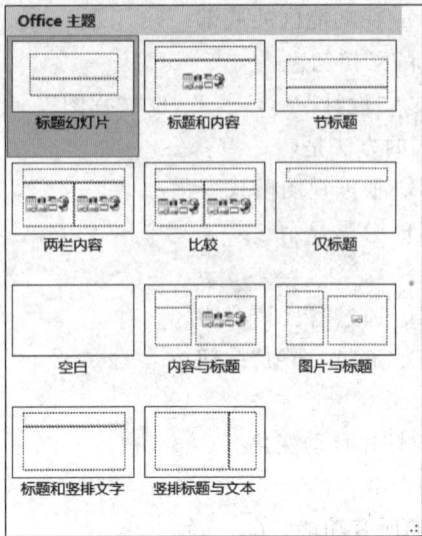

图 4-19 常见幻灯片版式

2019 中常见的有"标题和内容"版式、"节标题"版式、"比较"版式、"空白"版式等。常见幻灯片版式如图 4-19 所示。

设置幻灯片版式的方法如下。

1) 通过"版式"命令设置

选择要设置版式的幻灯片,在"开始"功能区的"幻灯片"组中单击"版式"按钮,在弹出的下拉列表中单击要设置的版式即可。

2) 通过快捷菜单设置

选择要设置版式的幻灯片,右击,在弹出的快捷菜单中选择"版式"命令,在弹出的级联菜单中选择要设置的版式即可。

2. 新建幻灯片

制作演示文稿,其实就是在演示文稿中添加并制作一张张幻灯片,从而完成一份完整的演示文稿。在演示文稿中创建幻灯片的方法如下。

1) 通过"开始"功能区中的"新建幻灯片"按钮

首先,选择任意一张幻灯片,然后在"开始"功能区的"幻灯片"组中单击"新建幻灯片"按钮,该按钮分为上下两部分。

上半部分:若单击该按钮的上半部分,则直接在被选中的幻灯片后面新建一个与被选中幻灯片版式相同的幻灯片。

下半部分:如果想要设置新建幻灯片的版式,则需要单击"新建幻灯片"按钮的下半部分,这样会弹出一个下拉列表,用户可以从下拉列表中自行选择幻灯片的版式。

另外,在"新建幻灯片"按钮的下拉列表中还有一个"重用幻灯片"命令,使用该命令可将其他演示文稿中的幻灯片插入当前演示文稿,步骤如下。

(1) 选择"重用幻灯片"命令,弹出"重用幻灯片"任务窗格。

(2) 在该窗格中可单击"浏览"按钮,即可打开"浏览"对话框。

(3) 在"浏览"对话框中找到要插入的演示文稿,单击"打开"按钮,这样该演示文稿中的所有幻灯片都会显示到"重用幻灯片"窗格。

(4) 单击要插入的幻灯片即可,如图 4-20 所示。

2) 通过"幻灯片缩略图"窗格插入

(1) 在左侧"幻灯片缩略图"窗格中选择任意一张幻灯片。

(2) 右击,在弹出的快捷菜单中选择"新建幻灯片"命令,即可在选择的幻灯片后新建一张与其幻灯片版式相同的幻灯片。

另外,还可以在选中幻灯片后按 Enter 键,同样会在所选的幻灯片后新建一张幻灯片。

3. 编辑幻灯片

1) 占位符

占位符是一种带有虚线边缘的框,在该框内可以放置标题及正文,或者是图表、表格和

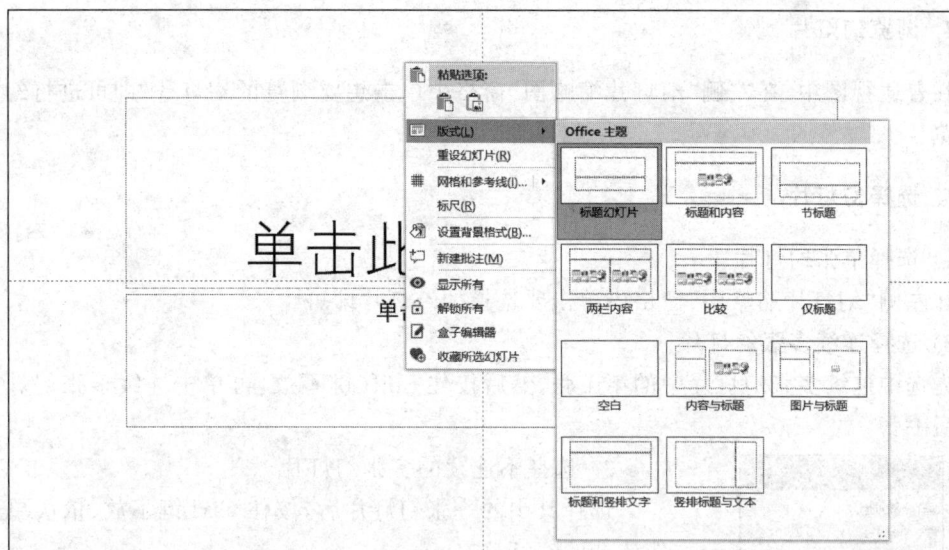

图 4-20　重用幻灯片

图片等对象。

2）选择占位符

将光标移至占位符的虚线框上，当光标变为四向箭头形状时，单击即可选中该占位符；若单击占位符内部，则表示进入该占位符，可在占位符中输入与编辑文本。

3）移动占位符

将光标移至占位符的虚线框上，当光标变为四向箭头形状时，按住鼠标左键拖动占位符到目的位置即可。

用户也可以先选中占位符，然后使用键盘上的方向键移动占位符至目标位置。

4）改变占位符大小

选中目标占位符，将光标移动到占位符的控点上，当光标变为双向箭头形状时，按住鼠标左键拖动即可。

5）复制或移动占位符

选中要复制或移动的占位符，在"开始"功能区的"剪贴板"组中单击"复制"或"剪切"按钮，然后在目的位置右击，在快捷菜单中选择"粘贴"命令即可。

6）删除占位符

选中要删除的占位符，按 Delete 键即可删除占位符。

7）输入文本

文本内容是幻灯片的基础，在幻灯片中输入文本一般有两种方式。

（1）在占位符中输入文本。单击占位符内部，光标变为闪烁的"|"形状时即可输入文本。

（2）在文本框中输入文本。首先通过"插入"功能区的"文本"组中的"文本框"命令向幻灯片内插入一个文本框，然后单击文本框内部，光标变为闪烁的"|"形状时即可输入文本。

8）编辑文本

在占位符中对文本的修改、复制、剪切、粘贴和删除等操作与在 Word 中完全相同，此处不再赘述。

191

4. 浏览幻灯片

在普通视图中,在左侧"幻灯片缩略图"窗格中单击想要浏览的幻灯片,即可进行幻灯片的浏览。

5. 选择幻灯片

1) 选择单张幻灯片

在左侧"幻灯片缩略图"窗格中单击要选择的幻灯片即可。

2) 选择连续多张幻灯片

先选中连续多张幻灯片中的第1张,然后按住 Shift 键不放,再单击连续多张幻灯片中的最后一张。

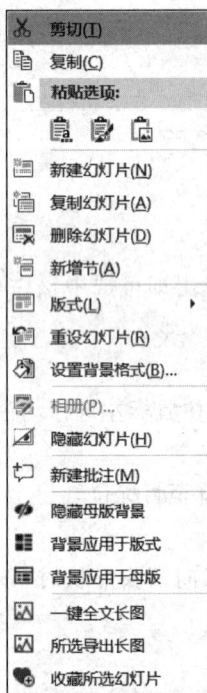

图 4-21　通过快捷菜单复制或移动幻灯片

3) 选择不连续的多张幻灯片

选择其中的一张幻灯片后,按住 Ctrl 键不放,依次单击其他要选的幻灯片。

6. 复制或移动幻灯片

1) 通过鼠标拖动

在左侧"幻灯片缩略图"窗格中,按以下步骤操作。

(1) 选中要复制或移动的幻灯片。

(2) 按住鼠标左键拖动选择的幻灯片,此时会出现一条虚线用于指示幻灯片的位置。

(3) 拖动至指定位置后,释放鼠标左键即可移动幻灯片。

如果要复制幻灯片,只需在按住鼠标左键进行拖动的同时按住 Ctrl 键即可。

2) 通过快捷菜单

在左侧"幻灯片缩略图"窗格中,按以下步骤操作。

(1) 选择要复制或移动的幻灯片并右击,在弹出的快捷菜单中选择"剪切"命令或"复制"命令,如图 4-21 所示。

(2) 将光标移至目标位置并右击,在快捷菜单中选择"粘贴"命令即可。

3) 通过"开始"功能区的"剪贴板"组中的按钮

(1) 选择要复制或移动的幻灯片。

(2) 在"开始"功能区的"剪贴板"组中单击"剪切"或"复制"按钮。

(3) 选择要粘贴的位置,执行"剪贴板"组中的"粘贴"命令。

7. 隐藏幻灯片

在左侧"幻灯片缩略图"窗格中选择要隐藏的幻灯片,右击,在快捷菜单中选择"隐藏幻灯片"命令即可。

若要取消隐藏,则选中被隐藏的幻灯片,右击,在快捷菜单中再次选择"隐藏幻灯片"命令即可。

8.删除幻灯片

在左侧"幻灯片缩略图"窗格中右击要删除的幻灯片,在快捷菜单中选择"删除幻灯片"命令即可。

4.3.4 任务实现

第一步:在左侧"幻灯片缩略图"窗格中选择第 1 张幻灯片,在其"标题"占位符中单击,然后输入"计算机硬件系统",设置字体为隶书,字号为 40 磅。

第二步:在左侧"幻灯片缩略图"窗格中选择第 2 张幻灯片,在"开始"功能区的"幻灯片"组中单击"版式"按钮,在下拉列表中选择"标题和内容"版式即可。

第三步:在左侧"幻灯片缩略图"窗格中右击第 6 张幻灯片,选择快捷菜单中的"删除幻灯片"命令。

第四步:在左侧"幻灯片缩略图"窗格中用鼠标拖动第 6 张幻灯片至第 7 张幻灯片之后。

第五步:在左侧"幻灯片缩略图"窗格中右击第 2 张幻灯片,在快捷菜单中选择"隐藏幻灯片"命令。

4.3.5 任务小结

本任务详细介绍了 PowerPoint 2019 中幻灯片版式的使用方法,涵盖了如何选择最适合内容展示的版式,以及如何根据需要调整版式中的占位符位置和大小。此外,本任务还介绍了新建、编辑、浏览、选择、复制、移动、隐藏、删除幻灯片等基本操作,这对于构建结构合理、内容丰富的演示文稿至关重要。最后,通过一系列具体的操作步骤,实现了对幻灯片的高效管理和组织,确保演示文稿在内容编排上既符合逻辑又具有吸引力。通过本任务的学习,大家不仅能够掌握幻灯片管理的基本技能,还能够在此基础上进行创新,制作出更加专业和个性化的演示文稿。

4.3.6 职场赋能

掌握幻灯片的基本操作,对于职场中的演示文稿制作具有显著优势。能够根据内容需求选择合适的版式,提高演示文稿的专业性。灵活地编辑和浏览操作,有助于快速定位和修改内容,提升工作效率。复制、移动、隐藏和删除幻灯片的技能,则有助于在团队协作中高效管理演示文稿,确保信息的准确传达。

4.3.7 习题小测

一、单选题

1. 在 PowerPoint 中,(   )类型的幻灯片版式最适合展示比较数据。

A. 标题   B. 内容   C. 节标题   D. 比较

2. 在 PowerPoint 中新建幻灯片的方法是(　　)。

    A. 单击"开始"功能区中的"新建幻灯片"按钮

    B. 单击"插入"功能区中的"图片"按钮

    C. 单击"设计"功能区中的"布局"按钮

    D. 单击"视图"功能区中的"母版"按钮

3. 在 PowerPoint 中,复制一张幻灯片的方法是(　　)。

    A. 选择幻灯片,使用 Ctrl+X 组合键剪切,然后使用 Ctrl+V 组合键粘贴

    B. 选择幻灯片,使用 Ctrl+C 组合键复制,然后使用 Ctrl+V 组合键粘贴

    C. 选择幻灯片,单击"设计"功能区中的"复制幻灯片"按钮

    D. 选择幻灯片,单击"视图"功能区中的"母版"按钮

4. 在 PowerPoint 中隐藏一张幻灯片的方法是(　　)。

    A. 右击幻灯片,选择"隐藏幻灯片"命令

    B. 右击幻灯片,选择"删除幻灯片"命令

    C. 右击幻灯片,选择"复制幻灯片"命令

    D. 右击幻灯片,选择"移动幻灯片"命令

5. 在 PowerPoint 中,删除一张幻灯片的方法是(　　)。

    A. 右击幻灯片,选择"隐藏幻灯片"命令

    B. 右击幻灯片,选择"删除幻灯片"命令

    C. 右击幻灯片,选择"复制幻灯片"命令

    D. 右击幻灯片,选择"移动幻灯片"命令

二、判断题

1. PowerPoint 中的"空白"版式不包含任何占位符。(　　)

2. 用户可以在 PowerPoint 中选择多张幻灯片进行同时编辑。(　　)

3. 复制幻灯片时,只能复制选定幻灯片的内容和版式,不能复制其动画效果。(　　)

4. 隐藏的幻灯片在幻灯片放映时不会显示。(　　)

5. 删除幻灯片后,该操作可以被撤销。(　　)

任务 4.4　幻灯片的外观设置

4.4.1　任务知识点

- 使用主题。
- 设置背景。
- 使用母版。

4.4.2　任务描述

打开"素材\4\软件系统.pptx",按以下要求操作。

（1）设置第 2 张的所有幻灯片的主题为"波形"。

（2）设置第 1 张幻灯片的背景填充纹理为"水滴"。

（3）通过"幻灯片母版"设置第 3、4 张幻灯片的标题为红色、隶书。

4.4.3　知识与技能

为了让幻灯片看起来更加美观，用户需要先对幻灯片背景进行一些美化设置。PowerPoint 可以通过使用主题、背景和母版等方法来设定幻灯片的外观，既能使幻灯片的外观风格统一，又能提高工作效率。

1. 使用主题

主题是演示文稿的颜色搭配、字体格式化以及一些特效命令的集合，使用主题可以大大化简演示文稿的创作过程。PowerPoint 2019 为用户提供了 31 种主题，用户可自由选择，也可以自定义新的主题。

1）应用主题

使用内置主题的具体步骤如下。

（1）在"设计"功能区的"主题"组中单击"其他"按钮，弹出"主题"列表，如图 4-22 所示。

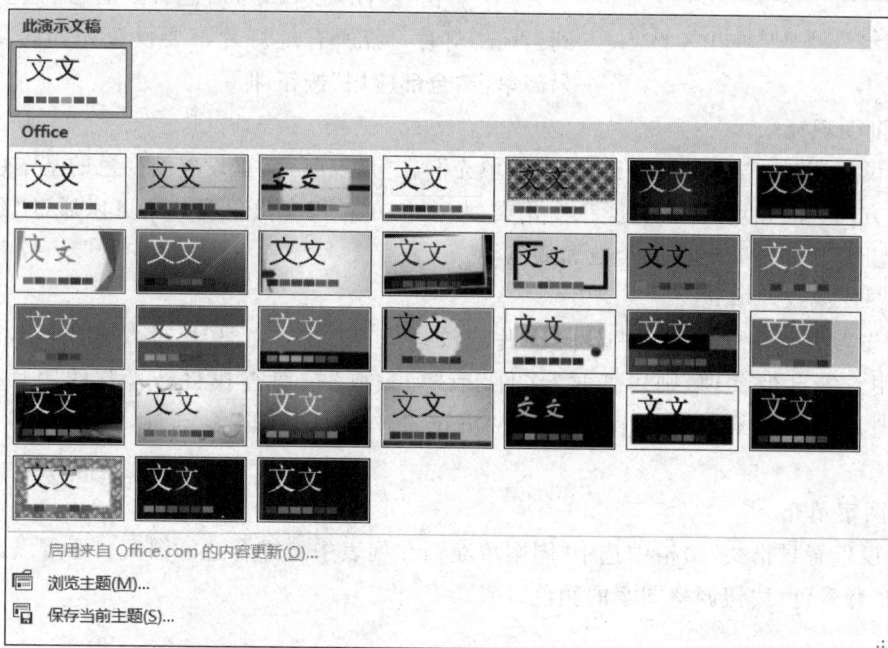

图 4-22　"主题"列表

（2）单击某个主题，即可将该主题应用到演示文稿的所有幻灯片；若只想更改当前选定幻灯片的主题，可在选定的主题上右击，在快捷菜单中选择"应用于选定幻灯片"命令即可。

2）自定义主题

用户可以根据自己的需要对主题中的颜色、文字样式效果进行设置，只需在"设计"功能

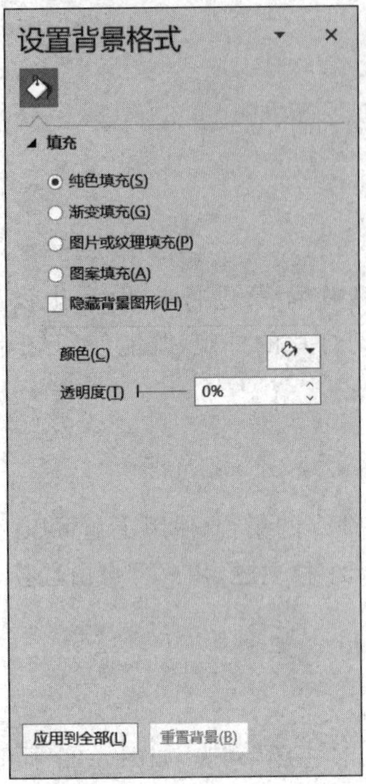

图 4-23 "设置背景格式"窗格

区通过"主题"组中的"颜色""字体"和"效果"等命令进行自定义即可。

2. 设置背景

(1) 选择要设置背景的幻灯片。

(2) 在"设计"功能区的"背景"组中单击"背景样式"按钮,在弹出的下拉列表中选择需要的背景即可。

另外,还可以单击"背景"组中的 按钮,打开"设置背景格式"窗格,在对话框中进行设置。PowerPoint 2019 提供的背景格式设置方式有纯色填充、渐变填充、图片或纹理填充、图案填充 4 种,如图 4-23 所示。

1) 纯色填充

(1) 在"设置背景格式"窗格中选中"纯色填充"。

(2) 单击"填充颜色"按钮,在弹出的下拉列表中选择合适的颜色即可;也可选择"其他颜色",在弹出的"颜色"对话框中选择合适的颜色。

(3) 单击"关闭"按钮,这时选择的背景颜色即应用到当前幻灯片;若所有幻灯片都要设置相同的背景,则只需单击"全部应用"按钮即可。

2) 渐变填充

在"设置背景格式"窗格中选中"渐变填充",在"预设颜色"里设置渐变色的基本色调,在"类型""方向"和"角度"里设置颜色变化类型、变化方向和变化角度。还可以通过"添加/删除渐变光圈"功能增减光圈的个数和颜色等。

3) 图片或纹理填充

在"设置背景格式"窗格中选中"图片或纹理填充",在"纹理"里设置背景的纹理。若不想使用系统自带纹理,则可通过"文件"或"剪贴画"按钮查找自己喜欢的图片作为背景。若图片尺寸与幻灯片不符,可选中"将图片平铺为纹理"复选框,并设置相关平铺选项。

4) 图案填充

在"设置背景格式"窗格中选中"图案填充",在列表中选择合适的图案。还可以通过"前景色"和"背景色"按钮调整图案的颜色。

3. 使用母版

母版是模板的一部分,主要用来定义演示文稿中所有幻灯片的格式,其内容主要包括文本与对象在幻灯片中的位置、文本与对象占位符的大小、文本样式、效果、主题颜色、背景等信息。PowerPoint 2019 主要提供了幻灯片母版、备注母版和讲义母版 3 种。

1) 设置幻灯片母版

在 PowerPoint 2019 中,系统提供了一套幻灯片母版,包括 1 个主版式和 11 个其他版式。在"视图"功能区的"母版视图"组中单击"幻灯片母版"按钮,会弹出"幻灯片母版"功能区,选中目标版式,可进行插入、删除、重命名幻灯片母版,以及设置主题、背景、标题、页脚等操作,如图 4-24 所示。

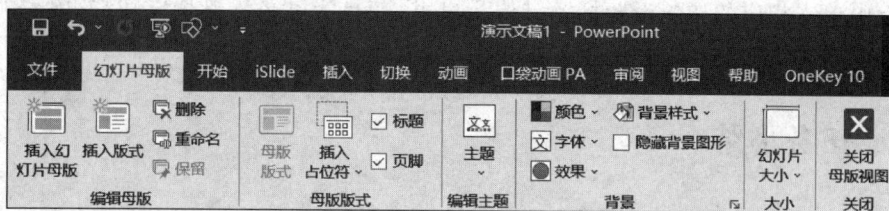

图 4-24　"幻灯片母版"功能区

选中主版式进行格式化设置时,格式化命令会改变所有版式的格式;选中 11 个其他版式进行格式化设置时,只会改变选中版式的格式。

2)编辑幻灯片母版

PowerPoint 2019 允许用户对幻灯片母版进行添加、删除、重命名,以及设置主题、背景等操作,操作方式与编辑版式相似,唯一的区别是操作前用户需要选中幻灯片母版的主版式而不是选中其他某一版式。

编辑好版式或幻灯片母版后,单击"关闭母版视图"按钮,然后在"开始"功能区的"幻灯片"组中单击"版式"按钮,在下拉列表中可以看到新编辑的版式和幻灯片母版。

3)幻灯片母版的页眉/页脚设置

在"幻灯片母版"功能区的"母版版式"组中有"页脚"复选框,若将其选中,则在母版下部出现 3 个并排的文本框,分别代表页脚、日期和编号,如图 4-25 所示。若不选中该复选框,则这 3 个文本框都会被隐藏。若只想保留其中的某几个,则需选中要删除的文本框并按 Delete 键删除。

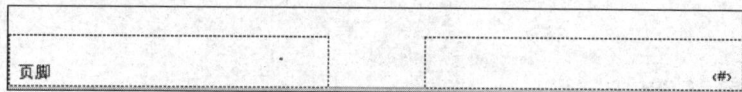

图 4-25　"页脚"区域

在幻灯片母版中没有专门设置页眉的选项,但用户可在幻灯片母版主版式中插入图片或绘制形状并在其中添加文本,这样就实现了页眉效果。

4)设置备注或讲义母版

在"视图"功能区的"母版视图"组中单击"备注母版"按钮或"讲义母版"按钮,会弹出"备注母版"功能区或"讲义母版"功能区,设置方式与"幻灯片母版"功能区相同,在此不再赘述。

4.4.4　任务实现

第一步:选择第 2 张幻灯片,在"设计"功能区的"主题"组中单击"其他"按钮,将光标移至列表中第 1 行第 5 列的图标,右击,在快捷菜单中选择"应用于选定幻灯片"命令。

第二步:选择第 1 张幻灯片,在"设计"功能区的"自定义"组中单击"设置背景格式"按钮,打开"设置背景格式"窗格,选择"填充"区域中的"图片或纹理填充"选项,单击"纹理"下拉按钮,在下拉列表中选择第1行最后一个纹理,然后单击"关闭"按钮。

第三步:在"视图"功能区的"母版视图"组中单击"幻灯片母版"按钮,打开幻灯片母版。在左侧窗格中,选择第3个母版,在右侧编辑区选择"标题"占位符,然后在"开始"功能区的"字体"组中单击相应的按钮设置标题字体为隶书,颜色为红色。设置完成后,在"幻灯片母版"功能区的"关闭"组中单击"关闭母版视图"按钮即可。

4.4.5 任务小结

本任务详细介绍了 PowerPoint 2019 中使用主题、设置背景及使用母版的方法,涵盖了如何通过选择和应用主题来快速统一演示文稿的视觉风格,以及如何自定义背景以匹配特定的演示需求。此外,本任务还介绍了母版视图的使用技巧,这对于确保演示文稿中所有幻灯片具有一致的布局和设计至关重要。最后,通过一系列具体的操作步骤,实现了对演示文稿外观的全面定制,确保了演示文稿的美观性。通过本任务的学习,大家不仅能够掌握提升演示文稿视觉效果的技术,还能够学会如何高效地管理和优化演示文稿的整体设计,为观众带来更加愉悦的视觉体验。

4.4.6 职场赋能

熟练使用 PowerPoint 2019 的主题、背景设置和母版功能,可以让演示文稿看起来更加专业且吸引人。这种技能展示了对工作的认真态度和对细节的关注,这对于职场中的形象塑造非常有帮助。通过恰当的主题和背景,可以加强公司的品牌形象,让观众更容易记住演示内容。此外,这些功能还能在团队项目中确保信息展示的一致性,便于团队成员之间的沟通和协作。在商务会议或演讲中,一个设计精良的演示文稿能让你更加突出,为职业生涯带来积极的影响。

4.4.7 习题小测

一、单选题

1. 在 PowerPoint 中,使用主题的主要目的是( )。
   A. 统一幻灯片的字体和颜色　　　　　B. 插入图片和图表
   C. 添加动画效果　　　　　　　　　　D. 设计幻灯片的布局

2. 在 PowerPoint 中设置幻灯片的背景的方法是( )。
   A. 单击"开始"功能区中的"新建幻灯片"按钮
   B. 单击"设计"功能区中的"背景"按钮
   C. 单击"插入"功能区中的"图片"按钮
   D. 单击"视图"功能区中的"母版"按钮

3. 使用母版的主要目的是( )。
   A. 设计幻灯片的布局　　　　　　　　B. 统一幻灯片的字体和颜色
   C. 插入图片和图表　　　　　　　　　D. 添加动画效果

4. 在 PowerPoint 中应用预设的主题的方法是(　　　)。

  A. 单击"开始"功能区中的"新建幻灯片"按钮

  B. 单击"设计"功能区中的"主题"按钮

  C. 单击"插入"功能区中的"图片"按钮

  D. 单击"视图"功能区中的"母版"按钮

5. 在 PowerPoint 中,自定义幻灯片的背景颜色的方法是(　　　)。

  A. 单击"开始"功能区中的"新建幻灯片"按钮

  B. 单击"设计"功能区中的"背景"按钮,选择"填充颜色"命令

  C. 单击"插入"功能区中的"图片"按钮

  D. 单击"视图"功能区中的"母版"按钮

二、判断题

1. 使用主题可以改变幻灯片中的形状样式。(　　　)

2. 设置背景时,用户只能选择 PowerPoint 提供的预设背景。(　　　)

3. 母版中的设计更改会影响所有应用了该母版的幻灯片。(　　　)

4. 用户不能在幻灯片母版中插入页脚。(　　　)

5. 自定义背景只能应用于当前幻灯片。(　　　)

任务 4.5　在幻灯片中插入各种对象

4.5.1　任务知识点

插入图片、自选图形、SmartArt 图形、艺术字、表格与图表、声音和视频。

4.5.2　任务描述

打开"素材\4\演示文稿中的各种对象.pptx",按以下要求操作。

(1) 在第 2 张幻灯片中插入本机的一张图片,并设置其高度和宽度分别为 10 厘米、8 厘米。

(2) 设置第 3 张幻灯片的版式为"两栏内容",在左侧占位符中插入一个 12 行 5 列的表格,在右侧占位符中插入一个"基本流程"类的 SmartArt 图形,内容自定。

(3) 在第 4 张幻灯片中插入音乐 The South Wind. mp3。

4.5.3　知识与技能

1. 图片

1) 插入图片

PowerPoint 2019 系统提供了从其他图形文件中插入图片的功能,以使用户的演示文

稿更加生动,步骤如下。

(1) 在"插入"功能区的"图像"组中单击"图片"按钮,打开"插入图片"对话框。

(2) 在"插入图片"对话框中选择一张图片,单击"打开"按钮。

2) 编辑图片

(1) 选中要编辑的图片。

(2) 单击"图片格式"功能区中相应的格式按钮,如图 4-26 所示;或右击图片,在弹出的快捷菜单中选择"设置图片格式"命令,打开如图 4-27 所示的"设置图片格式"窗格,对图片的格式进行设置。

图 4-26 "图片格式"功能区

2. 自选图形

要在幻灯片中绘制一些圆形、矩形等简单的图形,可以使用 PowerPoint 2019 提供的绘图功能。在"开始"功能区的"绘图"组中单击相应的绘图按钮,如图 4-28 所示,即可在幻灯片中画出各种图形,如线条、箭头、矩形和椭圆等。

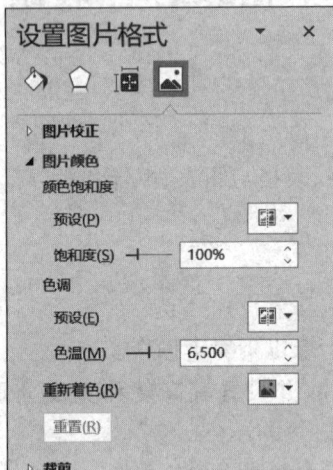

图 4-27 "设置图片格式"窗格

图 4-28 "开始"功能区的"绘图"组

3. SmartArt 图形

SmartArt 图形可以轻松地绘制各种组织结构图和流程图,使用户快速创建具有专业设计师水平的插图。插入 SmartArt 图形的步骤如下。

(1) 在"插入"功能区的"插图"组中单击 SmartArt 按钮,弹出"选择 SmartArt 图形"对话框,如图 4-29 所示。

(2) 选择需要的形状,单击"确定"按钮,在 SmartArt 图形中输入内容并进行编辑。

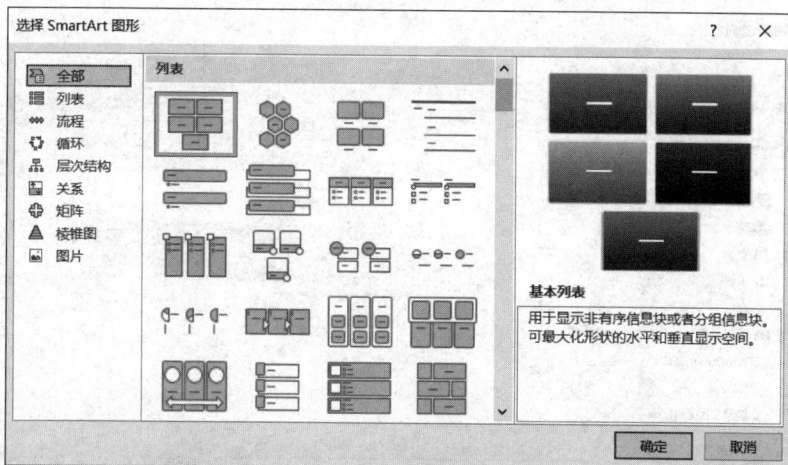

图 4-29 "选择 SmartArt 图形"对话框

4．艺术字

PowerPoint 2019 提供了艺术字，使文本在幻灯片中更加突出，能给幻灯片增加更丰富的效果。在"插入"功能区的"文本"组中单击"艺术字"按钮，在弹出的下拉列表中选择一种样式，输入内容即可。

5．表格与图表

在制作幻灯片时，当信息或数据比较多时，如果只用文字或图片来表示显得比较复杂。此时可以采用表格或图表的形式，分类显示数据，使数据更加规则、直观。

在 PowerPoint 2019 中对表格或图表的各种操作与 Word、Excel 中的操作基本相同，这里不再赘述。

6．音频和视频

为了突出重点及丰富幻灯片的内容，可以在 PowerPoint 2019 中插入音频、视频等多媒体元素。

1）插入音频

在 PowerPoint 2019 中插入音频分为文件中的音频和录制音频两种。步骤如下。

（1）在"插入"功能区的"媒体"组中单击"音频"按钮，弹出"插入音频"对话框，如图 4-30 所示。

（2）选择需要插入的音频文件，单击"插入"按钮即可插入音频。还可以在"插入"功能区的"媒体"组中单击"音频"按钮下方的 ⌄ 按钮，弹出下拉列表，如图 4-31 所示，在列表中选择"PC 上的音频"和"录制音频"命令进行音频的插入。

2）插入视频

在幻灯片中还可插入视频文件。视频分为剪贴画视频、文件中的视频及来自网站的视频 3 种，可支持的文件类型包括 Windows Media 文件、Windows 视频文件、影片文件、Windows Media Video 文件及动态 GIF 文件等。插入步骤如下。

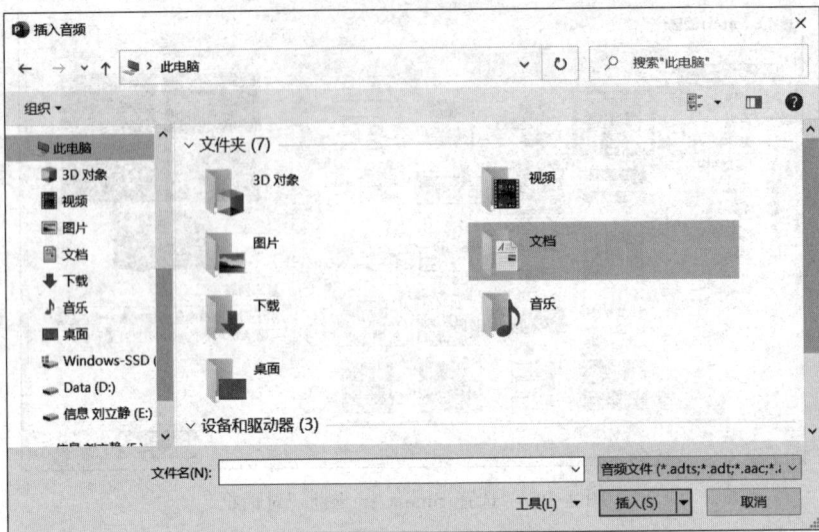

图 4-30 "插入音频"对话框

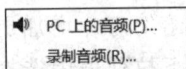

图 4-31 "音频"下拉列表

（1）在"插入"功能区的"媒体"组中单击"视频"按钮下方的下拉按钮，弹出下拉列表。

（2）在下拉列表中选择"文件中的视频"，打开"插入视频文件"对话框，选择需要插入的视频文件，单击"插入"按钮即可插入视频。视频插入完毕，幻灯片中的视频自动保持为选中状态，此时视频文件周围有控制句柄，可以通过拖动句柄调节视频大小。

4.5.4 任务实现

第一步：选择第 2 张幻灯片，在"插入"功能区的"图像"组中单击"图片"按钮，在"插入图片来自"选项中选择"此设备"，然后从计算机中选择图片，单击"插入"按钮，完成插入操作。右击图片，选择"大小和位置"命令，在打开对话框的"大小"选项卡中取消选中"锁定综横比"复选框，"高度"设置为 10 厘米，"宽度"设置为 8 厘米，完成图片大小调整。

第二步：选择第 3 张幻灯片，在"开始"功能区的"幻灯片"组中单击"版式"按钮，在下拉列表中选择"两栏内容"版式。然后在左侧的占位符中，在"插入"功能区的"表格"组中单击"插入表格"按钮，在弹出的"插入表格"对话框中输入行数和列数，单击"确定"按钮；在右侧的占位符中，在"插入"功能区的"插图"组中单击 SmartArt 按钮，选择"流程"类型中的"基本流程"，单击"确定"按钮，然后自行输入内容。

第三步：选择第 4 张幻灯片，将光标定位在内容占位符中，在"插入"功能区的"媒体"组中单击"音频"按钮，在弹出的"插入音频"对话框中找到并选择 The South Wind. mp3 文件，单击"插入"按钮即可。

4.5.5 任务小结

本任务学习了在幻灯片中插入图片、自选图形、SmartArt 图形、艺术字、表格与图表、声音和视频等对象的操作。这些技能丰富了演示文稿的内容,增强了信息的表达力和吸引力。通过实践,大家掌握了如何根据内容需求选择合适的对象,并调整其大小、位置和格式,使演示文稿更加生动和引人入胜。

4.5.6 职场赋能

恰当插入图片、图形和图表可以使演示文稿的信息表达更加清晰,观众更容易理解要点,从而提升交流的效率。而音频和视频素材的融入则为演示文稿注入了活力,使其更加生动有趣,更能抓住观众的兴趣。掌握这些技巧不仅体现了个人的专业技能,也展示了创新思维和解决问题的能力。在职场中,有助于更有效地传达思想,提升工作表现,增强个人竞争力。

4.5.7 习题小测

一、单选题

1. 在 PowerPoint 中插入图片的方法是(　　)。
   A. 单击"开始"功能区中的"新建幻灯片"按钮
   B. 单击"插入"功能区中的"图片"按钮
   C. 单击"设计"功能区中的"背景"按钮
   D. 单击"视图"功能区中的"母版"按钮

2. SmartArt 图形主要用于(　　)。
   A. 展示数据图表　　　　　　B. 展示组织结构
   C. 插入图片和视频　　　　　D. 设计幻灯片背景

3. 在 PowerPoint 中插入艺术字的方法是(　　)。
   A. 单击"开始"功能区中的"新建幻灯片"按钮
   B. 单击"插入"功能区中的"艺术字"按钮
   C. 单击"设计"功能区中的"背景"按钮
   D. 单击"视图"功能区中的"母版"按钮

4. 在 PowerPoint 中插入表格的方法是(　　)。
   A. 单击"开始"功能区中的"新建幻灯片"按钮
   B. 单击"插入"功能区中的"表格"按钮
   C. 单击"设计"功能区中的"背景"按钮
   D. 单击"视图"功能区中的"母版"按钮

5. 在 PowerPoint 中插入视频的方法是(　　)。
   A. 单击"开始"功能区中的"新建幻灯片"按钮
   B. 单击"插入"功能区中的"视频"按钮
   C. 单击"设计"功能区中的"背景"按钮
   D. 单击"视图"功能区中的"母版"按钮

二、判断题

1. 用户可以在 PowerPoint 中插入自选图形来强调特定的信息。(　　)

2. 插入的图片可以通过 PowerPoint 的图片工具进行编辑和格式化。(　　)

3. SmartArt 图形只能用于展示组织结构图。(　　　)

4. 艺术字是 PowerPoint 中用于创建具有视觉冲击力的文字效果的工具。(　　　)

5. 在 PowerPoint 中插入的视频只能在演示文稿放映时播放。(　　　)

任务4.6　幻灯片的切换效果和动画效果

4.6.1　任务知识点

- 设置幻灯片的切换效果。
- 添加动画效果。
- 设置超链接。
- 设置动作。

4.6.2　任务描述

打开"素材\4\微机系统硬件组成.pptx",按以下要求操作。

(1) 设置除了第1张幻灯片外的所有幻灯片的切换效果为"涡流"。

(2) 设置第5张幻灯片中图片的动画效果为"劈裂",效果为"中央向左右展开"。

(3) 为第2张幻灯片的"打印机"文本框设置超链接,链接到第7张幻灯片。

(4) 为第7张幻灯片中的"返回"文本框设置动作:单击时链接到第1张幻灯片。

4.6.3　知识与技能

1. 设置幻灯片的切换效果

幻灯片的切换效果是指放映两张幻灯片之间的过渡效果。在"切换"功能区的"切换到此幻灯片"组中有"淡出溶解""擦除""推进和覆盖""条纹和横纹"等效果,如图 4-32 所示。单击一种切换效果按钮即可设置相应的切换效果。

图 4-32　"切换"功能区

此外,"声音"功能用来设置幻灯片切换时伴随的声音;"换片方式"功能用来设置幻灯片切换方式,它分为"单击鼠标时"切换和"每隔一段时间间隔"(以秒为单位)切换两个选项;"应用到全部"功能表示当前设置切换效果应用的范围。

2. 添加动画效果

PowerPoint 2019 中的动画效果包括进入、强调、退出和动作路径 4 类。进入是设置所选对象出现在幻灯片上的动画效果；强调是为了突出显示所选对象而添加的效果；退出是设置所选对象从幻灯片上消失的动画效果；动作路径是设置所选对象在幻灯片上移动的轨迹，它可以是直线、曲线、图形样式等。用户可以根据自己的需要添加其中的一种或多种效果。在 PowerPoint 2019 中，动画效果主要集中在"动画"功能区中，如图 4-33 所示。

图 4-33　"动画"功能区

1）"预览"组

对幻灯片设置动画后，"预览"组中的"预览"按钮就被激活，单击该按钮可以查看幻灯片播放的实时效果。

2）"动画"组

"动画"组可以为幻灯片中的各对象添加多个动画效果。

3）"高级动画"组

"高级动画"组可以为幻灯片中的单个对象快速添加多个动画效果。

4）"计时"组

"计时"组可以对幻灯片中各对象动画效果进行时间控制。

3. 设置超链接

幻灯片中的超链接与网页中的超链接类似，是从一个对象跳转到另一个对象的快捷途径。在幻灯片中添加超链接的对象并没有严格的限制，既可以是文本或图形，也可以是表格。

插入超链接的步骤如下。

（1）选中要插入超链接的对象。

（2）然后切换到"插入"功能区，单击"链接"组中的"超链接"按钮，这时会弹出"插入超链接"对话框。部分选项说明如下。

① 现有文件或网页。可链接到已存在的文件或者某一个网站上。在"插入超链接"对话框中找到要链接的文件或在"地址"文本框中输入网站的网址，再单击"确定"按钮即可。

② 本文档中的位置。可链接到当前演示文稿中的任何一张幻灯片上，在"请选择文档中的位置"列表框中选择要链接的幻灯片即可，如图 4-34 所示。

若要编辑或删除已建立的超链接，可以右击已添加超链接的对象，在弹出的快捷菜单中选择"编辑超链接"或"删除超链接"命令并进行相应的设置。

4. 设置动作

演示文稿放映时，由演讲者操作幻灯片上的对象去完成下一步的某项既定工作，称为该对象的动作。对象动作的设置提供了在幻灯片放映中人机交互的一个途径，使演讲者可以根据自己的需要选择幻灯片的演示顺序和展示演示内容，可以在众多的幻灯片中实现快速跳转，也可以实现与网络的超链接，甚至可以应用动作设置启动某一个应用程序或宏。

205

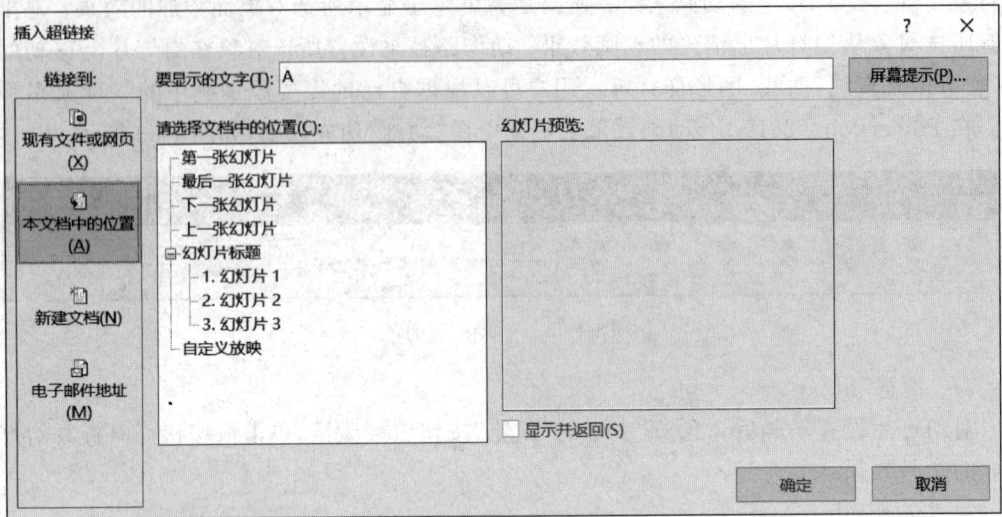

图 4-34　链接到"本文档中的位置"

图 4-35　"操作设置"对话框

动作设置的步骤如下。

（1）选中要设置动作的对象。

（2）在"插入"功能区的"链接"组中单击"动作"按钮，打开"操作设置"对话框，如图 4-35 所示。

在"单击鼠标"选项卡中单击"超链接到"单选按钮，在下面的下拉列表框中可以选择超链接的对象，操作方法与前面介绍的超链接的内容基本一致，在此不再赘述。

若选择"运行程序"单选按钮，则表示放映时单击对象会自动运行所选的应用程序，用户可在文本框中输入要运行的程序及其完整路径，或单击"浏览"按钮选择。

4.6.4　任务实现

第一步：选择任意一张幻灯片，在"切换"功能区的"切换到此幻灯片"组中单击"其他"按钮，在切换效果列表中选择"涡流"，然后单击"计时"组中的"应用到全部"按钮。选择第 1 张幻灯片，在"切换"功能区的"切换到此幻灯片"组中单击"无"按钮，不设置切换效果。

第二步：选择第 5 张幻灯片，单击幻灯片中的图片，在"动画"功能区的"动画"组中单击"其他"按钮，在下拉列表中选择"劈裂"，然后单击"动画"组中的"效果选项"按钮，在下拉列表中选择"中央向左右展开"效果。

第三步：选择第 2 张幻灯片，选中"打印机"文本框，在"插入"功能区的"链接"组中单击"超链接"按钮，打开"插入超链接"对话框，在左侧选择"本文档中的位置"选项，在"请选择文档中的位置"区域选择第 7 张幻灯片，然后单击"确定"按钮完成设置。

第四步：选择第 7 张幻灯片，选中"返回"文本框，然后在"插入"功能区的"链接"组中单击"动作"按钮，在弹出的"操作设置"对话框中选择"单击鼠标"选项卡，选中"超链接到"单选按钮，并在其列表中选择"幻灯片"选项，在弹出的"超链接到幻灯片"对话框中选择第 1 张幻灯片，并单击"确定"按钮，再次单击"确定"按钮完成设置。

4.6.5　任务小结

本任务详细介绍了在 PowerPoint 2019 中设置幻灯片的切换效果、添加动画效果、设置超链接和设置动作的方法，介绍了如何合理运用这些效果以确保演示内容的流畅性和逻辑性，这对于提升观众的参与度和理解程度至关重要。通过一系列具体的操作步骤，实现了对幻灯片的动态效果和交互功能的全面设置，确保演示文稿不仅美观而且功能强大，还能够有效传达信息并吸引观众的注意。

4.6.6　职场赋能

职场中幻灯片的切换效果和动画效果的巧妙运用，不仅能够提升演示文稿的视觉冲击力，还能够增强信息的传递效率和观众的参与感。这些动态元素的加入，对于演讲者来说是一种强有力的沟通工具，能够帮助其在商业提案、市场分析报告或产品发布会上，更加生动地讲述故事，有效地吸引和保持观众的注意力。在教育培训领域，动画效果的应用能够使复杂概念简化直观，提高学习效率。此外，通过超链接和动作的设置，职场人士能够创造出互动性强的演示文稿，这不仅展现了技术素养，还能够提升用户体验。

4.6.7　习题小测

一、单选题

1. 在 PowerPoint 中，设置幻灯片切换效果的目的是（　　）。
　　A. 增加幻灯片的动画效果　　　　　　B. 使幻灯片之间的过渡更加平滑
　　C. 突出显示幻灯片中的重要信息　　　D. 使幻灯片看起来更加专业
2. 在 PowerPoint 中为幻灯片添加动画效果的方法是（　　）。
　　A. 单击"开始"功能区中的"新建幻灯片"按钮
　　B. 单击"动画"功能区中的"动画"按钮
　　C. 单击"设计"功能区中的"背景"按钮
　　D. 单击"视图"功能区中的"母版"按钮
3. 设置超链接的目的是（　　）。
　　A. 使幻灯片看起来更加专业　　　　　B. 链接到互联网上的其他资源
　　C. 突出显示幻灯片中的重要信息　　　D. 使幻灯片之间的过渡更加平滑
4. 在 PowerPoint 中设置动作的方法是（　　）。
　　A. 单击"开始"功能区中的"新建幻灯片"按钮
　　B. 单击"动画"功能区中的"动作"按钮

C. 单击"设计"功能区中的"背景"按钮

D. 单击"视图"功能区中的"母版"按钮

5. 在 PowerPoint 中,动画效果可以应用于(　　　)对象。

　A. 文本和形状　　　　　　　　　　　B. 图片和图表

　C. 所有幻灯片元素　　　　　　　　　D. 只有 SmartArt 图形

二、判断题

1. 幻灯片切换效果只能在放映模式下看到。(　　　)

2. 用户可以为幻灯片中的每个对象设置不同的动画效果。(　　　)

3. 设置超链接后,单击链接会直接打开链接的目标。(　　　)

4. 在 PowerPoint 中,动作设置允许用户定义对象的交互行为。(　　　)

5. 动画效果和切换效果是同一回事。(　　　)

任务 4.7　演示文稿的放映、共享与发布

4.7.1　任务知识点

* 设置幻灯片放映。
* 演示文稿的共享。
* 演示文稿的导出。

4.7.2　任务描述

打开"素材\4\泰山文化名胜.pptx",将内容展示给观众或游客,要求:不需要人工干预,自动播放,循环播放。

4.7.3　知识与技能

1. 设置幻灯片放映

幻灯片的放映分为手工放映和自动放映。默认情况下,PowerPoint 2019 放映幻灯片是按照预设的演讲者放映方式进行的。但根据放映时的场合和放映需求不同,还可以设置其他的放映方式。

1) 幻灯片放映的设置

要设置幻灯片的放映效果,可以在"幻灯片放映"功能区的"设置"组中单击"设置幻灯片放映"按钮,打开"设置放映方式"对话框,如图 4-36 所示,在对话框中进行相应的设置。

2) 放映类型

在"放映类型"选项区中,用户可以设置放映的类型及各种效果。其中的 3 个选项如下。

(1)演讲者放映(全屏幕):可以实现演讲者播放时的自主性操作,在播放中可以随时

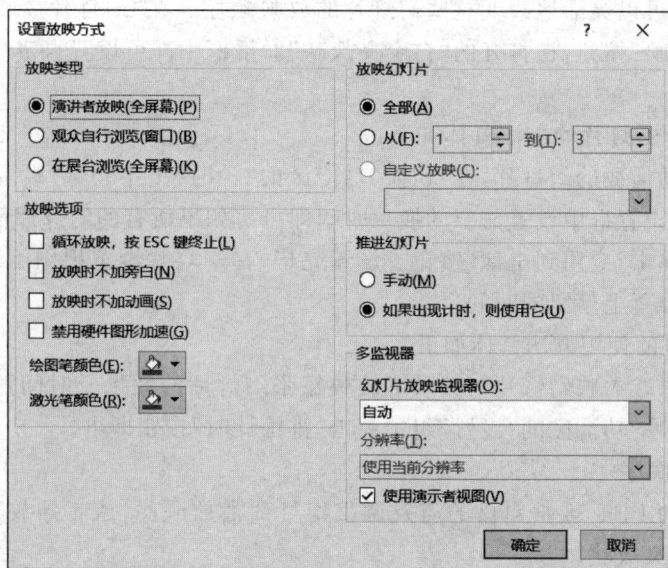

图 4-36　"设置放映方式"对话框

暂停或添加标记等。

（2）观众自行浏览（窗口）：是非全屏放映方式，用户通过窗口中的翻页按钮可以按顺序放映或者选择放映的幻灯片。

（3）在展台浏览（全屏幕）：可以全屏循环放映幻灯片。在放映期间，只能用鼠标指针选择屏幕对象，其他功能均不可使用。终止时按 Esc 键。

3）放映选项

在"放映选项"选项区中，用户可以设置终止放映方式，是否添加旁白、动画以及笔的颜色等。

4）放映幻灯片

在"放映幻灯片"选项区中，放映者既可以选择全部放映或者放映其中的某个部分，也可以选择自定义放映。

5）换片方式

在"推进幻灯片"选项区中，用户可以选择手动放映或者自动放映。

6）幻灯片的放映

方法一：从头开始放映。

"从头开始"是最常用的幻灯片放映方式，用户可以按照从头到尾的放映顺序播放幻灯片。在"幻灯片放映"功能区中单击"从头开始"按钮，即可从头开始放映幻灯片。

方法二：从当前幻灯片开始放映。

"从当前幻灯片开始"放映方式可将任何一张幻灯片设置为起点，再向后播放幻灯片。在"幻灯片放映"功能区中单击"从当前幻灯片开始"按钮，即可从当前选中幻灯片开始播放。

7）自定义放映

用户在放映幻灯片时往往会遇到只需要放映幻灯片中一部分的情况，这时可以用自定义放映的方式来进行设置。自定义放映的优势在于可以放映整套幻灯片中任意连续或者不连续的幻灯片,还可以灵活地改变这些幻灯片的放映顺序。在"幻灯片放映"功能区中单击"自定义幻灯片放映"按钮,在打开的"自定义放映"对话框中即可设置自定义放映。

8)自动放映

(1)人工设置幻灯片的方法具体如下。

选择需要自动播放的幻灯片,在"切换"功能区的"计时"组中勾选"设置自动换片时间"复选框,并在时间设置框中设置需要的换片时间即可。如果所有的幻灯片都使用这个时间,可在"计时"组中单击"应用到全部"按钮。设置完毕,在幻灯片浏览视图下幻灯片的下方会显示该幻灯片在屏幕上停留的时间。

(2)排练计时的使用方法具体如下。

排练计时是指在放映幻灯片时记录下放映每张幻灯片的效果及时间,以便以后自动播放。在"幻灯片放映"功能区的"设置"组中单击"排练计时"按钮即可。

9)改变放映次序

对于制作好的PPT,要按自己的需要调整幻灯片播放顺序,或者播放其中一部分幻灯片,可以进行自定义放映。

(1)在PowerPoint 2019中打开已经制作好的PPT文件,在"幻灯片放映"功能区的"开始放映幻灯片"组中单击"自定义幻灯片放映"按钮,打开"自定义放映"对话框,单击对话框中的"新建"按钮,打开"定义自定义放映"对话框,即可进行自定义放映设置,如图4-37所示。

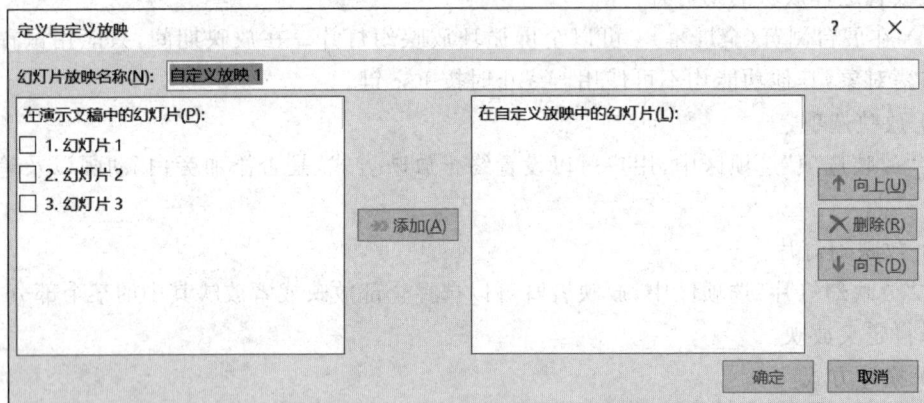

图 4-37 "定义自定义放映"对话框

(2)选择对话框中左窗格"在演示文稿中的幻灯片"下的任意一张幻灯片,单击"添加"按钮,该幻灯片就进入右窗格"在自定义放映中的幻灯片"中。在左窗格中可以按Ctrl键并单击,分别选中所有需要的幻灯片,然后单击"添加"按钮,就可以一次性添加到自定义放映中的幻灯片中。

(3)选中"在自定义放映中的幻灯片"下的幻灯片,可以进行删除,也可以使用右侧的向上、向下箭头调整它们的顺序。设置完成,单击"确定"按钮,退出"定义自定义放映"对话框,返回"自定义放映"对话框,单击"关闭"按钮。

(4)当该幻灯片保存后,自定义放映的幻灯片就保存在"幻灯片放映"功能区的"开始放映幻灯片"组中的"自定义幻灯片放映"按钮下,单击即可开始放映。

为了使演讲者更好地与观众互动,还可以在放映过程中在幻灯片上右击,在打开的快捷菜单中选择"屏幕"子菜单中的"黑屏""白屏""显示任务栏"等命令,如图 4-38 所示,从而中断幻灯片按次序放映。选择"显示任务栏"命令后会出现任务栏,可以在其中自由切换已启动或者未启动的程序,也可以按 Alt＋Tab 组合键或者 Alt＋Esc 组合键与其他窗口切换。在其他窗口操作完成,再切换到幻灯片放映窗口继续放映。

10) 对重点内容做标记

在放映幻灯片时,为了突出显示放映画面中的某个内容,可以为它加上着重标记线,步骤如下。

(1) 放映幻灯片时,在正在放映的幻灯片上右击,在弹出的快捷菜单中选择"指针选项"命令,在其子菜单中选择"笔"或者"荧光笔"选项,即可在幻灯片放映时画出着重线,如图 4-39 所示。

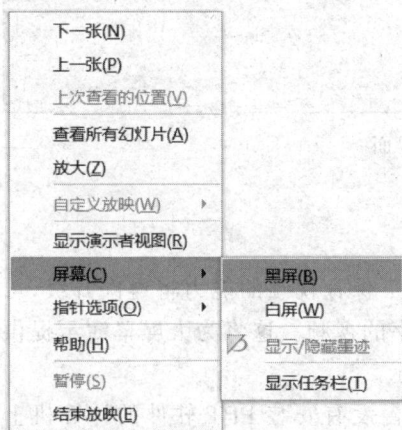

图 4-38　"屏幕"子菜单

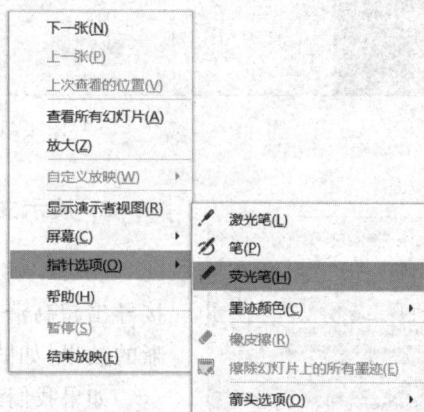

图 4-39　"指针选项"子菜单

(2) 按 E 键可以清除着重线。在"墨迹颜色"中可以选择自己喜欢的颜色。

(3) 放映结束时,系统会显示出是否保留墨迹的提示框,如图 4-40 所示。如果选择放弃,系统将不保留所做标记。

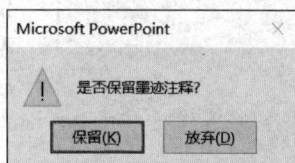

图 4-40　"是否保留墨迹注释"
对话框

2. 演示文稿的共享

PowerPoint 2019 新增了"广播幻灯片"功能,使用户能够与任何人在任何位置轻松共享演示文稿,步骤如下。

(1) 打开要共享的演示文稿,选择"文件"→"共享"命令,单击"与人共享"按钮,如图 4-41 所示。

(2) 在打开的"共享"窗格中,单击"获取共享链接"按钮,如图 4-42 所示。

(3) 这时需要使用 Windows Live ID 登录,若没有该账户则需申请。登录后 PowerPoint 2019 将提供一个公共链接,用户只需将其发给远程观众,任何拥有此链接的人都可以编辑该共享文档。

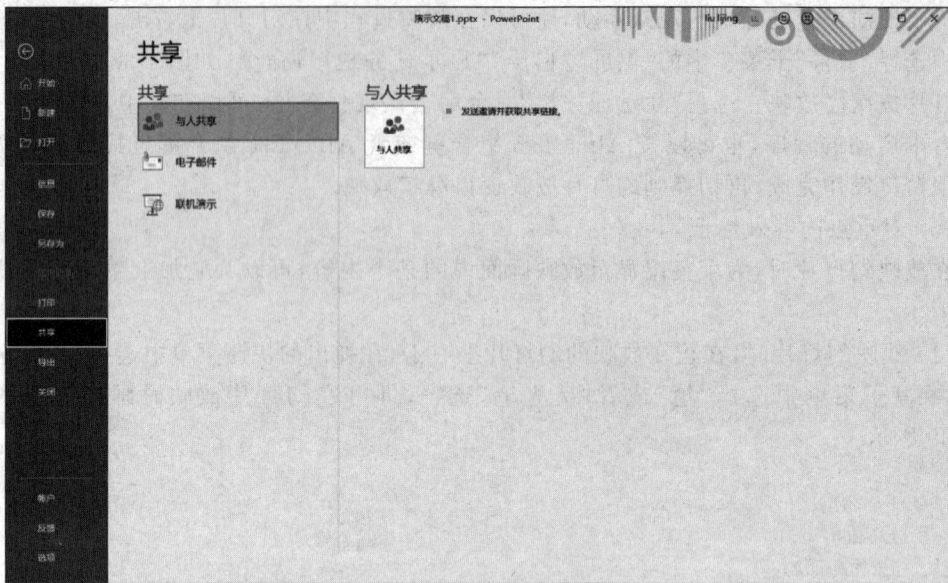

图 4-41 "共享"界面

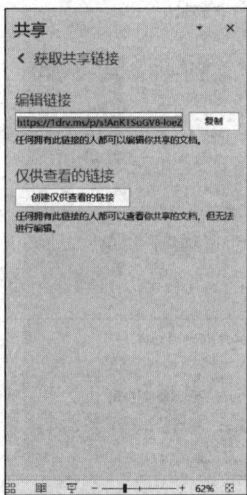

图 4-42 "共享"窗格

3. 演示文稿的导出

在 2019 版本中,PPT 保存视频的能力将再次升级,可以直接导出超高清 4K 分辨率的视频。这将为大屏幕演示提供更清晰的效果,如图 4-43 所示。

如果我们想要在一台没有安装 PPT 软件的计算机上查看 PPT 幻灯片,只需要把幻灯片保存为 Web 格式。打开 PowerPoint 文件,选择"文件"→"导出"命令,在右侧的"导出"窗格中单击"更改文件类型"按钮,然后在右侧的"演示文稿文件类型"列表框内选择合适的类型后,单击"另存为"按钮,如图 4-44 所示。

打开"另存为"对话框后,选择文件的保存位置,在"文件名"右侧的文本框内输入文件名称,然后单击"保存类型"右侧的下拉列表并选择合适的保存文件类型,例如"PowerPoint XML 演示文稿"选项,最后单击"保存"按钮即可,如图 4-45 所示。

将 PPT 幻灯片转换为网页格式后,就可以带着这个文件在任何计算机上查看了,而且无须再去安装 PPT 软件,非常方便。

4.7.4 任务实现

由于要求自动播放 PPT,所以需要预先录制播放时间,再设置放映方式,步骤如下。

第一步:在"幻灯片放映"功能区的"设置"组中单击"排练计时"按钮,自动从第 1 张幻灯片开始放映,此时屏幕左上角出现"预演"对话框。

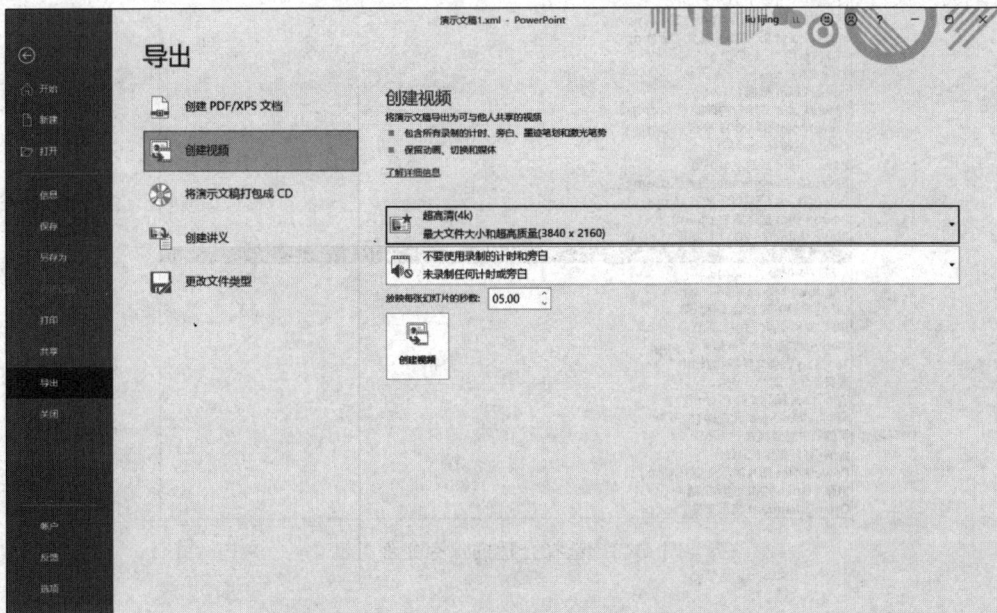

图 4-43　创建视频

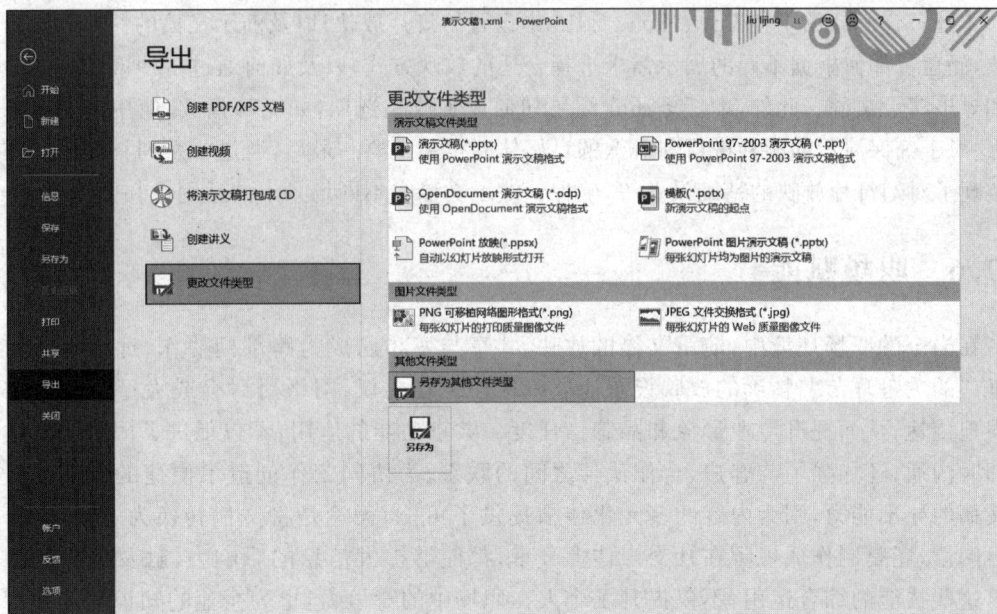

图 4-44　更改文件类型

　　第二步：通过按 Enter 键或单击，结束当前幻灯片放映，播放完最后一张幻灯片后弹出确认对话框，单击"是"按钮，保留该排练计时。

　　第三步：在"幻灯片放映"功能区的"设置"组中单击"设置幻灯片放映"按钮，打开"设置放映方式"对话框，在对话框中选择"在展台浏览（全屏幕）"，如果存在排练计时，则使用它。

```
PowerPoint 演示文稿 (*.pptx)
启用宏的 PowerPoint 演示文稿 (*.pptm)
PowerPoint 97-2003 演示文稿 (*.ppt)
PDF(*.pdf)
XPS 文档(*.xps)
PowerPoint 模板 (*.potx)
PowerPoint 启用宏的模板 (*.potm)
PowerPoint 97-2003 模板 (*.pot)
Office 主题 (*.thmx)
PowerPoint 放映 (*.ppsx)
启用宏的 PowerPoint 放映 (*.ppsm)
PowerPoint 97-2003 放映 (*.pps)
PowerPoint 加载项 (*.ppam)
PowerPoint 97-2003 加载项 (*.ppa)
PowerPoint XML 演示文稿 (*.xml)
MPEG-4 视频 (*.mp4)
Windows Media 视频 (*.wmv)
GIF 可交换的图形格式 (*.gif)
JPEG 文件交换格式 (*.jpg)
PNG 可移植网络图形格式 (*.png)
TIFF Tag 图像文件格式 (*.tif)
设备无关位图 (*.bmp)
Windows 图元文件 (*.wmf)
增强型 Windows 元文件 (*.emf)
可缩放矢量图格式 (*.svg)
大纲/RTF 文件 (*.rtf)
PowerPoint 图片演示文稿 (*.pptx)
Strict Open XML 演示文稿 (*.pptx)
OpenDocument 演示文稿 (*.odp)
```

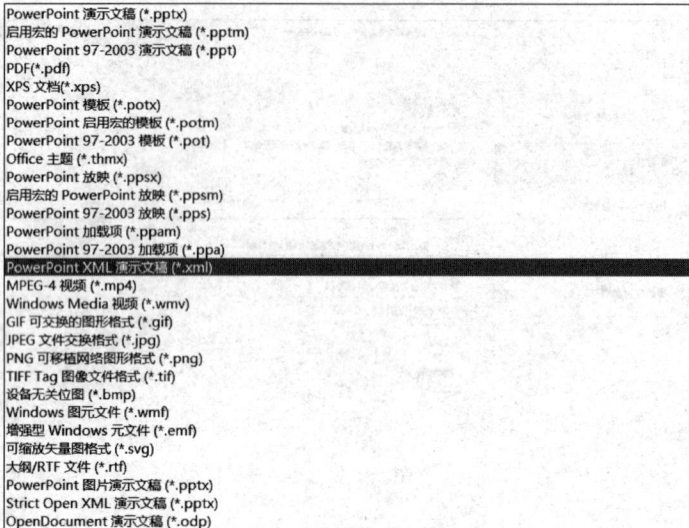

图 4-45　选择合适的保存文件类型

4.7.5　任务小结

本任务详细介绍了在 PowerPoint 2019 中设置幻灯片放映,以及演示文稿的共享和导出的方法,涵盖了如何根据不同的展示需求选择合适的放映方式,以及如何通过多种渠道高效地共享和导出演示文稿。此外,本任务还介绍了如何设置放映选项,如循环播放、使用演讲者备注等,这对于确保演示的顺利进行和观众的良好体验至关重要。最后,通过一系列具体的操作步骤实现了对幻灯片放映的精细设置等,确保了演示文稿在不同场景下的适用性和便捷性。

4.7.6　职场赋能

在当今的职场环境中,演示文稿的放映、共享与发布已成为跨部门协作、远程沟通和品牌推广的关键环节。精确的放映设置能够确保信息在会议、网络研讨会或大型活动中准确无误地传达,从而提升专业形象和品牌信任度。共享功能的运用,不仅促进了团队成员之间的即时沟通,还加强了与客户、合作伙伴之间的联系,为协同工作创造了便捷的条件。而演示文稿的导出能力,则为内容的多元化传播提供了可能,无论是将文稿转换为 PDF 文档供线下阅读,还是制作成视频在社交媒体上分享,都能够扩大信息的影响力,触及更广泛的受众。这些技能的综合运用,不仅提升了个人在职场中的竞争力,也为企业的知识管理和市场拓展提供了坚实的支撑。

4.7.7　习题小测

一、单选题

1. 在 PowerPoint 中,设置幻灯片放映的方式是(　　)。

A. 单击"开始"功能区中的"新建幻灯片"按钮

　　B. 单击"放映"功能区中的"从头开始"按钮

　　C. 单击"设计"功能区中的"背景"按钮

　　D. 单击"视图"功能区中的"母版"按钮

2. 共享 PowerPoint 演示文稿的方式是(　　　)。

　　A. 单击"开始"功能区中的"新建幻灯片"按钮

　　B. 选择"文件"菜单中的"共享"命令

　　C. 单击"设计"功能区中的"背景"按钮

　　D. 单击"视图"功能区中的"母版"按钮

3. 导出演示文稿为 PDF 格式的目的是(　　　)。

　　A. 将演示文稿转换为视频

　　B. 将演示文稿发布到网站上

　　C. 将演示文稿转换为 PDF 文件以便分发和查看

　　D. 将演示文稿保存为模板

4. 在 PowerPoint 中设置放映方式的方法是(　　　)。

　　A. 单击"开始"功能区中的"新建幻灯片"按钮

　　B. 单击"放映"功能区中的"设置放映方式"按钮

　　C. 单击"设计"功能区中的"背景"按钮

　　D. 单击"视图"功能区中的"母版"按钮

5. 导出演示文稿为视频的步骤是(　　　)。

　　A. 单击"开始"功能区中的"新建幻灯片"按钮

　　B. 选择"文件"菜单中的"导出"命令,选择"创建视频"选项

　　C. 单击"设计"功能区中的"背景"按钮

　　D. 单击"视图"功能区中的"母版"按钮

二、判断题

1. 用户可以在 PowerPoint 中设置放映时的幻灯片范围。(　　　)

2. 共享演示文稿时,用户可以选择不同的权限设置。(　　　)

3. 导出为视频的演示文稿可以在不支持 PowerPoint 的设备上播放。(　　　)

4. PowerPoint 允许用户将演示文稿导出为图片格式。(　　　)

5. 导出演示文稿为 PDF 格式后,接收者可以编辑 PDF 文件中的幻灯片内容。(　　　)

项目 4　PowerPoint 2019 演示文稿制作电子活页

项目5 信息检索技术

在信息爆炸的时代,信息检索技术已成为获取知识、解决疑惑、推动研究的重要工具。它不仅涉及如何从海量数据中高效提取有用信息,还关系到如何评估和整合这些信息以支持决策和创新。本项目将深入探讨信息检索的核心技术和策略,从基础的搜索引擎使用到专业的学术资源平台——解析,旨在提升读者的信息素养,以便在学术研究和日常工作中更加得心应手。

思维导图

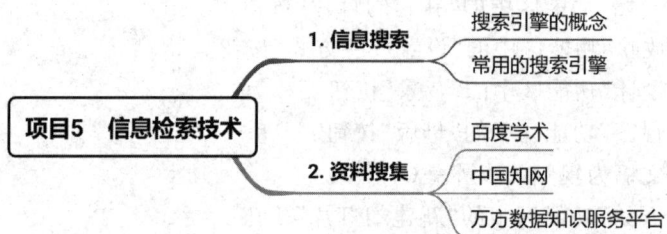

知识目标
- 掌握信息检索的定义、历史和在现代信息社会中的重要性。
- 了解按检索内容、检索方式、检索技术等不同维度对信息检索进行分类的方法。
- 熟悉各种检索方法,包括关键词检索、布尔检索、截词检索等。
- 掌握搜索引擎的基本工作机制,包括爬虫、索引和排名算法。
- 了解并识别国内外常用的搜索引擎,如 Google、Bing、百度等。

技能目标
- 能够熟练使用各种搜索引擎和数据库进行有效的信息检索。
- 学会对搜索结果进行有效整理和分类,提炼关键信息。
- 能够使用专业平台检索期刊论文,并能够根据需要筛选和获取相关信息。
- 掌握使用专业平台整理和归纳参考文献的技能。
- 学会使用基于大语言模型的 AI 软件进行资料整理和信息提炼。

素质目标
- 培养高度的信息意识和信息素养,能够识别信息需求并有效获取信息。
- 在检索和整理信息过程中,发展批判性思维,能够评估信息的可靠性和相关性。
- 培养持续学习和自我提升的能力,以适应信息检索技术和工具的不断变化。
- 在信息检索和整理过程中,能够与他人有效沟通和协作,共享信息资源。
- 在信息检索和使用过程中,遵守相关的法律法规,尊重知识产权和版权。

<h1 style="text-align: center;">任务5.1　信　息　搜　索</h1>

5.1.1　任务知识点

- 搜索引擎的概念。
- 常用的搜索引擎。

5.1.2　任务描述

假设你是一名计算机大类高职大二学生,通过网络了解专升本相关信息。

5.1.3　知识与技能

1. 搜索引擎的概念

所谓搜索引擎,就是根据用户需求与一定算法,运用特定策略从互联网检索出指定信息并反馈给用户的信息检索系统。搜索引擎依托于多种技术,如网络爬虫技术、检索排序技术、网页处理技术、大数据处理技术、自然语言处理技术等,为信息检索用户提供快速、高相关性的信息服务。

搜索引擎技术的核心模块一般包括爬虫、索引、检索和排序等,同时可添加其他一系列辅助模块,以为用户创造更好的搜索效果。搜索引擎一般无须安装和配置环境,只需要打开浏览器,输入相应的地址即可。

2. 常用的搜索引擎

1)百度

百度是中国互联网用户最常用的搜索引擎,每天完成上亿次搜索,也是全球最大的中文搜索引擎,如图 5-1 所示。

图 5-1　百度搜索引擎

2)Bing 搜索引擎

Bing(必应)是微软公司推出的全新搜索引擎服务。Bing 集成了多个独特功能,包括每日首页美图,与 Windows 操作系统深度融合的超级搜索功能,以及崭新的搜索结果导航模式等。用户可登录微软 Bing 首页,或打开内置于操作系统的 Bing 应用,直达 Bing 的网页、图片、视频、词典、翻译、资讯、地图等全球信息搜索服务，如图 5-2 所示。

图 5-2　微软 Bing 搜索引擎

网络上还有种类繁多的搜索引擎，有综合性的，也有一些专业性的，如迅雷、搜狗等。注意部分搜索引擎并不符合道德或者法律规定，因此在网络中，使用搜索引擎要遵纪守法。接下来的内容采用百度搜索引擎。

5.1.4　任务实现

第一步：信息搜索。

（1）搜索专升本政策。在浏览器中打开百度搜索引擎，输入"山东省专升本政策"，找到对应官方网站，查看官方最新政策，如图 5-3 所示。

图 5-3　搜索结果

（2）搜索专升本计算机课程讲解视频。如图 5-4 所示，通过百度搜索引擎，查找关于专升本计算机类课程介绍及知识讲解视频。在检索对话框中输入"专升本 计算机 讲解"，选中视频检索，即可得到相应结果。注意这里关键字中间有空格。这次搜索有 3 个关键词，如果没有空格，就是一个关键词。请读者自行测试比较。

图 5-4　在百度中搜索专升本计算机的讲解视频

（3）专升本励志图片检索。如图 5-5 所示，通过百度搜索引擎查找专升本励志图片，或者制作相关宣传时需要的素材，这个时候可以选择图片检索。

第二步：信息整理。注意搜索引擎可以帮助使用者在 Internet 上找到特定的信息，但它们同时也会返回大量无关的信息。例如，图 5-3～图 5-5 返回的检索结果中有不少是广告等干扰信息。为了去除干扰信息，保留有用信息，同时也为了以后查看方便，这里需要对结果进行整理、分类，以保留有用信息。我们使用一个文档来保存和记录对应内容。

5.1.5　任务小结

本任务能够使学习者掌握搜索引擎的基本概念、核心技术以及如何使用常用的搜索引擎等知识。通过实践操作，学会通过网络搜索引擎检索专升本政策、课程讲解视频和励志图片等关键信息，并掌握对搜索结果进行有效整理和分类的方法。这些知识和技能将极大地

图 5-5　在百度中搜索专升本励志图片

提升信息检索的效率和准确性,为学习者的学术研究和职业发展奠定坚实的基础。

5.1.6　职场赋能

在职场中,搜索引擎知识和技能的应用对于提升个人的工作效率和职业竞争力至关重要,它能够帮助员工快速获取行业报告和市场数据,支持基于数据的决策制定,同时通过持续学习最新的行业趋势和技术动态来促进个人的专业发展;在团队协作中,搜索引擎的使用可以提高信息共享的效率,加强团队成员间的沟通;面对工作中的挑战,搜索引擎成为寻找解决方案的重要工具,激发创新思维;此外,搜索引擎还使得跨学科学习变得便捷,促进员工创新思维和解决复杂问题的能力;掌握高效的搜索技巧有助于员工节省时间,更好地进行时间管理;在客户关系管理中,搜索引擎可以帮助员工了解客户背景和需求,提供个性化服务,增强客户满意度;同时,搜索引擎也是监控竞争对手动态及分析竞争对手战略的重要工具,为公司的竞争策略提供情报支持。总之,搜索引擎在职场上的综合应用对于个人和团队的效能提升、决策优化、品牌建设以及市场竞争力的增强都有着不可忽视的作用。

5.1.7　习题小测

一、单选题

1. 搜索引擎的核心模块不包括(　　)。

A. 爬虫　　　　B. 索引　　　　C. 检索　　　　D. 视频编辑

2.（　　）不是常用的搜索引擎。

    A. 百度　　　　　　B. 谷歌　　　　　　C. 必应　　　　　　D. 淘宝

3. 搜索引擎技术依托于(　　)技术。

    A. 网络爬虫技术　　　　　　　　　B. 食品加工技术

    C. 能源开发技术　　　　　　　　　D. 武器制造技术

4.（　　）搜索引擎是微软公司推出的。

    A. 百度　　　　　　B. 谷歌　　　　　　C. 必应　　　　　　D. 搜狗

5.（　　）功能不是搜索引擎通常提供的。

    A. 网页搜索　　　　B. 图片搜索　　　　C. 视频搜索　　　　D. 汽车维修服务

二、判断题

1. 搜索引擎可以根据用户需求与一定算法,运用特定策略从互联网检索出指定信息反馈给用户。(　　)

2. 搜索引擎技术的核心模块不包括排序模块。(　　)

3. 百度是中国互联网用户最常用的搜索引擎。(　　)

4. 搜索引擎只能查询中文网页。(　　)

5. 搜索引擎一般需要安装和配置环境。(　　)

任务 5.2　资　料　收　集

5.2.1　任务知识点

常用学术搜索平台的使用方法。

5.2.2　任务描述

毕业论文通常是一篇较长的有文献资料佐证的学术论文,是高等学校毕业生提交的有一定学术价值和学术水平的文章。毕业论文是大学生从理论基础知识学习到从事科学技术研究与创新活动的最初尝试。一篇优秀的毕业论文应该是本学科研究领域最新动态的体现,是对自己大学专业学习的总结,是本人综合能力的展示。学生在整个毕业论文写作中需要查找大量的文献资料,文献检索是毕业论文的撰写前提和基本要求,文献资料的查找对一篇毕业论文写作的成功至关重要。

某职业学校计算机应用技术专业毕业生计划撰写一篇关于人工智能在种植大棚方面应用论文,本任务中将说明如何查阅资料。

5.2.3　知识与技能

1. 百度学术

百度学术(https://xueshu.baidu.com)于 2014 年 6 月上线,是百度旗下的免费学术资源搜索平台，致力于将资源检索技术和大数据挖掘分析能力贡献于学术研究，优化学术资源生态，引导学术价值创新，为海内外科研工作者提供最全面的学术资源检索和最好的科研服务体验，如图5-6所示。

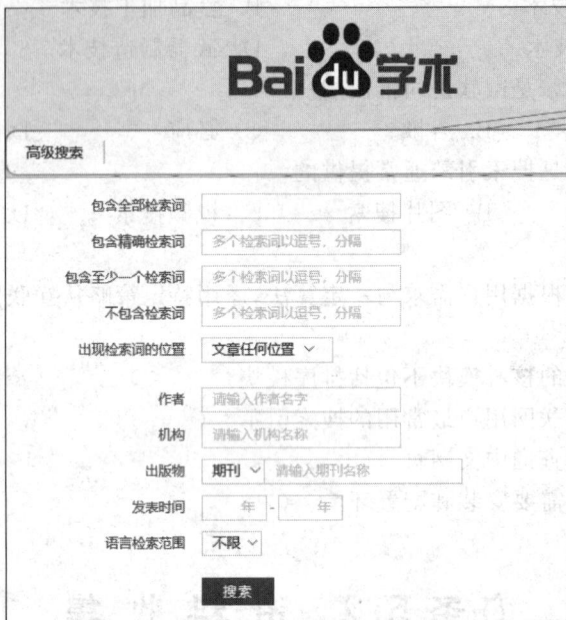

图 5-6　百度学术检索

百度学术收录了包括知网、维普、万方、Elsevier、Springer、Wiley、NCBI 等 120 多万个国内外学术站点，索引了超过 12 亿学术资源页面，建设了包括学术期刊、会议论文、学位论文、专利、图书等类型学术文献，是目前全球文献覆盖量最大的学术平台之一。同时还构建了包含 400 多万个中国学者主页的学者库和包含 1.9 万多中外文期刊主页的期刊库，目前每年为数千万学术用户提供近 30 亿次服务。

2. 中国知网

知网是国家知识基础设施（National Knowledge Infrastructure，NKI）中的概念，由世界银行于 1998 年提出。中国知识基础设施工程（China National Knowledge Infrastructure，CNKI）是以实现全社会知识资源传播共享与增值利用为目标的信息化建设项目，由清华大学、清华同方发起，始建于 1999 年 6 月，如图5-7所示。

图 5-7　知网

CNKI工程集团经过多年努力,采用自主开发并具有国际领先水平的数字图书馆技术,建成了世界上全文信息量规模最大的"CNKI数字图书馆",并正式启动建设《中国知识资源总库》及CNKI网格资源共享平台,通过产业化运作,为全社会知识资源高效共享提供最丰富的知识信息资源和最有效的知识传播与数字化学习平台。

3. 万方数据知识服务平台

万方数据是由万方数据公司开发的涵盖期刊、会议纪要、论文、学术成果、学术会议论文的大型网络数据库,也是和中国知网齐名的中国专业的学术数据库。其开发公司——万方数据股份有限公司是国内第一家以信息服务为核心的股份制高新技术企业,是在互联网领域,集信息资源产品、信息增值服务和信息处理方案于一体的综合信息服务商,如图5-8所示。

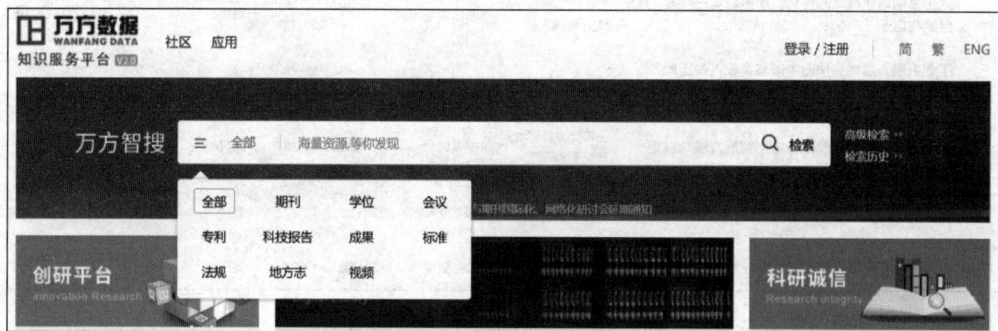

图 5-8　万方数据平台

这些都是国内常用的学术检索平台,要查阅外文资料,还需要使用专门的平台来进行检索,这里我们就不一一介绍了。这些平台检索一般免费,但是如果想要查看检索到的全文,需要支付一定的费用。绝大部分学校都购买了相应检索服务,可以通过学校账户获取服务,查看检索的论文或其他结果。

5.2.4　任务实现

第一步:资料查阅。

根据主题查找期刊、学位论文或图书,根据论文方向提炼出人工智能应用和种植大棚等关键词。

在主题对话框分别输入人工智能应用和种植大棚,结果如图5-9和图5-10所示。

查看发现,这两个关键词检索结果中的大部分文章并不具备太大参考意义。接下来,我们使用"大棚"关键字在人工智能应用搜索结果中再次检索,单击"结果中检索"按钮,此时发现仅搜索到两篇文章,如图5-11所示。

此时发现,人工智能应用在种植大棚领域中的主题一般为智慧大棚,因此我们使用"智慧大棚"来进行搜索,结果如图5-12所示。

图5-12所示的检索结果比较接近我们想要的结果,但是其包含了所有计算机技术。接下来用选择全文检索,关键字为"人工智能",并单击"结果中检索"按钮,得到了大量符合要求的参考资料,如图5-13所示。

	题名	作者	来源	发表时间	数据库	被引	下载	操作
□1	生成式人工智能与未来教育形态重塑:技术框架、能力特征及应用趋势 网络首发	刘邦奇;聂小林;王士进;袁婷婷;朱洪军 ›	电化教育研究	2024-01-03 13:27	期刊			⬇ 📖 ☆ ⏨
□2	一种可解释人工智能(XAI)在测量设备故障诊断和寿命预测中的应用	陈长基;梁树华;吴达雷;于秀丽;陈育培 ›	西南大学学报(自然科学版)	2024-01-02	期刊			⬇ 📖 ☆ ⏨
□3	人工智能技术在肺癌诊断中的研究进展和应用	李悦鹏;罗汶鑫;汪周峰;李为民	生物医学转化	2023-12-30	期刊			⬇ 📖 ☆ ⏨
□4	浅谈人工智能在高校青年教师教学和科研活动中的应用	赵璇	科教文汇	2023-12-30	期刊			⬇ 📖 ☆ ⏨
□5	人工智能时代网络文化的变革与治理 网络首发	匡文波;姜泽玮	长白学刊	2023-12-29 16:09	期刊	397		⬇ 📖 ☆ ⏨
□6	人工智能国防战略的目标、愿景与实施路径:国际经验与启示 网络首发	齐亚双;刘泽瀛;陈晓岚;许佳;瞿羽佳	情报杂志	2023-12-29 15:21	期刊	175		⬇ 📖 ☆ ⏨
□7	工业机器人应用会加剧中国城乡收入差距吗? 网络首发	陈晓华;邓贺;杜文	南京审计大学学报	2023-12-28 09:01	期刊	138		⬇ 📖 ☆ ⏨
□8	基于人工智能的智能建造安全管理方法与应用	王希;赵卓辉;谭啸;侯配;易创 ›	中外建筑	2023-12-28	期刊			⬇ 📖 ☆ ⏨
□9	生成式人工智能在数字乡村规划与设计中的应用研究	陈旭林	智慧农业导刊	2023-12-27	期刊	329		⬇ 📖 ☆ ⏨
□10	从翻译的视角谈人工智能配音在影视领域的应用	彭婷婷	传播与版权	2023-12-27	期刊	64		⬇ 📖 ☆ ⏨

图 5-9　人工智能应用检索结果

□全选 已选0 清除　批量下载　导出与分析▾			排序:相关度　发表时间↓ 被引 下载 综合		显示 20▾	▦ ☰		
	题名	作者	来源	发表时间	数据库	被引	下载	操作
□1	农业种植大棚风雪荷载计算及结构优化	张天虎;钟建琳	北京信息科技大学学报(自然科学版)	2023-12-15	期刊			⬇ 📷 ☆ ⏨
□2	返乡创业"新农人" 逐梦乡村促振兴	刘琴;秦风明	山西青年报	2023-10-24	报纸		79	🔒 📷 ☆ ⏨
□3	葡萄熟了	小草	走向世界	2023-10-22	期刊			⬇ 📷 ☆ ⏨
□4	把工作干到群众心坎上	刘彦;吴静	延安日报	2023-09-28	报纸		10	🔒 📷 ☆ ⏨
□5	绿色"仙草"开出致富花	洪筱荣;曾国明;吕嘉宇	汕尾日报	2023-09-27	报纸		31	🔒 📷 ☆ ⏨
□6	面向智慧农业的物联网数据采集与传输终端的设计与实现	曲希源	物联网技术	2023-08-16	期刊	1	347	⬇ 📷 ☆ ⏨
□7	江西九江: 开展"一对一"电力助农行动		农电管理	2023-08-10	期刊	2		⬇ 📷 ☆ ⏨
□8	引活水 产业兴 生活旺	任志甍	山西日报	2023-07-10	报纸		19	🔒 📷 ☆ ⏨
□9	特色产业生"金" 村民日子舒心	任琦	延安日报	2023-07-04	报纸		13	🔒 📷 ☆ ⏨
□10	让乡村产业搭上电商快车		西藏日报(汉)	2023-06-27	报纸		40	🔒 📷 ☆ ⏨
□11	"星"光引领振兴路 绘就城乡新蓝图	王献伟;范淑玮;夏慧君;孙川	濮阳日报	2023-06-26	报纸		18	🔒 📷 ☆ ⏨
□12	刘士山的新"钱"途	孙丽娜;张微	兵团工运	2023-06-25	期刊		1	⬇ 📷 ☆ ⏨
□13	"小韭菜"成为致富"大产业"	余果	运城日报	2023-06-19	报纸		39	🔒 📷 ☆ ⏨

图 5-10　种植大棚检索结果

图 5-11 在结果中搜索

图 5-12 搜索智慧大棚的结果

　　需要注意的是,科技文献查找一开始并不一定能够准确得到关键词,这时需要转换查找角度,根据检索结果来重新设定更为准确的关键词。如果关键词范围过大,需要单击"结果中检索"按钮,进一步压缩检索结果。

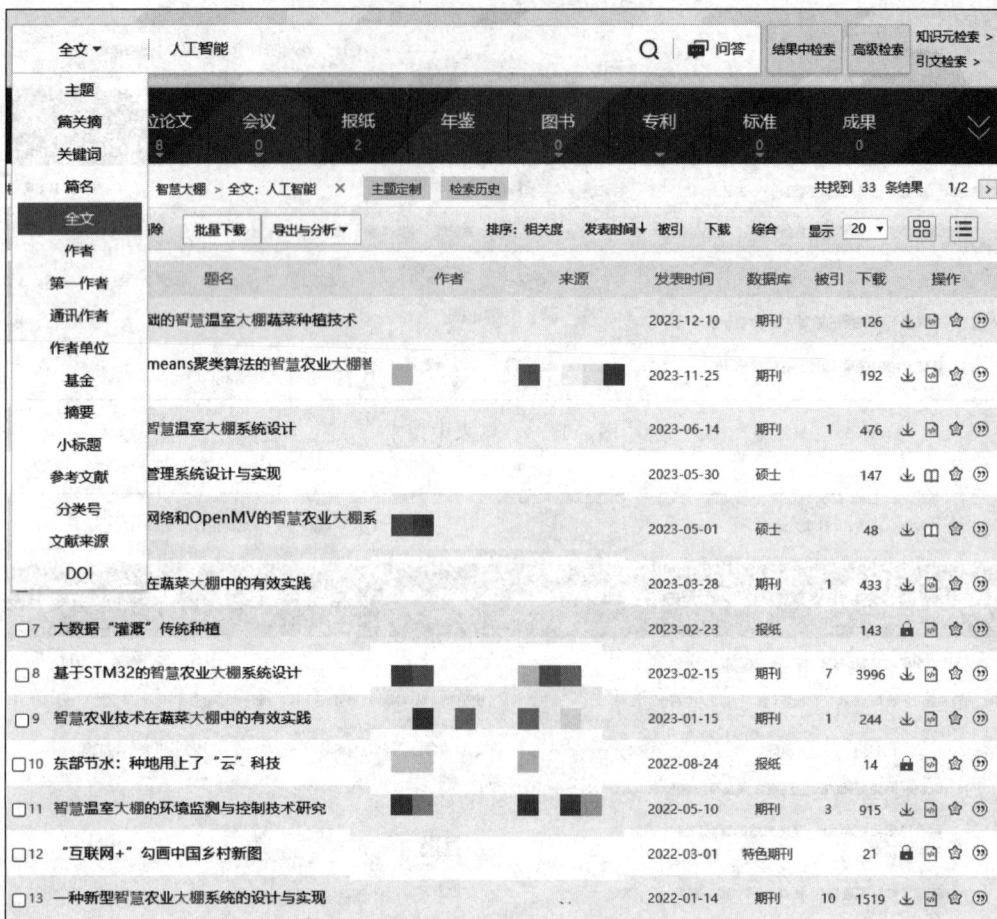

图 5-13 在检索结果中找出与人工智能相关文献

第二步：归类整理。

按照摘要,根据论文中不同知识点需要分类整理。可将图 5-14 中的信息整理到文档中,便于使用。

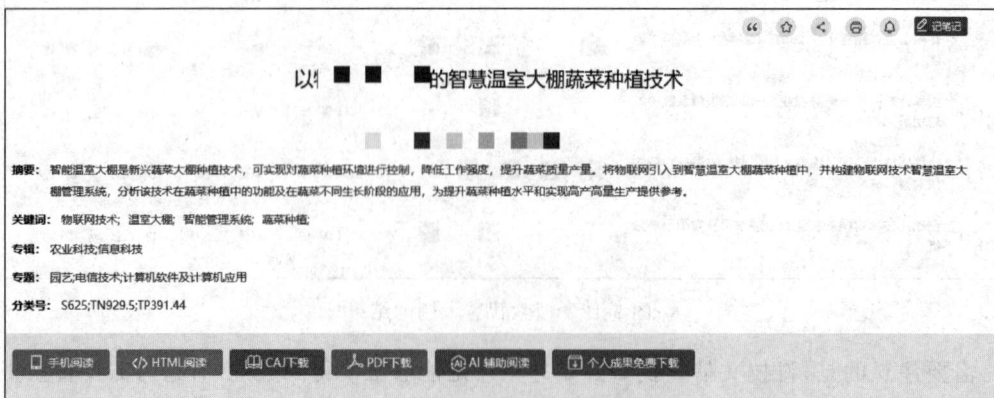

图 5-14 检索结果展开页面

在图 5-14 中可以下载相应内容,可以选择不同格式存储到本地,并根据类别或内容进行分类存储,便于以后学习及应用。

第三步:查看结果。

图 5-15 给出了归档全文;图 5-16 给出了按关键词、摘要等内容进行分类整理的参考文献,便于在写作过程中进行查阅。

名称	修改日期	类型	大小
基于阿里云的智慧温室大棚系统设计_李...	2024/1/3 15:39	WPS PDF 文档	2,040 KB
基于卷积神经网络和OpenMV的智慧农...	2024/1/3 15:44	WPS PDF 文档	4,312 KB
融合SVR和K-means...的智慧农业大棚智...	2024/1/3 15:38	CAJ 文件	682 KB
一种新型智慧农业大棚系统的设计与实现...	2024/1/3 15:44	WPS PDF 文档	2,196 KB
以物联网为基础的智慧温室大棚蔬菜种植...	2024/1/3 15:38	WPS PDF 文档	2,022 KB

图 5-15 下载好的全文资料

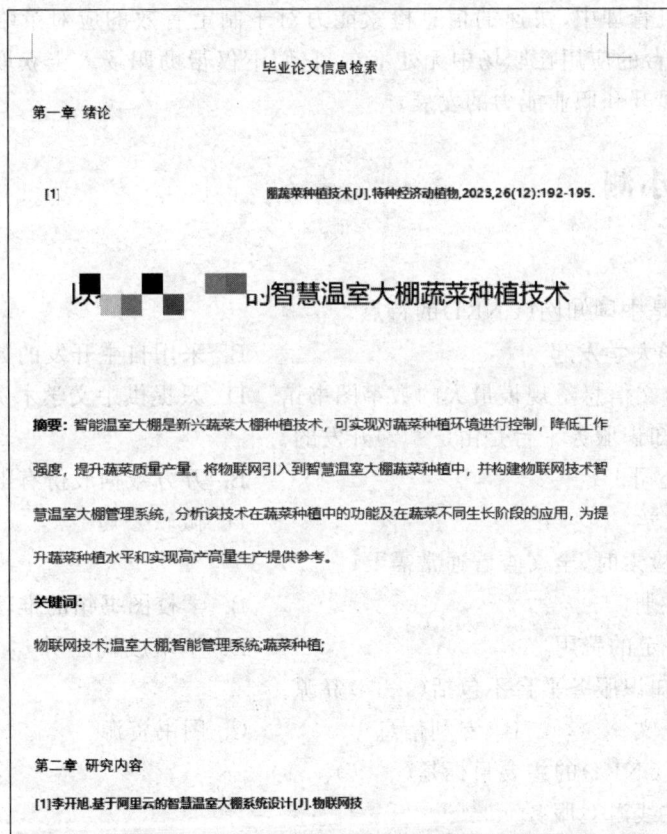

图 5-16 按关键词、摘要等分类整理的参考文献

5.2.5 任务小结

本任务强调了掌握常用学术搜索平台使用方法的重要性,这对于撰写毕业论文和开展

学术研究至关重要。通过学习,可以了解百度学术、中国知网和万方数据等国内主要的学术资源搜索平台的使用方法,它们提供了广泛的学术资料,包括期刊、会议论文、学位论文、专利和图书等,覆盖了国内外众多学术站点。这些平台通过构建学者库和期刊库,优化了学术资源生态,促进了学术创新。

5.2.6 职场赋能

无论是在研究与开发、市场分析、决策支持还是在专业咨询等领域,学术搜索平台都能为职场人士提供最新的科研成果、行业报告和市场研究,帮助他们紧跟行业动态,做出基于数据的决策。教育工作者和培训师可以利用这些资源更新教学内容,确保知识的前沿性。项目管理团队通过获取最佳实践和案例研究,优化项目流程,提高成功率。法律和合规专家依靠这些平台获取最新的法规变化,确保公司运营合规。跨部门团队可以共享搜索到的资料,促进知识交流和协作。此外,个人也可以通过这些平台进行自我教育和职业发展,提升专业技能。在危机管理中,快速的信息检索能力对于制定有效的应对策略同样不可或缺。总之,学术搜索平台的应用在职场中无处不在,它们不仅帮助职场人士获取关键信息,还促进了工作效率的提升和职业能力的发展。

5.2.7 习题小测

一、单选题

1. ( )不是中国知网(CNKI)的特点。
   A. 由清华大学发起　　　　　　　　B. 采用自主开发的数字图书馆技术
   C. 提供全文信息量规模最大的数字图书馆　D. 只提供中文学术资源
2. 万方数据知识服务平台是由( )开发的。
   A. 百度公司　　　　　　　　　　　B. 万方数据股份有限公司
   C. 清华大学　　　　　　　　　　　D. 微软公司
3. 学术资源检索时,全文查看通常需要( )。
   A. 免费注册　　　　　　　　　　　B. 学校图书馆的推荐信
   C. 支付一定的费用　　　　　　　　D. 学术成就证明
4. 万方数据知识服务平台不包括( )资源。
   A. 期刊论文　　B. 专利信息　　C. 图书资源　　D. 电影剧本
5. 中国知网(CNKI)的主要目标是( )。
   A. 提供在线游戏服务
   B. 实现全社会知识资源传播共享与增值利用
   C. 提供股票交易信息
   D. 提供旅游攻略

二、判断题

1. 万方数据知识服务平台提供的资源都是免费的。( )
2. 学术资源检索平台提供的服务仅限于学术论文。( )

3. 学生可以通过学校账户免费获取学术资源检索服务。(　　)

4. 学术资源检索平台通常不允许用户下载论文的全文。(　　)

5. 学生在撰写毕业论文时,可以完全依赖网络资源,而不需要参考实体书籍。(　　)

项目 5　信息检索技术电子活页

项目6 新一代信息技术简介

深入探讨物联网、5G、云计算、大数据、人工智能、区块链和虚拟现实等新一代信息技术的内涵、特性及其相互作用,揭示它们如何相互支撑和协同配合,共同推动社会经济的数字化转型。在此基础上,本项目进一步阐述了这些技术各自的优势和应用,如物联网实现了万物互联,5G技术提供了快速且低延迟的网络服务,云计算按需分配资源,大数据技术专注于海量数据的存储与分析,人工智能通过机器学习和自然语言处理技术提升了决策智能化,区块链技术保障了数据的安全性和透明性,虚拟现实技术则带来了沉浸式体验等。这些技术的融合应用勾勒出一个智能化、互联的未来社会蓝图,对经济、社会和个人生活产生深远且积极的影响。

思维导图

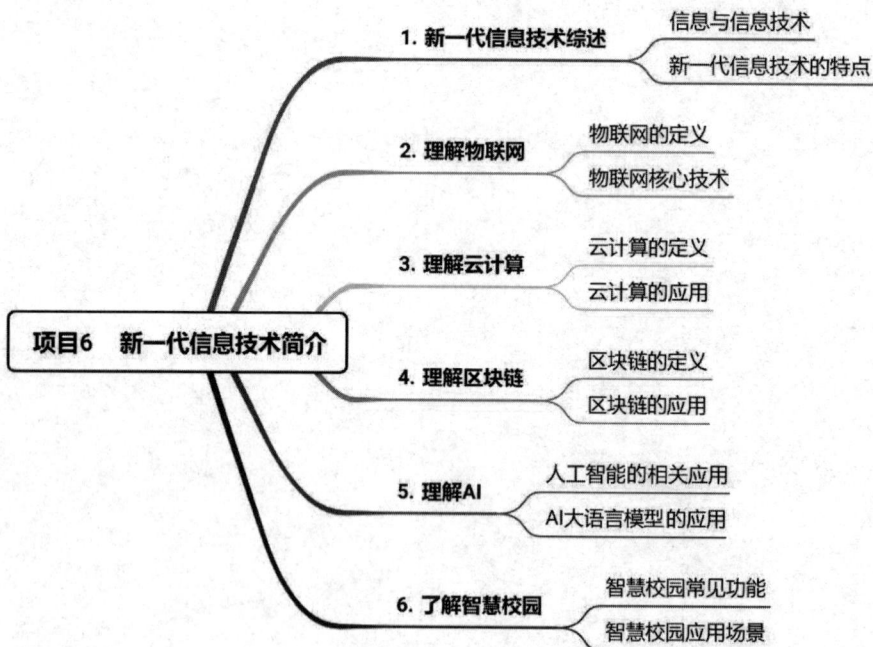

1. 新一代信息技术综述	信息与信息技术
	新一代信息技术的特点
2. 理解物联网	物联网的定义
	物联网核心技术
3. 理解云计算	云计算的定义
	云计算的应用
4. 理解区块链	区块链的定义
	区块链的应用
5. 理解AI	人工智能的相关应用
	AI大语言模型的应用
6. 了解智慧校园	智慧校园常见功能
	智慧校园应用场景

项目6 新一代信息技术简介

知识目标

- 掌握信息技术的定义、发展历程,以及新一代信息技术的主要代表技术。
- 深入理解物联网、云计算、人工智能、区块链等的基本原理和应用场景。
- 探究新一代信息技术在各个领域的应用方式,包括但不限于工业、医疗、教育等。
- 了解新一代信息技术与数字经济、智能制造、智慧城市的关系,以及如何推动这些领域的发展。

- 研究新一代信息技术如何与传统产业融合,促进产业升级和转型。

技能目标

- 能够分析物联网、5G 等技术的优势和局限性,并针对不同场景提出解决方案。
- 能够运用云计算、大数据等技术进行数据处理和分析,解决实际问题。
- 结合人工智能、区块链等技术,提出创新性的应用方案或业务模型。
- 具备参与智慧城市、智能制造等项目的规划、实施和管理的能力。
- 能够在多学科、跨领域的团队中有效沟通,共同推进新一代信息技术与产业的协同发展。

素质目标

- 培养严谨的科学态度,对技术发展保持持续关注和深入理解。
- 鼓励创新思维,敢于尝试新技术,勇于面对技术挑战。
- 认识到新一代信息技术对社会的深远影响,积极推动技术进步与社会责任的结合。
- 在团队中发挥个人专长,与团队成员共同成长,实现团队目标。
- 面对快速变化的技术环境,具备自我学习和持续提升的能力。

任务6.1 新一代信息技术综述

6.1.1 任务知识点

- 信息与信息技术。
- 新一代信息技术的特点。

6.1.2 任务描述

通过访问和使用海尔工业互联网,了解新一代信息技术与传统信息技术的区别和联系。

6.1.3 知识与技能

1. 信息与信息技术

三元论学者认为世界由物质、能量和信息三元组成。信息论奠基人香农(Shannon)给出信息的经典定义:"信息是用来消除随机不确定性的东西。"

信息技术(information technology,IT)是用于管理和处理信息所采用的各种技术的总称,主要是应用计算机科学和通信技术等,包括硬件系统和应用软件。当前人类社会处于信息社会,信息技术在社会各行各业广泛应用。

数据(data)是事实或观察的结果,是对客观事物的逻辑归纳。在计算机中,数据最终被转换为 ASCII 码的形式存储在硬盘上,字符、数字、文本、声音、图片、视频等都是数据。

图 6-1 矿泉水与数据

例如,图 6-1 所示是一瓶常见的矿泉水,瓶子、水是物质,人需要喝水以保持活力,水给人提供了基本能量。为了更好地管理矿泉水灌装、销售、质检等过程,需要对矿泉水进行数据化,人为抽象出数量、容量、品牌、包装材质、产地、生产线、生产时间、保质期、图片等数据,都是对矿泉水这一实物进行数据化描述的结果。通过数据化描述,矿泉水属性可以输入计算机系统,方便管理。

数据和信息之间互相依存:数据是反映客观事物属性的记录,是信息的具体表现形式,数据经过加工之后就成为信息。通俗地讲,信息是有用的数据,数据是信息的载体。信息技术包括了信息(数据)的获取、加工、传输、存储、变换、显示等过程,包括文字、数值、图像、声音、视频等多种形式。上述过程主要通过计算机系统完成。

现代学者对计算机(无论什么形态)的一个普遍的定义为:计算机是能够存储和操作信息的智能电子设备,包括硬件系统和应用软件。

在第 1 章中我们学习到计算机硬件系统架构,这里再从数据加工处理角度进行讨论。如图 6-2 所示显示了计算机的系统架构,其中输入和输出指的就是数据的输入和输出,数据在计算机中存储,以便数据处理设备对数据进行处理。这一过程有对应的硬件,也需要软件(程序)。对于绝大部分计算机程序而言,就是输入数据、处理数据、输出数据(可能某个环节没有)的过程,如图 6-3 所示。正是因为我们把现实世界的事物都用数据来进行表示,所以计算机才能有如此强大的功能。例如,我们要统计矿泉水的数量,设计一个程序,每灌装完一瓶之后,将数量输入程序,程序在原有的数量上增加 1,根据需要进行存储或显示,方便人们对矿泉水进行管理,这就建立了信息系统中数据与现实社会中物质的对应关系。从一定角度讲,数据是物质在网络世界中的映射。

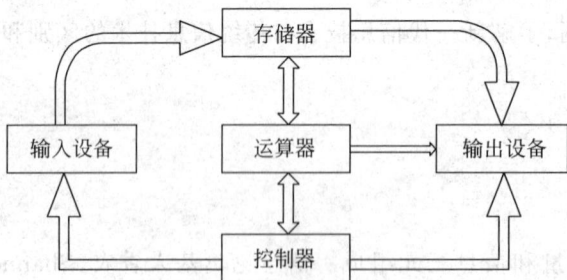

图 6-2 计算机逻辑结构图

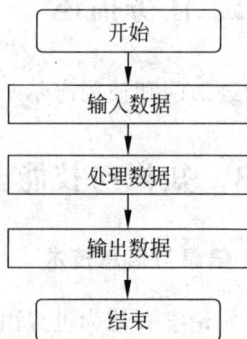

图 6-3 程序与数据

为了便于程序或软件处理数据,我们通常把数据存放在数据库中。数据库的定义就是存放数据的仓库,现在通用的大多数数据库都是关系数据库。为管理数据库而设计的计算机软件系统就叫作数据库管理系统,例如,微软公司的 Access、开源数据库管理系统 MySQL、国产达梦数据库等都是数据库管理系统。很多人把数据库管理系统和数据库混为一体,数据库管理系统是能够实现数据的存储、截取、安全保障、备份等基础功能,而数据库就是存储仓库。

一个关系数据库往往由很多张表格构成,表格中表头称为字段,数据在表中以行为单位进行存储,一行称为一条记录。例如,表 6-1 是表示矿泉水品种的一个表格。

表 6-1 根据软件项目建设需求

p_id	p_name	p_weight	p_volume	p_brand	p_note	p_begin_date
1	雪山矿泉水	600	600	雪山		2010-05-01
2	雪山冰泉水	550	550	雪山		2012-06-01
3	精品矿泉水	330	300	雪山		2013-06-01

这种能够与物质世界对应,并且能够以二元关系存放在二维表格中的数据,称为结构化数据,例如,数字、文字、日期、符号等。还有一些数据,不能或者不方便存放在数据库的表中,比如文件、图片、声音、视频等,则称为非结构化数据。非结构化数据处理起来比较复杂,一般存放其索引(文件名、文件路径)在数据库中,程序通过索引来使用非结构化数据。

类似于表这种数据存储方式则称为数据结构,处理数据的步骤和方法可以称为算法,而构成计算机软件的程序就等于数据结构+算法。总而言之,信息技术就是应用计算机软硬件(广义的概念,包括通信、传感等)来实现数据的输入、传输、加工、输出和显示。

2. 新一代信息技术的特点

从 1946 年第一台计算机问世到现在,经历了 70 多年的发展,信息技术在数据采集、传输、处理和加工方法上都有了巨大的变化,尤其是在进入 21 世纪以来,为了方便描述这种变化,用新一代信息技术来代表新出现的相关技术和数据处理方法。新一代信息技术中主要的代表技术包括物联网、5G、云计算、大数据、人工智能、区块链、虚拟现实等,新一代信息技术和"传统"信息技术之间的区别主要表现在以下几个方面。

1) 数据采集

"传统"信息技术数据采集基本由人工完成,并且将数据录入相应软件系统;新一代信息技术则通过物联网中的传感器和相关设备自动采集数据,或者通过软件实现数据录入、流程的自动流转等,由此实现从以"人"为主的互联网转为"人与物互通"的物联网。

2) 数据传输

以 5G 为代表的新一代通信技术实现了高带宽、低延迟的快速通信技术;以 ZigBee、NFC、蓝牙等短距离无线通信技术在不同场景中应用,解决了需求多样化的问题;通信和安全技术日趋成熟,应用场景逐步扩大。

3) 数据存储和计算能力

通过应用云计算技术,实现了计算能力和存储能力按需分配,解决了存储和算力瓶颈问题,并且为中小企业、小型用户提供了峰值计算的机会;同时将信息化建设由专门 IT 公司负责建设,普通企业或组织专门致力于自身业务即可。

4) 数据处理方法

传统信息系统一是处理数据的数量有限,二是只能处理结构化数据,因此数据只能依靠人工整理后录入系统;而自动数据采集产生了大量粗糙的、非结构化的数据,大数据技术能够有效处理海量、非结构化数据,挖掘数据中包含的信息,使数据更有价值。

5)数据显示、展示

多媒体技术日趋成熟,4K等高清显示已经走入实用阶段;虚拟现实作为当前阶段使用较多显示方式,在教学、训练、游戏、科研等方面也进入实用阶段。

正如图6-4所示,新一代信息技术的主要代表技术之间互相关联,并且和传统信息技术一样,都是以数据为中心,也是管理和处理信息的技术,不过所用技术、方法、手段都全面提升。随着传统信息技术升级换代为新一代信息技术,信息社会逐渐转变为智慧社会。新一代信息技术的推广应用,不仅会给社会带来技术革新,还会给社会意识形态带来变化,包括人们的生活方式也会受到影响。因此,新一代信息技术相关知识已经成为每一个人必须知道和了解的基本知识之一。

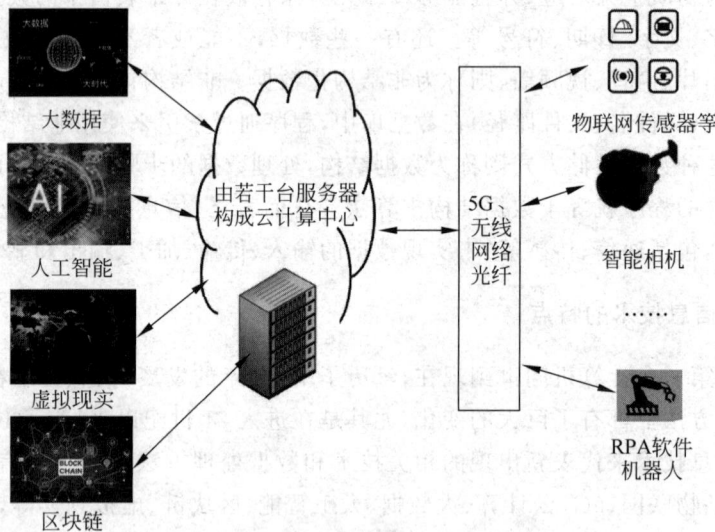

图 6-4 新一代信息技术

6.1.4 任务实现

借助新一代信息技术,众多企业正在积极探索和整合生产、管理等不同层面的信息化平台,以实现全过程透明化和资源整合。在这一过程中,制造企业将生产过程执行管理系统(manufacturing execution system, MES)与企业资源计划系统(enterprise resource planning, ERP)相结合,并统一部署到云计算平台上,构建起全新的工业互联网平台。

海尔工业互联网平台即海尔 COSMOPlat,是一个以用户需求为驱动力,实现大规模定制化生产的平台,如图6-5所示。卡奥斯工业互联网平台分为4层:第一层是资源层,主要是对硬件资源的整合,实现各类资源的分布式调度和最优匹配;第二层是平台层,支持工业应用的快速开发、部署、运行、集成,实现工业技术软件化;第三层是应用层,为企业提供具体互联工厂应用服务,形成全流程的应用解决方案;第四层是模式层,依托互联工厂应用服务实现模式创新和资源共享。

目前,海尔卡奥斯平台已打通交互定制、开放研发、数字营销、模块采购、智能生产、智慧

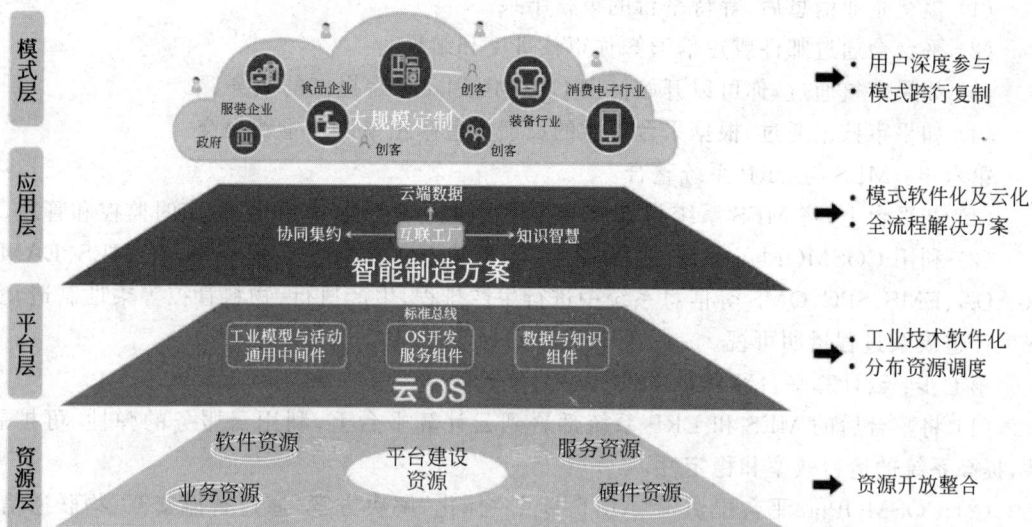

图 6-5　卡奥斯平台架构图

物流、智慧服务等业务环节,通过智能化系统使用户持续、深度参与到产品设计研发、生产制造、物流配送、迭代升级等环节,满足用户个性化定制需求。在前面已经举例说明,海尔卡奥斯平台在洗衣机定制化生产服务领域起到了客户需求和生产融合的作用,卡奥斯平台在多个领域能够帮助企业对接客户需求,直接实现个性化定制服务。

以下是访问和使用海尔 COSMOPlat 平台的详细步骤。

第一步:访问海尔 COSMOPlat 官方网站。

(1)打开网络浏览器,输入海尔 COSMOPlat 的官方网址。

(2)进入官网后,浏览首页,了解平台的基本信息和核心功能,包括用户全流程参与体验、大规模定制模式创新等。

第二步:注册账号。

(1)在网站首页找到"注册"按钮,通常位于页面顶部或右上角。

(2)单击"注册"按钮后,进入注册页面,按照提示填写必要的注册信息,包括用户名、密码、电子邮箱或手机号码等。

(3)仔细阅读并同意服务条款和隐私政策,完成账号的创建。

第三步:实名认证。

(1)登录新注册的账号,进入个人中心或账户设置界面。

(2)找到实名认证的选项,单击"立即认证"按钮或类似的按钮。

(3)根据页面提示,上传身份证正、反面照片和手持身份证的照片,确保证件信息清晰可见。

(4)等待平台审核你的实名认证信息,审核通过后,你将获得更多的权限和服务。

第四步:新增企业信息。

(1)实名认证通过后,进入企业管理界面,寻找添加新企业的选项。

(2)单击"添加新企业"按钮或类似的按钮,进入企业信息录入页面。

(3)完成信息填写后,提交企业信息,等待平台审核。

第五步:提交审核并等待结果。

（1）提交企业信息后，等待平台的审核结果。

（2）平台会通过邮件或短信通知你审核进度和结果。

（3）如果审核通过，你可以开始使用 COSMOPlat 平台提供的服务。

（4）如果审核未通过，根据平台提供的反馈信息修正错误并重新提交。

第六步：MES 与 ERP 系统整合。

（1）在平台上，将 MES 系统与 ERP 系统进行整合，实现生产过程的实时监控和管理。

（2）利用 COSMOPlat 平台的"智能生产"模块，通过 APS 处理订单，在 MES、EAM、SCADA、EMS、SPC、QMS 等信息系统中进行生产排程、生产执行、物料管控等柔性制造，实现生产进展及过程透明可视。

第七步：云计算平台部署。

（1）将整合后的 MES 和 ERP 系统部署到云计算平台上，利用云服务的弹性、可扩展性，提高系统的运行效率和稳定性。

（2）COSMOPlat 平台提供了"AIoT 端云一体化"解决方案，通过智能交互、物联通信、传感器等技术，对商业终端进行智能化、网器化改造，实现数据采集、存储，并提供基于大数据分析的增值服务。

第八步：全过程透明化管理。

（1）利用海尔 COSMOPlat 平台，实现生产、管理等全过程的透明化，优化资源配置，提升生产效率。

（2）海尔互联工厂是"数字化支撑下的全流程透明可视"的典范，其内涵主要体现在两个维度：一是企业生产全流程的透明化展示，二是用户信息的可视化交互。

第九步：大规模定制化生产。

（1）利用平台的大规模定制化生产能力，满足用户的个性化需求，提高市场竞争力。

（2）海尔 COSMOPlat 以"用户驱动"为动力，不断创新并提供产品解决方案。它改变了以往"企业和用户之间只是生产和消费关系"的传统思维，致力于创造用户的终身价值。

通过以上步骤，企业可以有效地利用海尔 COSMOPlat 平台实现生产和管理的数字化转型，提高企业的运营效率和市场响应速度。

6.1.5　任务小结

本任务深入阐述了信息与信息技术的基础知识，并探讨了信息技术在数据管理、传输和处理中的关键作用。同时，本任务详细介绍了新一代信息技术的主要代表技术，包括它们的技术特性、应用场景以及对社会进步的潜在影响。通过分析这些技术如何促进创新和经济增长，强调了持续研究和应用这些技术的重要性。

以海尔工业互联网平台 COSMOPlat 的应用为例，可以看到新一代信息技术与传统信息技术如何融合，共同推动制造业的数字化转型。在海尔滚筒互联工厂中，通过 5G＋MEC 技术与机器视觉、人工智能等技术的结合，提供了一套标准化、场景化、智能化的全流程解决方案，由此展示了新一代信息技术在提升生产效率、优化资源配置和提高产品质量方面的优势，同时也体现了新一代信息技术在继承和发展传统信息技术的基础上如何助力工业领域向智能化和数字化的转型。

6.1.6 职场赋能

新一代信息技术作为科技兴国战略的核心驱动力,正在深刻地改变着世界。这些技术包括云计算、大数据、人工智能、物联网、5G 通信等,它们正在加速融入我们的生产、生活,给人类社会带来了前所未有的深刻变革。新一代信息技术的发展不仅推动了传统产业的转型升级,催生了新的经济增长点,也为社会管理、公共服务、医疗健康等领域带来了创新的解决方案。在人才培养方面,新一代信息技术为教育提供了全新的平台和工具,促进了创新思维的培养和实践能力的提升。同时,信息技术产业的快速发展,对经济的引领带动作用日益提升,所创造的产品和服务为国民经济各行业转型升级、提质增效,以及实现高质量发展提供了强大动能。科技创新是引领高质量发展的强劲动力,新一代信息技术的进步对经济社会发展的引擎作用不断增强,数字经济成为国民经济最有活力的重要组成部分。此外,新一代信息技术还促进了全球范围内的信息交流和合作,推动了全球创新网络的形成,为构建人类命运共同体提供了技术支撑。总之,新一代信息技术对科技兴国的作用体现在推动经济增长、促进社会进步、加强国家竞争力、培养创新人才等多个方面,是科技兴国战略不可或缺的重要组成部分,对于实现中华民族伟大复兴的中国梦具有重大意义。

6.1.7 习题小测

一、单选题

1. 信息技术的主要用途是(　　　)。
   A. 信息的收集、处理和传递　　　　　B. 食品加工
   C. 能源开发　　　　　　　　　　　　D. 武器制造
2. 新一代信息技术的特点不包括(　　　)。
   A. 网络化　　　　B. 智能化　　　　C. 去中心化　　　　D. 孤立化
3. (　　　)不是新一代信息技术的代表。
   A. 物联网　　　　B. 云计算　　　　C. 大数据　　　　D. 传统广播
4. 新一代信息技术对社会发展的影响主要体现在(　　　)。
   A. 提高生产效率　　　　　　　　　　B. 改变生活方式
   C. 促进创新和经济增长　　　　　　　D. 上述所有方面
5. 新一代信息技术的核心价值是(　　　)。
   A. 数据的收集和分析　　　　　　　　B. 信息的娱乐化
   C. 技术的复杂性　　　　　　　　　　D. 硬件的生产

二、判断题

1. 信息技术的发展对环境没有影响。(　　　)
2. 新一代信息技术可以提高企业的竞争力。(　　　)
3. 新一代信息技术只适用于高科技行业。(　　　)
4. 新一代信息技术的发展不会影响个人隐私。(　　　)
5. 新一代信息技术可以促进社会公平和包容性。(　　　)

任务 6.2　理解物联网

6.2.1　任务知识点

- 物联网定义。
- 物联网核心技术。
- 物联网应用。

6.2.2　任务描述

通过观看小米智能家居视频，体验物联网应用。

6.2.3　知识与技能

1. 物联网的定义

新一代信息技术中有很多代表技术，由于出现较晚，且还在不断发展过程中，因此缺乏统一的定义。关于物联网技术，其常见定义就有以下几种。

（1）欧盟定义：将现有互联的计算机网络扩展到互联的物品网络。

（2）2010 年中国政府工作报告中定义：物联网是指通过信息传感设备，按照约定协议，把任何物品与互联网连接起来，进行信息交换和通信，以实现智能化识别、定位、跟踪、监控和管理的一种网络。它是在互联网基础上延伸和扩展的网络。

（3）国际电信联盟 ITU 在 2005 年的《物联网》报告中将"物联网"定义为：一个无所不在的计算及通信网络，在任何时间、任何地方、任何人、任何物体之间都可以相互联结。

（4）物联网（Internet of things，IoT）的基本定义：通过射频识别（RFID）、红外感应器、全球定位系统、激光扫描器等信息传感设备，按约定的协议，将任何物品通过有线或无线方式与互联网连接，进行通信和信息交换，以实现智能化识别、定位、跟踪、监控和管理的一种网络。

2. 物联网核心技术

物联网技术实现了网络连接从"人"扩展到"物"，使社会各行各业都能应用物联网技术，如日常生活相关的衣食住行、医疗养老、健康监测，工作相关的智能制造、智慧农业，以及生活环境相关的公共安全、城市管理、环境监测等。物联网技术是一个包含传感、通信、应用开发等众多信息技术的复杂体系，从数据采集、传输存储、应用角度可以分为感知层、网络层、应用层三个层次，构成物联网生态系统的基石，如图 6-6 所示。

物联网核心技术主要包括以下方面。

（1）传感器技术：传感器是物联网系统的"感官"，能够检测和测量环境中的各种物理

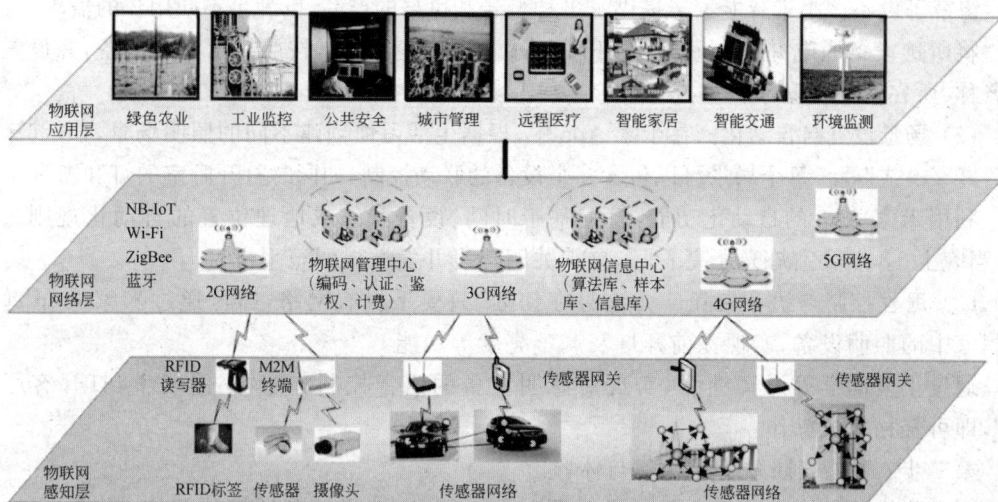

图 6-6　物联网三层网络架构

量或化学量,并将其转换为电信号。传感器种类繁多,如温度、湿度、压力、光、运动传感器等,广泛应用于工业设备、家用电器、健康监测设备,用于收集数据。

(2) RFID 技术:RFID(射频识别)技术利用无线电波识别和跟踪附着有 RFID 标签的物体。RFID 系统由 RFID 标签和 RFID 读取器组成,广泛应用于库存管理、资产跟踪、门禁控制等领域。

(3) 网络通信技术:物联网设备通过网络进行数据通信,包括有线和无线网络。有线网络如以太网,无线网络如 Wi-Fi、蓝牙、ZigBee、LoRa 等,提供灵活性和移动性,实现远程监控和控制。

(4) 数据处理技术:物联网设备产生的大量数据通过云计算、边缘计算等技术进行处理。云计算提供数据存储和计算能力,边缘计算减少延迟,提高响应速度,使物联网系统能有效处理海量数据。

(5) 信息安全技术:随着物联网设备的普及,信息安全变得重要。信息安全技术包括数据加密、用户认证、访问控制等,确保数据安全性和隐私性。

(6) 人工智能与机器学习:AI 和 ML 技术使物联网系统智能化,通过智能算法分析数据识别模式和趋势,进行预测和决策,如预测设备故障,优化能源使用,个性化推荐等。机器学习模型从历史数据中学习,提高预测准确性和系统性能。

6.2.4　任务实现

小米智能家居以其丰富的产品线、智能化的操作体验、高度的互联互通性,为用户带来了前所未有的便捷与舒适。它不仅满足了现代人对于高品质生活的追求,更成了连接现在与未来生活的桥梁。随着技术的不断进步和产品的持续迭代,小米智能家居将继续引领智能家居行业的发展潮流,为更多家庭带来更加智能、更加美好的生活体验。

第一步:智能照明系统的搭建与体验。

(1) 设备选择与配置。首先,根据家居布局和照明需求,选择适合的智能灯泡、智能开关、智能窗帘等设备。小米智能家居提供了多种型号和风格的产品，以满足不同用户的需求。

将所选设备通电并接入家庭 Wi-Fi 网络。通过米家 App，按照提示添加设备，并设置设备名称、所在房间等基本信息。

（2）场景设置与自动化。在米家 App 中，根据生活习惯创建不同的照明场景，如"起床模式""离家模式"等。每个场景可以包含多个设备的联动控制，如同时打开卧室的灯和窗帘。

利用米家 App 的自动化功能，设置基于时间、设备状态或地理位置的自动化规则。例如，当晚上 10 点卧室灯光还亮着时，自动关闭灯光并发送提醒至手机。

（3）远程控制与语音交互。无论身在何处，只要手机有网络，即可通过米家 App 远程控制家中的照明设备，实现提前开灯及调整亮度等功能。

通过小爱同学等语音助手，实现对照明设备的语音控制。如"小爱同学，打开客厅的灯"，即可轻松完成操作。

第二步：智能安防系统的构建与体验。

（1）设备部署与联动。根据家居布局和安全需求，选择并部署智能门锁、摄像头、烟雾报警器、门窗传感器等设备。确保设备覆盖家庭的关键区域，如入口、卧室、厨房等。

在米家 App 中，设置设备之间的联动关系。例如，当智能门锁被异常开启时，立即触发摄像头录像，并发送报警信息至手机。

（2）实时监控与报警。通过米家 App，可以实时查看家中摄像头的监控画面，了解家庭安全状况。同时，米家 App 支持云存储服务，确保监控录像的安全与便捷回放。

当烟雾报警器、一氧化碳报警器或门窗传感器等设备检测到异常情况时，立即向手机发送报警信息，让用户及时采取措施应对。

（3）远程控制与家庭共享。无论身在何处，都可以通过米家 App 远程查看家中安防设备的状态，并对其进行控制。如在外出时确认家中门窗是否关闭，增加安全感。

通过米家 App 的家庭共享功能，可以与家人共享智能家居设备的控制权，让家人也能随时了解家庭安全状况并进行控制。

6.2.5 任务小结

本任务对物联网的基础概念、关键技术和实际应用进行了全面梳理。物联网通过信息传感设备实现物品的智能连接，其核心技术包括传感器、RFID、网络通信、数据处理、信息安全和人工智能等，这些技术相互协作，支撑起物联网的广泛应用。物联网在智能家居、工业自动化、智慧城市、健康监测等多个领域展现出巨大潜力，推动了社会生产方式和生活方式的变革。通过本任务的学习，可以更深入地理解物联网如何促进各行各业的智能化发展，以及它对未来技术趋势的深远影响。

6.2.6 职场赋能

物联网技术赋予事物"智慧"，极大便利了人们的生活和工作，受到人们的欢迎。然而，物联网技术也面临着标准和安全两大问题。行业内缺乏统一标准，导致设备和系统不兼容、资源浪费等问题。更严重的是安全问题，物联网终端硬件简陋，防护能力弱，存在病毒、木马等攻击风险,接入协议也存在漏洞。这些隐患阻碍了物联网技术的应用和发展,需引起关注并采取措施解决。

6.2.7 习题小测

一、单选题

1. 物联网(IoT)的核心概念是(　　　)。
   A. 物品的大规模生产　　　　　　B. 物品的智能识别和追踪
   C. 物品的互联网连接　　　　　　D. 物品的自动化制造

2. 物联网设备的数据通常存储在(　　　)。
   A. 仅在设备本地　　　　　　　　B. 仅在云端
   C. 既可以在设备本地也可以在云端　D. 仅在个人计算机中

3. 物联网设备通常需要的基本功能是(　　　)。
   A. 数据采集和处理　　　　　　　B. 数据存储和显示
   C. 数据传输和安全　　　　　　　D. 上述所有选项

4. 物联网的安全性面临的主要挑战是(　　　)。
   A. 设备的物理安全　　　　　　　B. 数据的隐私保护
   C. 网络的攻击防护　　　　　　　D. 上述所有选项

5. 物联网技术在智能家居领域的主要应用是(　　　)。
   A. 智能照明控制　　　　　　　　B. 家庭安全监控
   C. 能源管理　　　　　　　　　　D. 上述所有选项

二、判断题

1. 物联网技术可以提高工业生产的自动化水平。(　　　)
2. 物联网设备之间可以直接进行通信,无须互联网。(　　　)
3. 物联网技术可以用于环境监测和灾害预警。(　　　)
4. 物联网技术的发展不会对个人隐私造成威胁。(　　　)
5. 物联网技术可以减少物流成本,提高物流效率。(　　　)

任务 6.3 　理解云计算

6.3.1 任务知识点

- 理解云计算定义。
- 体验云计算应用。

6.3.2 任务描述

下载百度云盘后安装并使用,体验百度云盘带来的方便。

6.3.3　知识与技能

1. 云计算的定义

关于云计算的定义可以这样阐述:"云计算是一种分布式的计算模式。利用多台服务器构建成一个系统,将庞大的、待处理的信息数据划分为一个又一个微小的程序,通过互联网传输给系统进行分别处理,当系统出现最终结果后再传送给使用者。这种划分方式类似于电网网格的工作方式,在起初云计算被称为网格计算,多台服务器构建成一个庞大的系统,能够提供足够大的运算和存储能力,从而能够完成较大规模的数据处理,提供较大的运算能力,并且可以通过网络提供算力和存储的共享。"

美国国家标准与技术研究院(NIST)从节约的角度给出云计算定义是:"云计算是以付费的方式供人们使用的并且以使用量的多少进行收费,在这种方式下会提供灵活性高、可操作性强、满足使用者所需的互联网访问渠道,直接进入资源共享池配以相关的计算。云计算能够以最低的使用成本以及与云计算服务商有最少交互的基础上,实现对资源的配置合理化,让使用者可以按需获取 CPU 的处理功能、数据存储空间和信息管理服务等资源。"

IBM 公司在其发布的白皮书中,对云计算的描述是:"云计算既能为使用者提供系统平台服务,即作为基础设施来构建系统的应用程序,又能作为易扩展的应用程序通过网络的途径进行访问。在这种情况下,使用者只需要在高速稳定的网络环境下并通过计算机或移动设备就可轻松访问云计算应用程序,进行后续业务工作。"

2. 云计算的应用

这些定义从运算能力、经济性、便捷性等方面对云计算进行了不同的描述。云计算是计算机相关信息系统发展到一定阶段自然而然产生的,当前的大部分系统都需要云计算技术的支持。当我们建设一个业务系统时,业务系统的算力或存储能力需求并不总是固定的,经常会出现峰值和谷值。比如,12306 网站在春节、国庆节、五一劳动节等时间段需要超出平时很多的算力;淘宝、京东等购物平台则在"双 11""6·18"等时间段达到运算的峰值。

6.3.4　任务实现

第一步:下载与安装。

在浏览器中打开 https://pan.baidu.com/,进入百度云盘官网。找到并单击"下载"按钮,根据计算机(Windows/macOS)或移动设备(iOS/Android)类型,选择相应的安装包下载。

计算机端和移动端的安装方法如下。

(1)计算机端:双击安装包,阅读并接受协议,选择安装位置后,单击"安装"按钮或"继续"按钮,等待完成。

(2)移动端:找到安装包并单击"安装"按钮,按系统提示完成并授予必要权限。

第二步:注册与登录。

在客户端或官网单击"注册"按钮,填写手机号、验证码和密码等信息,验证后完成注册。

在登录界面输入手机号、邮箱或用户名及密码,单击"登录"按钮。忘记密码时可单击"忘记密码"按钮找回。

第三步:文件上传与下载。

(1) 上传:登录后,单击"上传"按钮,选择文件或文件夹上传,或直接拖曳文件至客户端窗口。

(2) 下载:找到需要下载的文件,单击"下载"按钮或在右键菜单中选择,选择下载路径和方式后,单击"确认下载"按钮。

第四步:文件管理。

(1) 创建文件夹:单击"新建文件夹"按钮,输入文件夹名称后确认。

(2) 移动/复制:选中文件或文件夹,单击"移动"或"复制"按钮,选择目标文件夹后确认。

(3) 重命名:选中文件或文件夹,单击"重命名"按钮,输入新名称后确认。

(4) 删除:选中文件或文件夹,单击"删除"按钮,在确认窗口中单击"确定"按钮。

第五步:分享与协作。

选中文件或文件夹,单击"分享"按钮,设置有效期、提取码等选项后生成链接。复制链接并发送给需要的人员,接收者可通过链接下载或查看文件。选择文件或文件夹,邀请团队成员加入共享文件夹,共同管理文件。

第六步:体验其他功能。

(1) 文件预览:支持 PDF、Word、Excel 等多种格式的在线预览。

(2) 文件同步:设置需要同步的本地文件夹,实现多设备访问。

(3) 数据备份:设置定期备份任务,保障数据安全。

(4) 回收站管理:查看已删除文件,选择恢复或彻底删除。

(5) 安全性设置:开启双重验证,设置文件访问权限和分享链接有效期等安全措施。

遵循以上步骤,即可轻松掌握百度云盘的使用技巧,享受高效、便捷的云存储服务。

6.3.5　任务小结

本任务详细介绍云计算的相关技术应用,通过下载并安装百度云盘,体验了云计算在日常生活中的便捷应用。云计算作为一种分布式计算模式,以其强大的运算和存储能力、按需服务的灵活性以及经济高效的资源利用方式,不仅满足了业务系统动态变化的算力需求,还通过百度云盘等应用实现了数据的轻松上传与下载,展现了云计算在提升个人和企业工作效率、优化资源配置方面的巨大潜力。

6.3.6　职场赋能

云计算在职场上展现出广泛且关键的应用价值。它赋予了企业强大的数据处理与分析能力,助力企业轻松应对海量数据,实时监控市场动态,优化业务流程,提升运营效率。例如,电商企业通过云计算深入分析消费者行为,优化购物体验。同时,云计算削减了企业的IT 成本,按需付费模式避免了资源浪费,并提供了丰富的开发工具和服务,降低了开发成本和时间。

云计算还支持远程办公和协同工作,员工可随时随地接入系统,提升工作效率,减少沟通障碍。其提供的在线会议、协作工具等功能,促进了资源共享与团队协作。

在数据安全性与可靠性方面,云计算平台提供多重保障措施和数据备份机制,确保数据安全与隐私,具备出色的抗攻击和灾难恢复能力。

此外,云计算为企业打造灵活可扩展的 IT 环境,推动业务创新与发展。企业能迅速在云平台上开发和部署新应用,满足市场多元化需求,敏捷应对市场变化,捕捉新商机。

6.3.7　习题小测

一、单选题

1. 云计算是(　　　)。
   A. 一种只能在晴天使用的计算方式　　B. 通过互联网提供计算资源的服务
   C. 一种只能在晚上使用的计算方式　　D. 只能在有云的地方使用的计算方式

2. 云计算的主要优势之一是(　　　)。
   A. 高成本　　　　　　　　　　　　B. 低效率
   C. 灵活性和可扩展性　　　　　　　D. 限制数据访问

3. (　　　)服务不是云计算提供的。
   A. 网上银行　　　　　　　　　　　B. 电子邮件
   C. 个人计算机游戏　　　　　　　　D. 在线办公软件

4. (　　　)不是云计算的基本特征之一。
   A. 按需自助服务　　　　　　　　　B. 广泛的网络访问
   C. 资源池化　　　　　　　　　　　D. 固定资源分配

5. (　　　)是云计算服务提供商通常不提供的服务。
   A. 数据存储　　　B. 硬件维护　　　C. 软件许可　　　D. 物理安全

二、判断题

1. 云计算可以提供无限的存储空间。(　　　)

2. 云计算环境中,数据备份和恢复是自动完成的。(　　　)

3. 云计算可以减少对环境的影响,因为它减少了物理服务器的需求。(　　　)

4. 云计算服务提供商不负责软件的维护和升级。(　　　)

5. 云计算中的"按使用付费"模式意味着用户只为实际使用的资源支付费用。(　　　)

任务6.4　理解区块链

6.4.1　任务知识点

- 了解区块链定义。
- 体验区块链应用。

6.4.2 任务描述

通过体验数字人民币，了解区块链技术在金融领域的应用，体验区块链技术在保障数字货币交易的安全性和可信度方面的价值。

6.4.3 知识与技能

1. 区块链的定义

区块链技术起源于 2008 年中本聪的论文《比特币：一种点对点式的电子现金系统》，该论文提出了 chain of blocks(后译为区块链)的概念。区块链是一种由节点参与的分布式数据库系统，具有不可伪造、不可更改、全程留痕、可追溯、公开透明等特征，为信息社会奠定了坚实的"诚信"基础，创造了可靠的"合作"机制。

区块链技术的核心特征包括去中心化、不可篡改、信息透明和匿名性。去中心化体现在网络、数据存储和软件算法等多个方面，避免了信息泄露，促进了交易的公平；不可篡改性通过哈希算法和分布式存储实现，使得数据修改的成本和难度极大；信息透明性使除了私有信息外，其他数据对全网节点公开，具有很高的透明度。同时，区块链中的个人信息是加密的，确保了匿名性。

2. 区块链的应用

根据应用情况，区块链一般被分为公有链、私有链和联盟链 3 类。公有链对公共开放，无用户授权机制，是"完全去中心化"的分布式存储；私有链则需要通过个体或组织的授权后才能加入，参与节点数量有限，但交易速度快、成本低、隐私保障性好；联盟链则介于公有链和私有链之间，为特定群体的实体机构或组织提供上链服务，实现了"部分去中心化"。

比特币是区块链技术的首个应用，其产生过程被比喻为矿工挖矿。比特币交易系统更为复杂，是比特币系统中最为核心的部分。尽管比特币及其理念具有一定的先进性，但也存在诸多缺点。例如，技术复杂性导致不法分子利用该技术进行欺诈；尽管理论上安全，但技术漏洞仍可能导致比特币被盗；交易过程的匿名性给金融不法分子提供了洗黑钱的机会；比特币建立在算法基础上，未来更先进的算法可能取代现有算法，导致比特币体系崩溃。因此，尽管区块链技术具有广阔的发展前景，但在实际应用中仍需谨慎对待。

6.4.4 任务实现

第一步：安装数字人民币 App。

(1) 在手机应用商店中搜索数字人民币并进行安装，如图 6-7 所示。

(2) 打开安装好的 App，可以得到如图 6-8 所示界面，根据提示进行注册即可使用。

数字人民币(字母缩写按照国际使用惯例暂定为 e-CNY)是由中国人民银行发行的数字形式的法定货币，由指定运营机构参与运营并向公众兑换，以广义账户体系为基础，支持银行账户松耦合功能，与纸钞硬币等价，具有价值特征和法偿性，支持可控匿名。

图 6-7　安装数字人民币 App

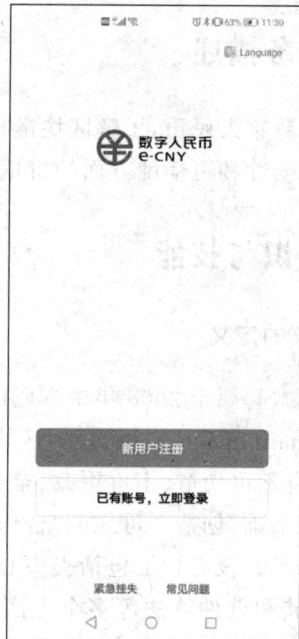

图 6-8　数字人民币注册

第二步：绑定银行卡。

(1) 注册/登录人民币之后，如图 6-9 所示，根据提示需要开通匿名钱包。

(2) 从列表中选择一家常用的银行，与该银行进行绑定，即可开通钱包，如图 6-10 所示。这里可以与多家银行进行绑定。

图 6-9　开通匿名钱包

图 6-10　确认开通钱包

第三步：使用数字人民币。

（1）绑定银行之后，点击首页中的"充钱包"，可以通过银行卡或者手机银行充钱。这里选择通过手机银行，在同一个手机上即可完成所有操作，方便快捷，如图 6-11 所示。

（2）再选择对应的手机银行，即可跳转到对应手机银行 App，按照手机银行 App 操作即可，如图 6-12 所示。

（3）充钱结束后，返回图 6-11 所示页面，可以看到钱包中数字人民币的数额。

（4）在开通数字人民币的场所，可以方便地使用数字人民币。

图 6-11　首页

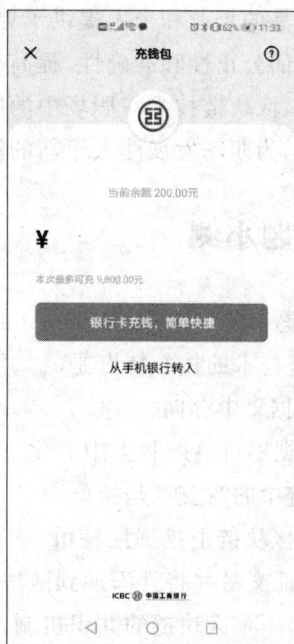

图 6-12　向钱包充钱

6.4.5　任务小结

本任务深入探索了区块链技术的实际应用，特别以数字人民币为例，通过安装 App，绑定银行卡及完成支付操作，直观展示了区块链在提升交易效率、确保交易安全及增强透明度方面的显著优势。这一过程加深了我们对区块链技术如何重塑支付体系、促进数字资产流通与管理的理解。

6.4.6　职场赋能

区块链技术在职场中正逐步展现出其广泛的应用潜力和深远影响。从个人层面的简历验证开始，区块链能够确保求职者的教育背景、工作经历等信息真实无误，为招聘方提供可靠的数据支持，降低招聘风险。在供应链管理领域，区块链技术通过记录产品从生产到销售的每一个环节，提升了供应链的透明度和可追溯性，有效打击假冒伪劣产品，保障消费者权益。此外,智能合约的引入使合同执行更加自动化和高效,减少了人为干预和错误,提高了工作效率。

在数据安全与隐私保护方面,区块链技术通过加密技术和分布式存储,为职场中的敏感信息提供了更加安全可靠的保护措施。同时,区块链在版权保护与数字资产管理方面也发挥着重要作用,它能够确保数字资产的版权得到保护,防止盗版和侵权,为数字经济的创新和发展提供了有力支持。

此外,区块链技术还简化了跨境支付和融资的流程,降低了交易成本和时间,为需要频繁进行跨境交易的企业和个人提供了更加便捷的服务。在决策投票方面,区块链技术能够确保投票结果的公正性和准确性,提高决策的透明度和参与度。

综上所述,区块链技术在职场中的应用不仅提升了工作效率和数据安全性,还推动了职场创新与变革,为职场发展注入了新的活力和动力。

6.4.7 习题小测

一、单选题

1. 区块链技术的核心特点是( )。
    A. 数据集中存储   B. 信息完全匿名
    C. 数据不可篡改和去中心化   D. 仅支持比特币交易

2. 区块链中的"挖矿"是指( )。
    A. 在区块链上挖掘比特币   B. 寻找区块链中的漏洞
    C. 验证交易并将其添加到区块链的过程   D. 从区块链中删除数据

3. ( )不是区块链的共识机制。
    A. 工作量证明(proof of work)   B. 权益证明(proof of stake)
    C. 权威证明(proof of authority)   D. 随机证明(proof of luck)

4. 智能合约在区块链中的作用是( )。
    A. 存储所有用户的个人信息   B. 作为交易的中介机构
    C. 自动执行合同条款的代码   D. 为区块链提供计算能力

5. 区块链技术可以应用于( )领域。
    A. 金融服务   B. 供应链管理
    C. 医疗记录管理   D. 以上所有选项

二、判断题

1. 区块链技术可以用于确保艺术品的真伪和所有权转移。( )
2. 区块链中的每个节点都可以保存整个区块链的副本。( )
3. 区块链技术可以完全消除欺诈行为。( )
4. 区块链技术只能用于加密货币。( )
5. 区块链技术可以实现数据的完全匿名性。( )

任务6.5　理解人工智能

6.5.1　任务知识点

- 人工智能相关应用。
- AI大语言模型应用。

6.5.2　任务描述

使用Kimi大语言模型,撰写一篇学习笔记。

6.5.3　知识与技能

1. 人工智能的相关应用

人工智能(AI)作为计算机科学的一个重要分支,致力于通过人工方法在机器上实现智能,使其能够模拟或在某些方面超越人类的智能行为。这一领域虽尚未形成统一定义,但我们可以从学科和能力两个维度来深入探讨。

从学科角度看,AI研究、设计并应用能够模仿人脑部分智力功能的智能机器,旨在开发相关理论和技术,赋予机器判断、推理、识别、感知等智能能力。这些能力不仅限于简单的计算和逻辑处理,更包括理解自然语言、进行复杂决策等高级认知功能。

当前,AI技术的繁荣得益于深度学习算法和大数据技术的支持。深度学习作为机器学习的一个重要分支,在人脸识别等机器视觉识别领域取得了显著成果。例如,在人脸识别项目中,通过深度学习平台训练模型,提取特征值,实现准确识别,广泛应用于安全监控、门禁系统等领域。

2. AI大语言模型的应用

AI大语言模型,作为自然语言处理(NLP)领域的新星,展现了强大的实力和广泛的应用前景。这些模型拥有大规模参数,能够理解和生成自然语言文本,通过大规模数据集的训练,捕捉到语言的复杂性和多样性。

AI大语言模型的核心在于深度学习技术和Transformer架构的应用。深度学习技术通过多层神经网络对输入数据进行处理和分析,学习到语言的深层次特征。而Transformer架构则通过自注意力机制和位置编码,高效地处理序列数据,使AI大语言模型在文本生成、机器翻译等任务上取得了显著的性能提升。

AI大语言模型的训练过程同样重要。从数据预处理到模型构建,再到前向传播、损失函数与优化算法的选择,以及训练和验证环节,每一步都至关重要。数据预处理的质量直接影响模型的训练效果,而模型结构和参数设置则需要根据具体任务进行调整和优化。最终,经过训练和验证的AI大语言模型能够在各种NLP任务中表现出色,展现出强大的泛化能力。

6.5.4 任务实现

第一步：明确检索需求与选择 Kimi 功能。

首先，明确检索的主题为"人工智能的应用领域"。这一主题的确定有助于聚焦搜索范围，提高信息检索的准确性和效率。

选择 Kimi 功能：在 Kimi 大语言模型的界面上，找到并单击"信息检索"按钮或类似的功能按钮。这一功能允许用户输入关键词或问题，Kimi 会根据用户输入的内容自动在互联网上搜索相关信息。

第二步：准备输入关键词。

根据检索主题，选择关键词"人工智能"和"应用领域"。这两个关键词是检索的核心，能够覆盖大部分与主题相关的信息。

将关键词组合成完整的检索语句，如"人工智能的应用领域"。确保检索语句简洁明了，能够准确表达用户的检索意图。

第三步：输入关键词并启动检索。

在 Kimi 大语言模型的输入框中，输入组合好的关键词"人工智能的应用领域"。

单击输入框旁边的搜索按钮或按下 Enter 键，启动 Kimi 大语言模型的信息检索功能。此时，Kimi 会开始在互联网上搜索与关键词相关的信息。

第四步：查看并筛选检索结果。

等待几秒，Kimi 大语言模型会生成搜索结果并展示在输出区域。搜索结果通常包括多个与关键词相关的页面摘要和链接。

仔细阅读搜索结果中的页面摘要部分，了解每个链接所指向的内容摘要。摘要部分通常包含文章或页面的主要观点和信息，有助于用户快速判断信息的价值。

根据摘要内容，筛选出与"人工智能的应用领域"最相关的链接。这些链接可能指向新闻报道、学术论文、行业报告等不同类型的资源。

单击筛选出的链接，访问相关网站或页面，获取更详细的信息和案例。在访问链接时，注意保持网络连接稳定，以便顺利加载和查看页面内容。

6.5.5 任务小结

本次任务借助 Kimi 大语言模型的信息检索功能，实现了对人工智能应用领域的深入探索。操作过程中，Kimi 凭借其强大的自然语言处理技术和信息筛选机制，迅速且准确地提供了与主题紧密相关的信息资源。这一体验不仅展示了 AI 大语言模型在提升信息检索速度和准确性方面的显著优势，还详细介绍了如何利用该模型进行关键词选择及检索结果筛选等具体步骤，为未来深入理解人工智能的发展动态和挖掘潜在机遇奠定了坚实的基础。

6.5.6 职场赋能

人工智能与大语言模型正深刻重塑职场生态，它们凭借强大的数据处理能力和自然语言理解生成能力,在文档撰写、信息整合、客户沟通等多个场景中发挥关键作用,既能大幅提升日常工作效率,减少重复性劳动消耗的时间与精力,又能通过深度分析为职场决策提供数据支持和多元视角,帮助职场人突破能力边界,实现个人价值与职业发展的双重提升。

6.5.7　习题小测

一、单选题

1. 人工智能中的机器学习是指(　　)。

    A. 机器自己制造学习工具

    B. 机器通过数据和算法自动学习并改进其性能的技术

    C. 机器学习如何修理自身

    D. 机器学习如何进行社交活动

2. 大语言模型的主要应用之一是(　　)。

    A. 天气预报   B. 自动驾驶汽车

    C. 自然语言理解和生成   D. 基因序列分析

3. 以下不是人工智能分支的是(　　)。

    A. 计算机视觉   B. 自然语言处理   C. 机器人学   D. 量子物理学

4. 深度学习在图像识别中的应用是(　　)。

    A. 用于识别图像中的颜色   B. 用于识别图像中的形状

    C. 用于识别图像中的物体和场景   D. 用于改变图像的分辨率

5. (　　)技术不是用于增强人工智能的解释性。

    A. 可解释的人工智能(XAI)   B. 机器学习

    C. 因果推断   D. 数据挖掘

二、判断题

1. 人工智能可以模拟人类大脑的工作方式。(　　　)

2. 所有的人工智能系统都需要大量的数据来训练。(　　　)

3. 大语言模型可以完全理解人类的幽默感。(　　　)

4. 人工智能可以在没有人类监督的情况下独立做出决策。(　　　)

5. 人工智能的发展不会对就业市场产生影响。(　　　)

任务 6.6　了解智慧校园

6.6.1　任务知识点

- 了解智慧校园常见功能。
- 了解智慧校园应用场景。

6.6.2　任务描述

深入实践并体验智慧校园的应用场景。

6.6.3　知识与技能

1. 智慧校园常见功能

智慧校园是在信息化背景下将人的因素、设备的因素、环境和资源的因素以及社会性因素进行有机整合后而形成的一种独特的校园系统。智慧校园以物联网技术为基础，以信息的相关性为核心，有机融合了 5G、云计算、大数据、人工智能等其他新一代信息技术，通过多平台的信息传递手段，可为广大师生提供及时、有效的双向交流平台，以及集网络、技术和服务于一体的智能化综合信息服务，从而可以在校园内全方位地实现教学和管理信息化。

智慧校园平台是一套覆盖学校全部业务的大型软件平台，支撑从招生到毕业的全过程管理，包括基础数据平台、协同办公平台、招生就业管理、教务管理、课程教学、学生管理、人力资源管理、财务精细核算、教育教学质量管理等应用平台。

2. 智慧校园应用场景

智慧校园平台的用户主要包括教职工、学生、家长、企业，可通过计算机浏览器、计算机客户端、手机 App、信息化看板等方式登录和使用。智慧校园软件系统遵循 Java EE 技术规范，采用面向服务架构（SOA）的设计理念，以微服务方式实现各项业务功能。平台提供掌上 App，满足所有业务掌上办理，支持的手机操作系统需包括 Android 4.4 及以上、iOS 8.0 及以上。智慧校园平台是一个连接器，可整合硬件设备中需要交换和共享的重要数据，实现一个万物互联、可感知的智慧校园。本任务将从以下几个典型的应用场景进行体验，如图 6-13 所示。

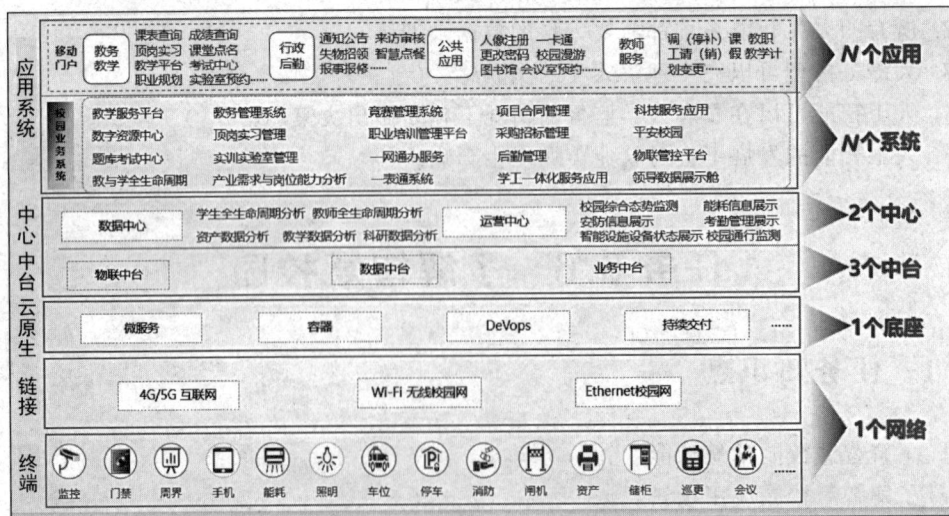

图 6-13　智慧校园平台架构图

6.6.4　任务实现

第一步：体验智慧迎新。

某院校采用智慧校园数据中心建设的数字化迎新功能，包含智慧迎新、微信缴费、刷脸认证、扫码领物资、一键查询入住信息，新生只需通过刷身份证即可完成现场报到，实现"一表填、一码通、一站办"数据自动实时更新，管理员通过监控大屏和移动 App 即可对各院系的报到情况一目了然（图 6-14），辅导员通过移动 App 推送的迎新统计信息及时掌握本学院各专业的报到情况，极大提高了报到的工作效率。

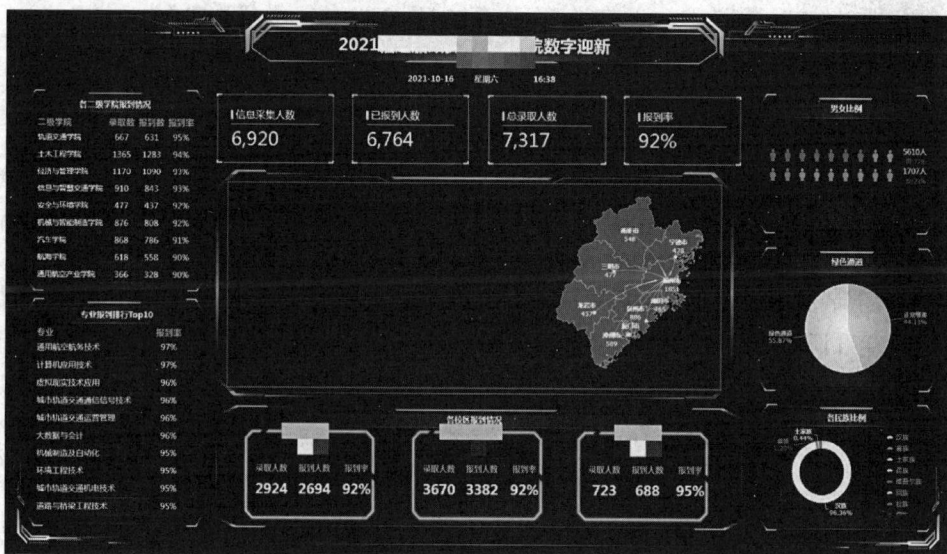

图 6-14　智慧迎新监控大屏

系统通过刷新生身份证，将身份证信息、招生信息和预采集的信息数据进行比对，达到 1 秒精准识别、快速匹配核对、精准签到、快速分流的效果，如图 6-15 所示，从而使报到现场秩序井然，没有任何拥挤现象。

第二代身份证阅读器采用国际上先进的 Type B 非接触 IC 卡阅读技术，配以公安部授权的专用身份证安全控制模（SAM），以无线传输方式与第二代居民身份证内的专用芯片进行安全认证后，将芯片内的个人信息资料读出，再通过 USB 接口上传至计算

图 6-15　报到现场秩序井然

机，然后由智慧校园软件平台解码成文字数据和相片，并在计算机中显示和存储起来，大大提高了报名数据的准确度及效率（图 6-16）。

第二步：体验智慧安防。

（1）请假离校。学生请假可通过请假放行机专业设备、一卡通和智慧校园平台二维码

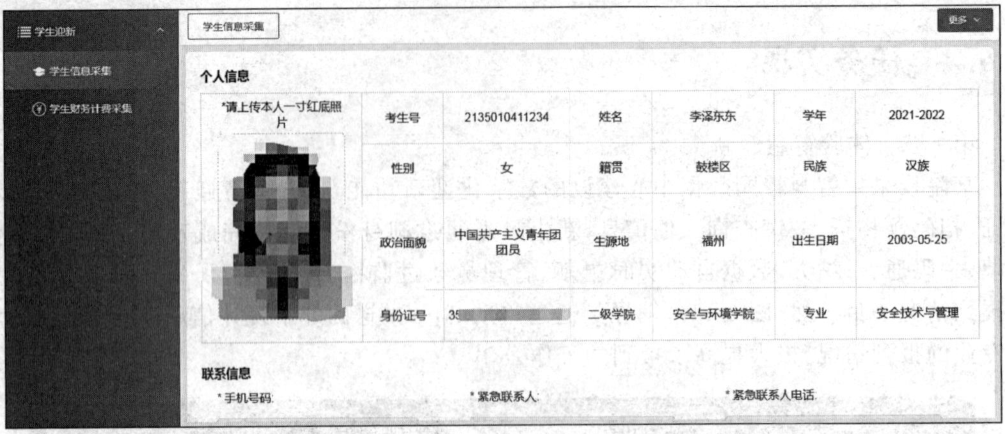

图 6-16 采集新生信息

等进出校门。请假信息共享,可实现学生请假电子化、放行一体化管理。

物联网门禁与智慧校园平台数据整合集成,可实现信息共享和联动。禁止非授权人员通行对应通道/门禁。学生出校时通过身份识别,放行机自动显示学生请假审批状态,门卫确认是否放行。学生离校/返校、请假/销假等自动发送消息给班主任、学生家长等相关人员。

如果学生请假需要出校,学生在门卫处的请假放行机上刷一卡通,或刷 welink App 二维码,门卫查看请假信息,确认是否放行,如图 6-17 所示。

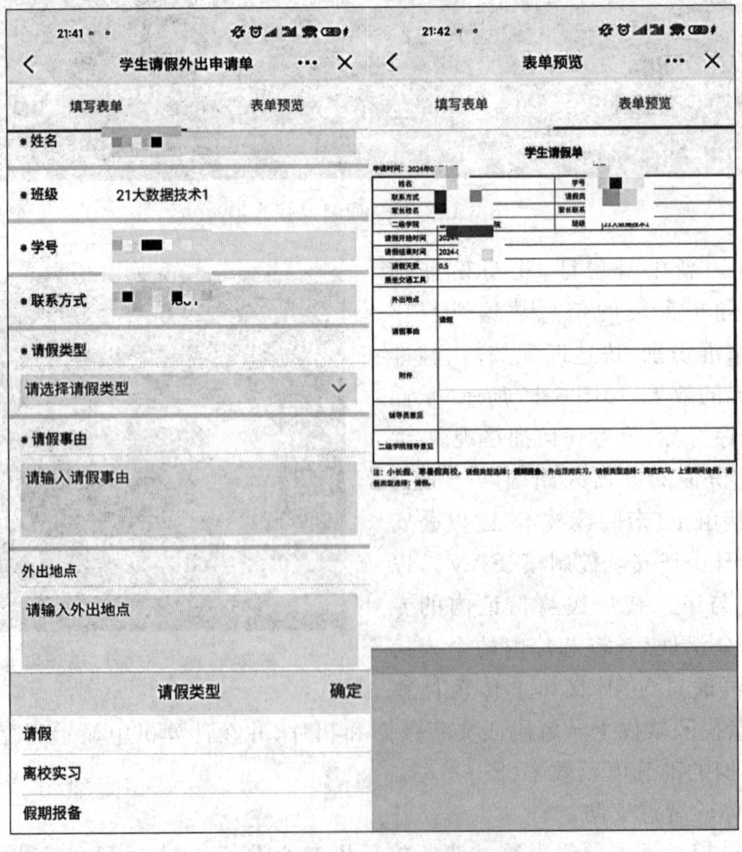

图 6-17 welink App 软件上学生的请假申请

智慧门禁放行机内置读卡模组,读取一卡通数据流,形成报文,通过串口上报给智慧门禁放行机;智慧门禁放行机通过数据解码得到卡号信息,并上报给智慧校园平台;平台校验合法性后,将一卡通对应的数据返回给智慧门禁放行机,如图 6-18 所示。

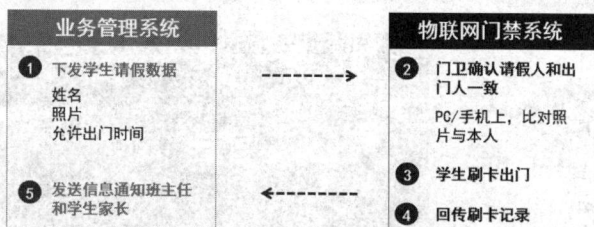

图 6-18　业务管理系统与物联网门禁系统数据交换原理

(2) 宿舍安防。学校通过宿舍 AI 无感考勤套件,可实时监控非本栋的校内人员、校外人员和黑名单人员进出。当黑名单、非本栋人员、其他楼栋的异性人员、超过若干天未归寝学生、超过若干天未出勤学生进出寝室楼栋时,系统都会自动预警提醒,异常人员名单会自动显示在考勤终端显示屏上。智慧校园平台将自动及时提醒宿管人员,拦截不能进入的人员,并对访客进行登记,加强宿舍安全管理,如图 6-19 所示。

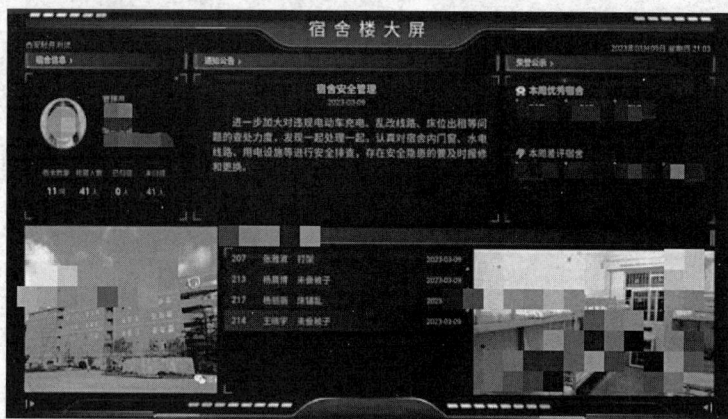

图 6-19　宿管员实时查看考勤终端显示屏实时预警

使用宿舍 AI 无感考勤套件进行宿舍进出管理,需要安装相关硬件,包括人脸抓拍摄像机、人脸库比对服务器和考勤硬件终端等,如图 6-20 所示。

图 6-20　宿舍考勤

(3) 校园安防。新一代的智慧校门依托智慧校园平台的学生数据、教职工数据、黑名单、学生请假数据等,可与人脸识别设备(AI 无感考勤套件)、信息化看板进行整合集成。当"黑名单"上的人员或陌生访客进入校门时,系统会自动识别并在信息化看板上显示。这时,门卫可立即将其拦下,核实身份并登记后,才予以放行,从而有效地保障了校园安全,如图 6-21 所示。

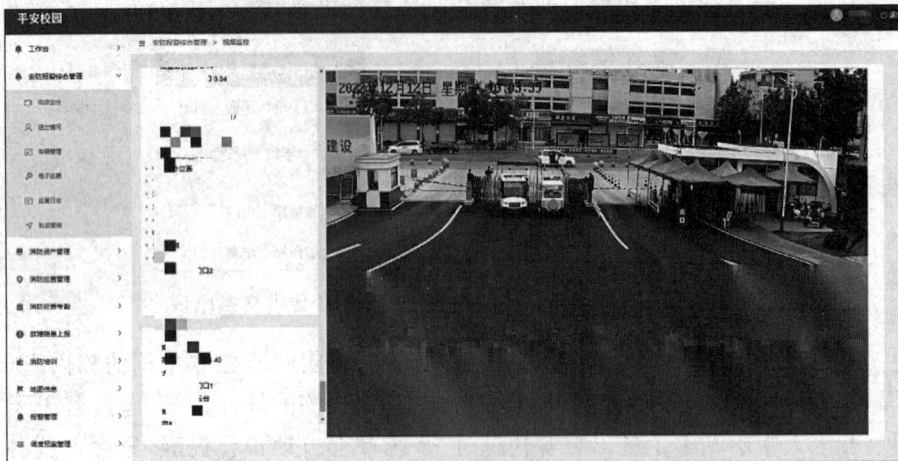

图 6-21　校园安防监控

6.6.5　任务小结

本任务通过实践体验智慧校园三个典型应用场景,我们可直观地感受到在新一代信息技术特别是人工智能技术的加持下,校园变得更加智能、方便、快捷。通过实践项目,我们还认识了在智慧校园背后的多种新兴技术和各种软硬件设备,对智慧校园的整个架构有了总体的认知。

6.6.6　职场赋能

智慧校园深度融合前沿科技,如互联网、物联网、大数据及人工智能,引领教育变革。在教学上,它提供数字化课堂、个性化学习路径及互动式学习,极大地丰富了教学手段,提升了学生的学习兴趣与学习效率。管理层面,智慧校园通过数字化办公与智能监控,实现高效协同与安全保障,同时优化资源配置,推动绿色校园建设。生活服务与在线咨询平台的搭建,为师生创造了便捷舒适的学习生活环境。家校共育的数字化平台加强了家校沟通,促进孩子全面发展。此外,智慧校园还成为终身学习中心,满足多元化学习需求。总之,智慧校园以其创新理念与技术应用,重塑教育生态,推动教育向更公平、优质、高效的方向发展,为新时代人才培养奠定坚实基础。

6.6.7　习题小测

一、单选题

1. 智慧校园的核心组成部分是(　　)。

　　A. 校园绿化　　　　　　　　　　B. 校园安全系统

　　C. 校园一卡通系统　　　　　　　　　D. 校园网络和信息化平台

2. 智慧校园中的物联网技术主要用于(　　　)。

　　A. 提高学生体育成绩　　　　　　　　B. 校园环境美化

　　C. 实时监控校园设施使用情况　　　　D. 学生心理辅导

3. 在智慧校园中,(　　　)不是大数据技术的应用。

　　A. 学生行为分析　　　　　　　　　　B. 教学资源优化配置

　　C. 校园安全监控　　　　　　　　　　D. 校园广播系统

4. 智慧校园中的云计算技术主要用于(　　　)。

　　A. 提供校园无线网络　　　　　　　　B. 提供在线教学资源

　　C. 校园绿化管理　　　　　　　　　　D. 学生食堂管理

5. 智慧校园中的移动学习指的是(　　　)。

　　A. 学生在校园内进行户外活动　　　　B. 学生使用手机进行游戏

　　C. 学生利用移动设备进行学习　　　　D. 学生在校园内进行艺术创作

二、判断题

1. 智慧校园可以通过人脸识别技术提高校园安全。(　　　)

2. 智慧校园中的智能教室可以自动调节光线和温度。(　　　)

3. 智慧校园的建设可以完全取代传统的教学方式。(　　　)

4. 智慧校园中的数据分析可以帮助教师了解学生的学习进度。(　　　)

5. 智慧校园中的电子图书可以完全替代纸质图书。(　　　)

项目 6　新一代信息技术简介电子活页

项目 7 信息素养与社会责任

　　信息素养与社会责任是指在信息技术领域,通过对信息行业相关知识的了解,内化形成的职业素养和行为自律能力。信息素养与社会责任对个人在各自行业内的发展起着重要作用。本项目主要包含信息素养训练、国产操作系统的使用等内容。

思维导图

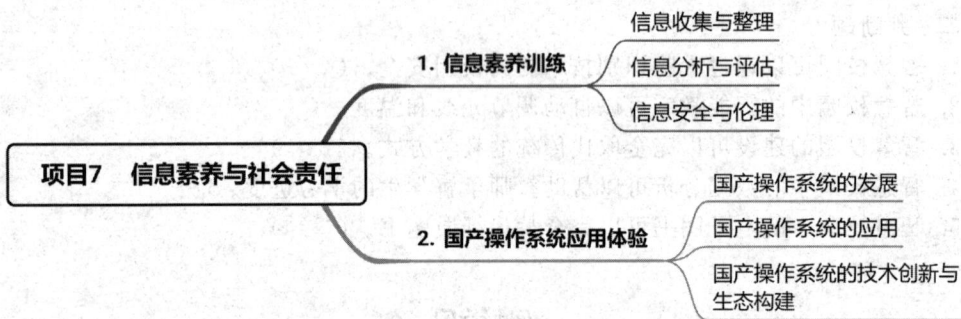

知识目标

* 掌握信息的收集、处理、存储和传递的基本步骤。
* 认识到在信息时代,信息意识对于个人和社会的重要性。
* 了解国产系统的发展历程、特点以及在国产操作系统中的地位。
* 了解安装国产操作系统的具体步骤和注意事项。

技能目标

* 能够熟练使用各种工具和软件进行信息的收集、整理和分析。
* 掌握国产操作系统安装等具体操作技能。
* 学会如何对国产系统进行升级,包括识别新版本、备份数据和执行升级步骤。
* 能够根据个人或组织的需求,对国产操作系统进行个性化设置,包括界面定制、软件安装和系统优化。
* 在安装和使用国产操作系统过程中遇到问题时,能够独立寻找解决方案或寻求帮助。

素质目标

* 培养对新技术持续学习的兴趣和能力,以适应快速变化的技术环境。
* 在学习和工作中,能够与他人协作,共同解决问题,分享知识。
* 在处理信息时,能够意识到信息安全的重要性,并采取适当的措施保护信息安全。
* 鼓励学生在学习和应用国产操作系统时尝试新的方法和思路,以提高效率和效果。

- 在使用信息技术和操作系统时,遵守相关的法律法规,尊重知识产权,维护网络环境的清洁和安全。

任务 7.1　信息素养训练

7.1.1　任务知识点

- 信息收集与整理。
- 信息分析与评估。
- 信息安全与伦理。

7.1.2　任务描述

通过收集指定的信息,了解信息处理的过程,进行信息意识和信息能力的测评。

7.1.3　知识与技能

1. 信息收集与整理

信息收集与整理是信息处理过程中的重要环节。信息收集是指通过各种途径和方法获取所需信息的过程,这包括从互联网、图书馆、数据库、专业期刊、会议报告等多种渠道获取相关数据、事实和知识。整理则是对收集到的信息进行分类、筛选、排序和归纳,以便更好地理解和利用这些信息。

在信息收集过程中,需要明确信息需求,制订收集计划,选择合适的收集工具和方法。同时,还需要注意信息的准确性和可靠性,避免收集到虚假或误导性的信息。整理信息时,可以使用表格、图表、分类目录等工具,将信息按照主题、时间、来源等维度进行分类和整理,以便后续的分析和利用。

信息收集与整理能力的提升,有助于我们更高效地获取和利用信息,为决策和问题解决提供有力支持。

2. 信息分析与评估

信息分析与评估是对收集到的信息进行深入分析和评估的过程,旨在揭示信息之间的关联、趋势和规律,以及信息的价值、意义和影响。这包括信息的定性分析和定量分析,以及对信息质量的评估。

在信息分析过程中,可以使用各种分析方法和工具,如 SWOT 分析、PEST 分析、数据分析软件等,对信息进行深入挖掘和解析。通过对比分析、趋势预测、模式识别等手段,揭示信息背后的深层次含义和潜在价值。

信息评估则是对信息的准确性、完整性、时效性、可靠性等方面进行评估,以确定信息的可信度和使用价值。评估过程中需要综合考虑信息的来源、收集方法、处理过程等因素，以及信息对决策和问题解决的影响。

信息分析与评估能力的提升，有助于我们更准确地把握信息内涵和价值，为决策提供科学依据和有力支持。

3. 信息安全与伦理

信息安全与伦理是信息处理过程中不可忽视的重要方面。信息安全是指保护信息免受未经授权的访问、使用、泄露、破坏等威胁的过程，包括物理安全、网络安全、数据安全和系统安全等多个层面。

在信息处理过程中，需要采取各种安全措施和技术手段，如加密技术、防火墙、入侵检测系统、数据备份与恢复等，确保信息的安全性和完整性。同时，还需要制定完善的安全管理制度和流程，加强安全培训和意识提升，提高员工和用户的安全防范能力。

信息伦理则是指信息处理过程中应遵循的道德规范和原则，包括尊重个人隐私，保护知识产权，避免信息滥用和误导等。在信息处理和传递过程中，需要遵守相关法律法规和道德规范，尊重他人的合法权益和隐私，避免造成不必要的损害和纠纷。

信息安全与伦理的提升，有助于我们更好地保护信息安全和隐私，维护良好的信息生态和社会秩序。

7.1.4 任务实现

第一步：信息收集。

收集信息后，填写表7-1。

表7-1 中国奥运代表团历届奥运会奖牌数量统计表

历届奥运会	奖 牌		
	金牌	银牌	铜牌
2020年东京奥运会			
2016年里约热内卢奥运会			
2012年伦敦奥运会			
2008年北京奥运会			
2004年雅典奥运会			
2000年悉尼奥运会			
1996年亚特兰大奥运会			
1992年巴塞罗那奥运会			
1988年汉城奥运会			
1984年洛杉矶奥运会			

第二步：说说你对信息和信息处理的认识。

信息和信息处理对我们的影响到底有多大？它在我们的生活和工作中能发挥怎样的作用？我们的世界能否脱离信息处理而独立存在呢？

（1）活动目的。

① 了解我们周围的信息。

② 了解信息处理是怎样影响我们生活的。

③ 加深对信息处理重要性的认识。

④ 增强信息处理的意识。

（2）规则与程序。

① 每名学生围绕"信息和信息处理怎样影响我们的生活"思考生活中典型的信息处理案例。

② 按 6 人一组将全班分为若干个小组。

③ 每个小组成员在组内向其他组员介绍自己的案例。

④ 各组展开以"信息和信息处理对我们生活的影响有多大"为主题的研讨。

⑤ 各小组选一名代表在全班面前介绍一个典型案例和讨论心得。

⑥ 各小组发言完毕，进行自由发言。

⑦ 教师带领学生进行总结。

第三步：信息处理与传递。

准确地理解信息是进行信息处理和传递的前提，但是，以讹传讹在日常生活中却并不鲜见，这是因为人们在进行信息的处理和传递过程中总会产生误差，下面这个活动也许最能说明问题。

（1）活动目的。

① 体验信息处理和传递的过程。

② 调动学生进行信息处理能力学习的兴趣。

（2）规则与程序。

① 按 8 人一组，将全班分为若干小组，每小组坐成一列，小组之间和小组成员之间保留较大空隙。以小组内任意两人之间的小声交流不被第三人听到为宜。

② 每组第一位学生上台来，看老师写在纸上的信息，时间为 1 分钟，信息字数 50 字左右。

③ 每组的学生要按座位顺序把信息传给后一位学生，传话时只能让组内的下一位学生听到。

④ 最后一位学生要以最快的速度把信息写在纸上，并交给老师。

⑤ 老师展示每组学生最后的信息内容，并与实际信息相比较，看哪组学生信息传递得又快又准。

⑥ 老师可准备不同内容的信息，进行多次信息传递活动。

⑦ 学生分析讨论，老师总结。

第四步：信息处理过程训练。

信息的需求与明确、信息的检索与获取、信息的分析与整理、信息的编排与展示、信息的传递与交流、信息的存储与安全、信息的决策与评估是信息处理过程的 7 个步骤。请同学们讨论：是不是任何一个信息处理过程都包含这 7 个步骤？如果可以不全部包含，哪些步骤可以省略？并举例说明。

（1）活动目的。

① 掌握信息处理的步骤。

② 灵活掌握信息处理的过程。

③ 提高学生的信息素养。

（2）规则与程序。

① 按 6 人左右将全班分为若干个小组。

② 每个小组成员在组内向其他组员讲述自己的观点。

③ 各组展开以"信息处理步骤是否可以省略"为主题的研讨。

④ 各小组选一名代表在全班面前介绍本组的讨论结果和心得。

⑤ 各小组发言完毕，进行自由发言。

⑥ 教师带领学生进行总结。

第五步：信息意识测评。

本测评主要考查学生的信息意识强弱程度。通过评估，帮助学生认识自己，并能有效地促进学生信息意识的形成。

（1）情景描述。请根据实际对下列命题进行判断，不要花太多时间考虑，每个陈述有 5 种选择：1＝很不符合、2＝基本不符合、3＝不太确定、4＝基本符合、5＝非常符合。请将代表选项的数字写在序号前。

- 新信息很容易吸引你的注意力。
- 你能主动查阅并收集本学科、本专业最新发展动向。
- 在图书馆查不到所需资料时你能主动求助图书馆工作人员或同学。
- 你认为信息也是创造财富的资本。
- 你能独立判断信息资源的价值。
- 你能认识到信息对个人和社会的重要性。
- 面对所需要的重要信息，你愿意接受有偿信息服务。
- 遇到问题时你有使用信息技术解决问题的欲望。
- 在学习遇到困难时，你能立即想到去图书馆或上网查资料。
- 你会利用图书馆所购买的各种数据库来帮助你学习。
- 你有强烈的求知欲望。
- 你参加过校外 IT 培训考试。
- 你善于从司空见惯的、微不足道的现象中发现有价值的信息。
- 你面对浩如烟海、杂乱无序的信息，能去粗取精，去伪存真，做出正确的选择。
- 你不论何时何地，从工作到日常生活，都积极地去关注、思考问题。
- 你有强烈的紧迫感和超前意识。
- 你有需要增强情报系统能力的愿望和行动。
- 你有高度自我完善以适应形势要求的自觉性。
- 当你需要某一资料时，你清楚地知道应该去哪里获取。
- 你对非法截取他人信息或非法破坏他人网络或在网上散发病毒等行为持坚决反对的态度。
- 你认识到信息泄露会造成危害。
- 你在信息活动中能严格遵守信息法律法规。
- 你认为知识只有得到传播才能显示价值，发挥作用，推动人类社会的进步与发展。
- 你认为信息资源共享有利于实现信息资源的合理配置，能发挥信息资源的价值与作用。

- 你有对知识或已知信息的分析研究进行创造的愿望。

（2）评估标准。信息意识的评估标准如表 7-2 所示。

表 7-2　信息意识的评估标准

选项	很不符合	基本不符合	不太确定	基本符合	非常符合
记分	1分	2分	3分	4分	5分

（3）结果分析

① 25～58 分为较差等级，被试者的信息意识暂时还比较弱，处于初级水平，还需要进一步加强。如果被试者想适应信息社会，就必须针对自己的不足做出改进。

② 59～92 分为中等等级，被试者的信息意识较强，处于中级水平。若加强信息意识方面的锻炼，被试者就会成为一个具有超强信息意识的人。

③ 93～125 分为优秀等级，被试者具有（或将具有）超强的信息意识，处于高级水平。

第六步：信息处理能力测试。

本测评主要考查学生信息处理能力的强弱和信息处理的偏好与习惯。通过评估，帮助学生了解自己的信息处理能力和个性化习惯，明确自己属于哪种信息处理类型以及自己在信息处理方面的弱点和不足。

（1）情景描述。请快速、如实地回答表 7-3 中的问题，在与你的情况相符的选项后面打"√"，每个问题只能选择一项。

表 7-3　信息处理能力测试表

序号	问题	选项	选择
1	你对信息处理的认识是？	A. 所有感觉器官感受到的信息及对这些信息的所有操作	
		B. 以计算机和通信为代表的现代信息处理技术	
		C. 世间万物皆信息，我们每时每刻都在处理信息	
2	你上网大部分时间在做？	A. 看电影、小说、聊天或者打游戏，查资料的时间非常少	
		B. 发邮件、聊天或者网上购物等	
		C. 有需要才上网搜索资料，很少娱乐	
3	你对手机中的功能了解多少？	A. 主要用来打电话和发短信，好多功能都没有用过	
		B. 大部分常用功能都会用	
		C. 无论是否有用，手机中的功能我都了解	
4	你是否随身携带记录工具，常带的工具是什么？	A. 几乎不带记录工具，若需要临时找	
		B. 有时带，有时不带，工具主要是纸、笔	
		C. 经常带，主要是纸、笔，有时也用电子工具	
		D. 几乎随身带，纸、笔和电子工具同时带	
5	在外出或异地旅游过程中，你是否走错过路？	A. 大方向不会错，到了目的地再打听，总能找到的	
		B. 提前将行程路线搞清楚，很少走冤枉路	
		C. 提前将行程路线搞清楚，并且预备多条路线，以备异常情况	
6	你有没有相信过虚假信息或被人骗过？	A. 有，因为防不胜防，上过好几次当了	
		B. 有，但只有一两次，以后我会倍加小心	
		C. 听别人说过很多上当经历，所以每次遇到都会看穿那是个骗局，不予理睬	

序号	问 题	选 项	选择
7	你写总结、报告或申请时觉得难吗？	A. 最讨厌写这种没有情节的应用文了	
		B. 如果自己经历的事比较好写，如果单靠个人构思，我不知道该怎么写	
		C. 别人写不出的时候，我总能找到话题	
8	你与人交流时，有没有把一个问题翻来覆去解释给人家听？	A. 有时候感觉对方很笨，怎么讲他都听不明白	
		B. 不管问题有多复杂，我一般讲一遍别人就听懂了，很少重复讲同一个问题	
		C. 对于复杂问题，我经常要重复几次，对方才可以理解	
9	你办黑板报的水平如何？	A. 从来也没有办过，不知道该怎么弄	
		B. 参与过，但只是给别人当助手	
		C. 经常参与，而且是主力	
10	你电子排版的水平如何？	A. 我不知道什么是电子排版	
		B. 会使用一些软件进行简单的平面设计	
		C. 精通至少一种排版软件，排版效果美观	
11	当突发事件发生时，你的表现是怎样的？	A. 尖叫、发呆或不知所措	
		B. 寻求别人的帮助，或等待别人帮忙	
		C. 能够在最短的时间内做出判断	
12	当因为你的决策而使某件事成功或失败时，事后你会怎么做？	A. 无论成功与失败，过去的事就让它过去吧	
		B. 成功了我会高兴，但失败了我会总结经验	
		C. 无论成功与失败，我都会总结得与失	
13	你坐公交车时会把钱包放在哪里？	A. 放在外套里面的口袋里	
		B. 放在贴身衣服的口袋或手提包中	
		C. 把钱包拿在手上	

（2）评分标准。信息处理能力测试参考标准见表 7-4。

表 7-4　信息处理能力测试参考标准

序号	问 题	选项所体现的能力	分值
1	你对信息处理的认识是？	A. 片面的信息处理观点	1
		B. 狭义的信息处理观点	2
		C. 广义的信息处理观点	3
2	你上网大部分时间在做？	A. 娱乐为主，较好的信息处理能力	1
		B. 普通的信息处理能力	2
		C. 较为专业的信息处理能力	3
3	你对自己手机中的功能了解多少？	A. 信息的敏感度差	1
		B. 信息的敏感度一般	2
		C. 信息的敏感度很强	3
4	你是否随身携带记录工具，常带的工具是什么？	A. 获取信息的习惯不好	0
		B. 获取信息的习惯一般	1
		C. 获取信息的习惯较好	2
		D. 具有良好的信息获取习惯	3

续表

序号	问　题	选项所体现的能力	分值
5	在外出或异地旅游过程中,你是否走错过路?	A. 信息获取的素养较差	1
		B. 信息获取的素养较好	2
		C. 信息获取的素养很好	3
6	你有没有相信过虚假信息或被人骗过?	A. 辨别信息真伪的能力差	1
		B. 辨别信息真伪的能力较好	2
		C. 辨别信息真伪的能力很好	3
7	你写总结、报告或申请时觉得难吗?	A. 信息的收集和表示能力差	1
		B. 信息的收集和表示能力一般	2
		C. 信息的收集和表示能力强	3
8	你与人交流时,有没有把一个问题翻来覆去解释给人家听?	A. 信息的表示能力差	1
		B. 这是不可能的现象	2
		C. 信息的表示能力较好	3
9	你办黑板报的水平如何?	A. 信息的手工表示能力差	1
		B. 信息的手工表示能力一般	2
		C. 信息的手工表示能力较好	3
10	你电子排版的水平如何?	A. 信息的电子展示能力差	1
		B. 信息的电子展示能力较好	2
		C. 信息的电子展示能力很好	3
11	当突发事件发生时,你的表现是怎样的?	A. 信息决策的能力差	1
		B. 信息决策的能力一般	2
		C. 信息决策的能力较好	3
12	当因为你的决策而使某件事成功或失败时,事后你会怎么做?	A. 没有什么信息评估意识和能力	1
		B. 具有一定的信息评估意识和能力	2
		C. 具有很强的信息评估意识和能力	3
13	你坐公交车时会把钱包放在哪里?	A. 信息的安全意识一般	1
		B. 信息的安全意识较强	2
		C. 过度敏感的安全意识	3

说明:根据信息处理能力测试参考标准,测试者可以计算自己的得分。10~15分表示信息处理能力差,16~25分表示信息处理能力一般,26~32分表示信息处理能力良好,33~37分表示信息处理能力强。

7.1.5　任务小结

本任务深入探讨了信息与信息产业以及信息技术的发展史,揭示了信息在现代社会中的核心地位及其对各行业的深远影响。信息产业作为信息处理、传输与应用的关键领域,其快速发展不仅推动了技术革新,还深刻改变了人们的生活与工作方式。从早期的通信工具到现今普及的互联网、大数据及人工智能技术,信息技术的每一次进步都标志着社会文明的一大步跃升。通过此次学习,对信息时代的历史脉络与未来趋势有了更为清晰的认识,为未来的职业发展提供了坚实的理论基础。

7.1.6 职场赋能

在职场,尤其是 IT 行业中,信息素养的提升是提升个人竞争力与推动组织创新的关键。具备高信息素养的个体能迅速把握行业动态,高效处理信息,从而在工作中展现出卓越的能力。此外,信息素养还促进了团队协作与沟通,提升了整体工作效率。在追求技术创新的同时,保持对技术伦理与社会责任的敏感,确保技术发展服务于社会福祉,是每一位 IT 从业者应具备的素养。因此,不断提升信息素养,不仅有助于个人职业发展,还为构建和谐社会与推动社会进步做出了积极贡献。

7.1.7 习题小测

一、单选题

1. 信息素养的核心能力是(　　)。

   A. 使用社交媒体进行社交

   B. 畅游互联网游戏

   C. 能够认识到何时需要信息,并有效地搜索、评估和使用所需信息的能力

   D. 仅掌握基本的计算机操作技能

2. (　　)不是信息素养的组成部分。

   A. 信息意识　　　　B. 信息技能　　　　C. 信息道德　　　　D. 信息娱乐

3. 在信息处理过程中,(　　)是关于如何安全地存储信息。

   A. 信息的检索与获取　　　　　　　B. 信息的分析与整理

   C. 信息的编排与展示　　　　　　　D. 信息的存储与安全

4. (　　)是提高信息安全意识的有效措施。

   A. 重复使用相同的密码　　　　　　B. 在公共网络上分享敏感信息

   C. 定期更新操作系统和应用软件　　D. 忽视软件更新提示

5. 信息道德包括(　　)。

   A. 信息的合法使用　　　　　　　　B. 信息的非法获取

   C. 信息的不当传播　　　　　　　　D. 所有上述选项

二、判断题

1. 信息素养要求个体能够识别虚假信息并避免被误导。(　　)

2. 信息素养只对信息技术专业的学生重要。(　　)

3. 信息意识强的人能够更快地适应信息社会的变化。(　　)

4. 信息安全只与计算机专家有关,与普通用户无关。(　　)

5. 信息道德要求我们在获取和使用信息时遵守法律法规和社会规范。(　　)

任务 7.2 国产操作系统应用体验

7.2.1 任务知识点

- 国产操作系统的发展。
- 国产操作系统的应用。
- 国产操作系统的技术创新与生态构建。

7.2.2 任务描述

(1) 在虚拟机环境下安装麒麟操作系统桌面板。
(2) 对系统进行升级更新。
(3) 进行系统个性化设置。

7.2.3 知识与技能

1. 国产操作系统的发展

在全球科技领域,操作系统作为信息技术的核心组成部分,一直是各国科技竞争的重要领域。近年来,随着国际政治经济环境的变化,以及全球科技产业的快速发展,中国面临着核心技术受制于人的风险。为了摆脱这一困境,中国政府出台了一系列政策,旨在推动国内科技产业的自主创新,其中就包括操作系统这一关键领域。

在 PC 操作系统市场,长期以来一直由 Windows 和 macOS 两大系统占据主导地位。然而,随着国产操作系统的不断发展和完善,这一格局正在悄然发生变化。目前,国产操作系统主要基于 Linux 开源平台,通过自主研发和创新,逐步形成了具有自主知识产权的操作系统产品。这些产品不仅在性能上逐渐逼近甚至超越了一些国际主流操作系统,还在安全性、稳定性、易用性等方面取得了显著进步。

国产操作系统在服务器、桌面、专业设备等多个领域均有布局。在服务器领域,国产操作系统已经能够支持大规模集群、高性能计算等复杂应用场景;在桌面领域,国产操作系统不断优化用户体验,提升软件兼容性,吸引了大量用户;在专业设备领域,国产操作系统则根据特定需求进行定制化开发,满足了不同行业的需求。

2. 国产操作系统的应用

1)银河麒麟操作系统

银河麒麟操作系统是中国自主研发的 Linux 发行版之一,广泛应用于政府、军队、金融、能源等领域。其应用体验主要体现在以下几个方面。

(1)功耗管理:银河麒麟操作系统在硬件功耗管理方面表现出色。通过动态调整 CPU

267

频率、优化内存使用等方式,有效降低了系统的整体功耗。同时,该系统还提供了丰富的节能设置,用户可以根据自己的需求进行个性化调整,进一步提升计算机的续航能力。

(2)系统性能:银河麒麟操作系统在保持系统稳定性的同时,不断优化系统性能。通过优化内核、提升文件系统性能、加强内存管理等方式,提高了系统的运行速度和响应能力。此外,该系统还支持多种硬件平台,能够灵活适应不同的应用场景。

(3)兼容性:银河麒麟操作系统在软件兼容性方面也取得了显著进步。该系统能够兼容大量 Windows 和 Linux 应用,满足了用户在不同场景下的需求。同时,银河麒麟还积极与国内外软件开发商合作,推动更多优秀软件在平台上运行。

2)统信 UOS 操作系统

统信 UOS 是中国自主研发的桌面操作系统之一,旨在为用户提供更加流畅、易用、安全的操作体验。其应用体验主要体现在以下几个方面。

(1)兼容性:统信 UOS 操作系统能够兼容大量 Windows 和 Android 应用,包括 QQ、微信、RTX 等常用办公软件以及迅雷、美图秀秀等娱乐工具。这为用户提供了极大的便利,降低了迁移成本。

(2)应用生态:统信 UOS 自带应用商店,包含了大量日常使用、学习办公等程序。这些程序不仅涵盖了用户日常所需的各种功能,还提供了丰富的选择和个性化的定制服务。此外,统信 UOS 还积极与国内外开发者合作,推动更多优秀应用入驻平台。

(3)用户体验:统信 UOS 操作系统界面友好、易于上手。该系统采用了类似 Windows 的"开始"菜单和图标布局,使用户能够快速适应并上手使用。同时,统信 UOS 还提供了丰富的个性化设置选项,允许用户根据自己的喜好进行定制。

(4)安全性:统信 UOS 操作系统在安全性方面也表现出色。该系统采用了多重安全防护机制,包括系统级安全防护、应用级安全防护以及数据加密等。这些措施有效保障了用户数据的安全性和隐私性。

3)深度 Linux 操作系统

深度 Linux 是中国自主研发的 Linux 发行版之一,以其美观易用的界面和丰富的软件生态而闻名。其应用体验主要体现在以下几个方面。

(1)美观易用:深度 Linux 注重用户界面的美观和易用性。该系统采用了现代化的设计风格,提供了丰富的主题和壁纸供用户选择。同时,深度 Linux 还优化了桌面布局和图标设计,使用户能够更加方便地找到并使用所需的功能。

(2)软件生态:深度 Linux 自带应用商店,包含了大量常用软件和游戏。这些软件不仅涵盖了用户日常所需的各种功能,还提供了丰富的选择和个性化的定制服务。此外,深度 Linux 还积极与国内外开发者合作,推动更多优秀应用入驻平台。

(3)性能优化:深度 Linux 不断优化系统性能,提升运行速度和稳定性。通过优化内核、提升文件系统性能、加强内存管理等方式,提高了系统的整体性能。此外,深度 Linux 还支持多种硬件平台,能够灵活适应不同的应用场景。

(4)用户社区:深度 Linux 拥有庞大的用户社区和开发者群体。这些用户和开发者积极分享使用心得、提出改进建议并参与系统的开发和维护。这使深度 Linux 能够不断迭代更新,保持与时俱进的发展态势。

3. 国产操作系统的技术创新与生态构建

国产操作系统在技术创新方面取得了显著进展。为了提升系统的性能和用户体验,国产操作系统不断引入新技术,如人工智能、大数据、云计算等。这些技术的应用不仅提高了系统的智能化水平,还使系统能够更好地适应不同场景下的需求。例如,通过人工智能技术,国产操作系统可以实现更加智能的任务调度和资源分配,提高系统的运行效率和稳定性。同时,大数据技术的应用也使得系统能够更好地分析用户行为,为用户提供更加个性化的服务。

在硬件兼容性方面,国产操作系统也取得了重要突破。随着国产硬件的快速发展,国产操作系统积极与硬件厂商合作,优化系统对国产硬件的支持。这不仅提高了系统的稳定性和性能,还降低了用户的迁移成本,使更多用户愿意选择国产操作系统。

生态构建是国产操作系统发展的重要方向之一。为了打造更加完善的生态系统,国产操作系统积极与国内外软件开发商合作,推动更多优秀软件在平台上运行。同时,国产操作系统还鼓励和支持开发者开发更多适用于该平台的优质应用,丰富平台的应用生态。

在生态建设方面,国产操作系统还注重与开源社区的合作。通过参与开源社区的建设和贡献代码,国产操作系统不仅提升了自身的技术水平,还获得了更多开发者的支持和认可。这有助于加速国产操作系统的生态构建进程,提高其在市场上的竞争力。

此外,国产操作系统还积极构建跨平台兼容体系,实现与 Windows、macOS 等主流操作系统的兼容。这为用户提供了更多的选择和便利,降低了迁移成本,同时也促进了国产操作系统在市场上的推广和应用。

7.2.4　任务实现

第一步:准备环境。

Windows 10、VMware-workstation-full-16.1.2。

第二步:安装麒麟操作系统。

下载麒麟操作系统 V10 SP1 桌面版镜像,可以通过麒麟软件官网申请试用。

(1) 访问麒麟软件官网地址(https://www.kylinos.cn/)。

(2) 在官网首页选择"服务支持"→"产品试用申请"。

首先填写申请必要信息,如图 7-1 所示。

(3) 提交试用申请后,根据你的主机 CPU 类型来选择相应的系统镜像,如图 7-2 所示,这样下载的是经过针对该类型 CPU 硬件适配过的系统,会更加稳定。因此需要用户了解自己的硬件环境,比如 Intel、AMD、龙芯、兆芯、飞腾、海光等类型。

因为当前所用的主机 CPU 为 Intel 系列,所以本次我们下载的是 Intel 版,下载镜像文件为 Kylin-Desktop-V10-SP1-HWE-Release-2303-X86_64.ISO。

第三步:安装虚拟机环境。

(1) 选用版本 VMware-workstation-full-16.1.2。

(2) 可以通过 https://www.vmware.com/下载适用版本。

图 7-1　用户提交试用申请

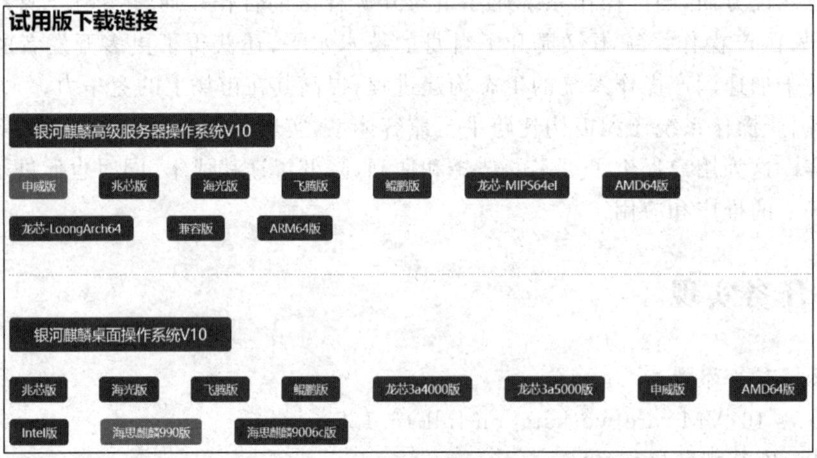

图 7-2　用户下载版本选择

第四步：安装麒麟操作系统桌面版。

在开始安装麒麟操作系统桌面版之前，需要先做好一些准备工作，以确保虚拟机的顺利创建和操作系统的顺利安装。首先，选择一个合适的硬盘驱动器根目录，这个根目录应有足够的空间来存放虚拟机文件，建议选择系统盘以外的其他盘符，以避免对系统盘造成过大压力。在选定的根目录下创建一个名为 VMware-workstation 的目录，此目录将作为虚拟机文件的主存储位置。接着，在 VMware-workstation 目录下再创建一个名为 Kylin Desktop v10 sp1 的子目录，专门用于存放即将新建的麒麟操作系统的虚拟机文件，这样可以保持文件的有序性且易于管理。

准备工作完成后，打开 VMware Workstation 软件。在软件的主界面中单击"创建新的虚拟机"按钮，如图 7-3 所示，这将启动新建虚拟机向导。在向导的初始界面中，有多种安装配置选项可供选择，为了简化安装过程并确保大多数用户都能顺利完成虚拟机的创建，建议选择"典型"安装配置，如图 7-4 所示。选择"典型"配置后，向导将引导用户逐步完成虚拟机的创建,包括设置虚拟机的名称、选择操作系统类型、分配虚拟内存和硬盘空间等关键步骤。按照向导的提示,依次输入相关信息并进行相应设置,即可顺利完成虚拟机的创建。

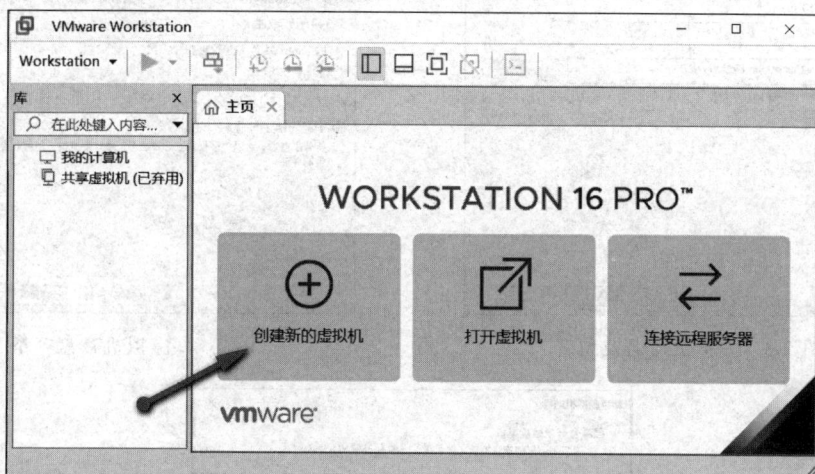

图 7-3 创建虚拟机

选择稍后安装操作系统。在客户机操作系统类别窗口中要选择 Linux,版本为 Ubuntu 64 位。因为麒麟系统属于 Linux 类,所以要找一个大致相近的版本类别,如图 7-5 所示。

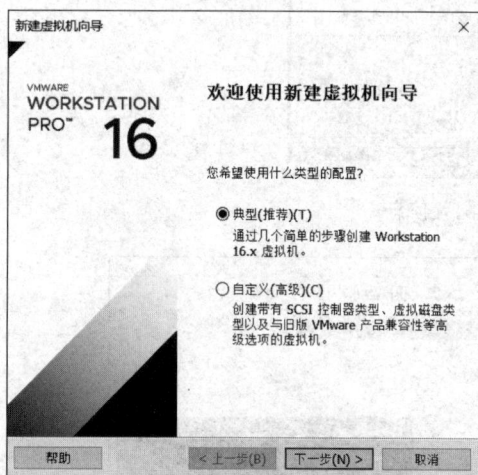

图 7-4 典型配置

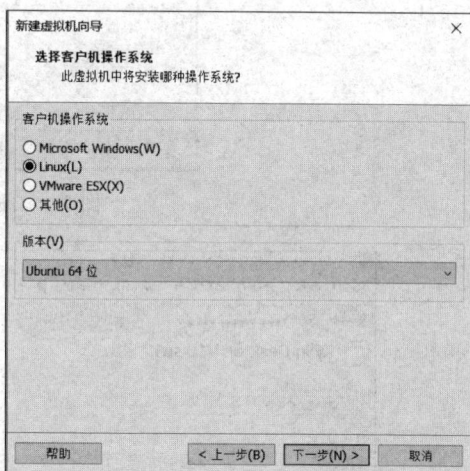

图 7-5 客户机操作系统类别

将虚拟机名称命名为 Kylin Desktop V10 sp1,如图 7-6 所示,位置设置在之前创建的目录。单击"下一步"按钮,设置磁盘容量。因为要开启系统备份恢复等功能,所以磁盘容量建议设置为 50GB,其他选项为默认值,如图 7-7 所示。

下一步显示该虚拟机的配置信息,如图 7-8 所示。

安装完成后如图 7-9 所示。

编辑虚拟机设置,在 CD/DVD 选项中设置要使用的 ISO 映像文件,如图 7-10 所示。

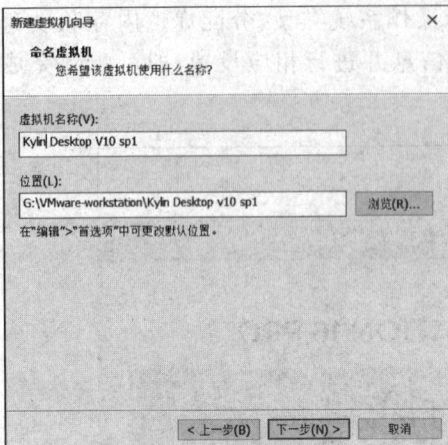

图 7-6 虚拟机命名及位置

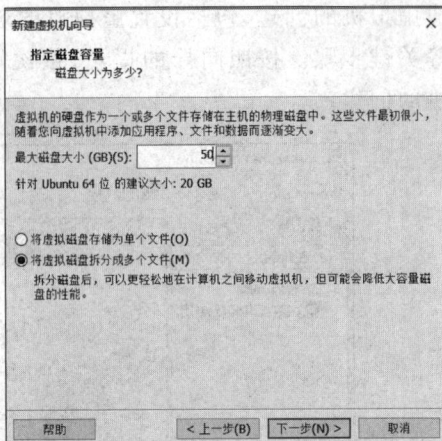

图 7-7 虚拟机磁盘容量

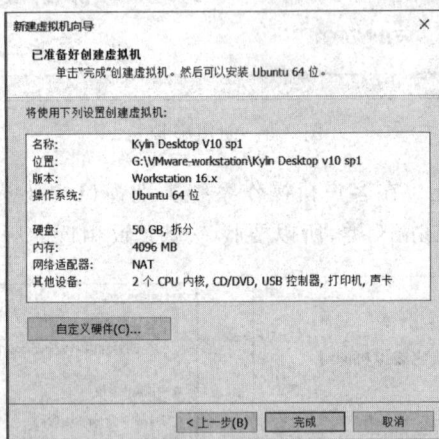

图 7-8 虚拟机配置信息

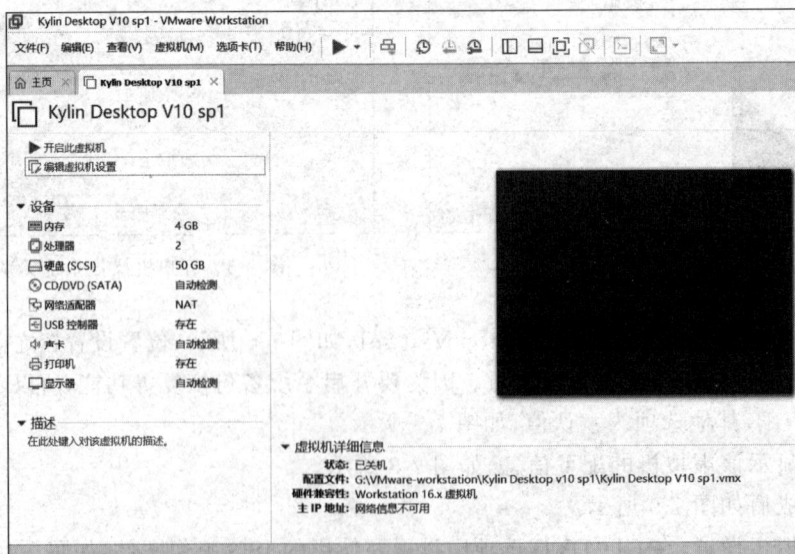

图 7-9 虚拟机安装完成

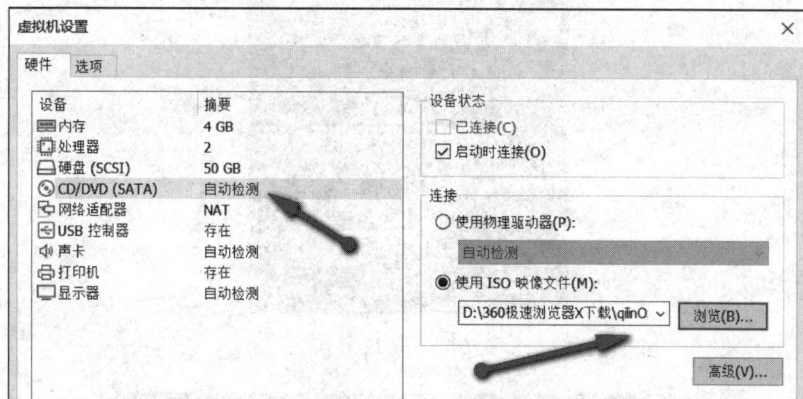

图 7-10 虚拟机设置

设置完成后，就可以开启此虚拟机。

第五步：安装麒麟操作系统 V10 SP1 桌面版。

具体安装步骤如下。

（1）在虚拟机的启动过程中，在启动菜单中选择"安装银河麒麟操作系统"，如图 7-11 所示。进入语言选择界面，选择"中文（简体）"，如图 7-12 所示。

图 7-11 安装启动菜单

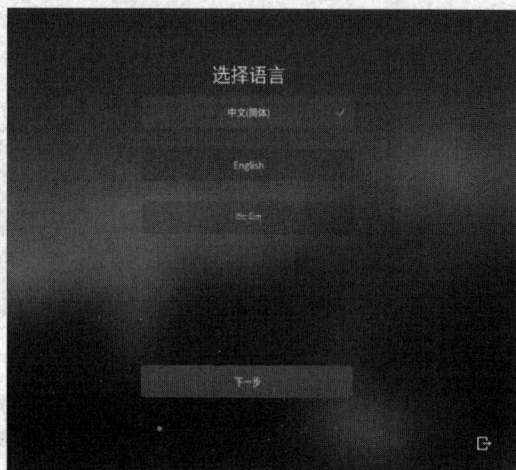

图 7-12 选择语言类型

（2）在许可协议界面勾选"我已经阅读并同意协议条款"选项，如图 7-13 所示。单击"下一步"，继续安装。在时区选择界面选择"北京时区"。

（3）选择"从 Live 安装"，如图 7-14 所示。在安装方式选择界面中选择"自定义安装"，如图 7-15 所示。

如果要新建分区，单击右侧的"+"按钮；要删除分区，单击"−"按钮。

首先创建两个主分区，一个挂载点是"/boot"，大小设置为 1500MB；另一个挂载点是"/"，最小不能小于 15GB。"新建分区"位置默认为"剩余空间头部"开始文件系统，用于 ext4，挂载点为"/boot"和"/"，如图 7-16 所示。

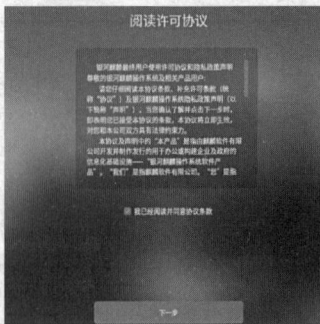

图 7-13　协议条款

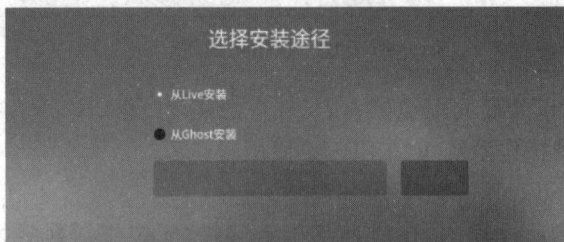

图 7-14　安装途径

图 7-15　安装方式

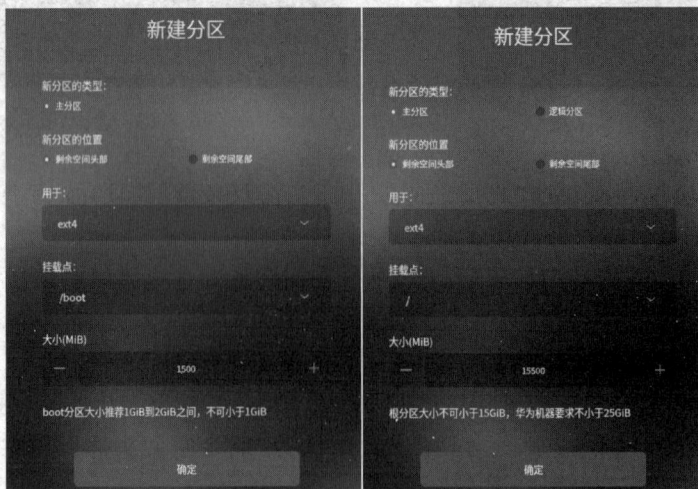

图 7-16　新建 boot 分区和根分区

　　新建逻辑分区。先创建 backup 分区,"新分区的位置"默认为"剩余空间尾部"开始位置,新件系统仍然选择 ext4,挂载点为"/backup",大小同样是 15GB 以上。

　　再新建交换分区 swap,该分区的大小一般为实际内存大小的 2 倍,因为虚拟机设置的内存大小为 2GB,因此,这里应该设置为 4096MB,也就是 4GB。"用于"选项选择 linux-swap,新分区的位置保持默认值,如图 7-17 所示。

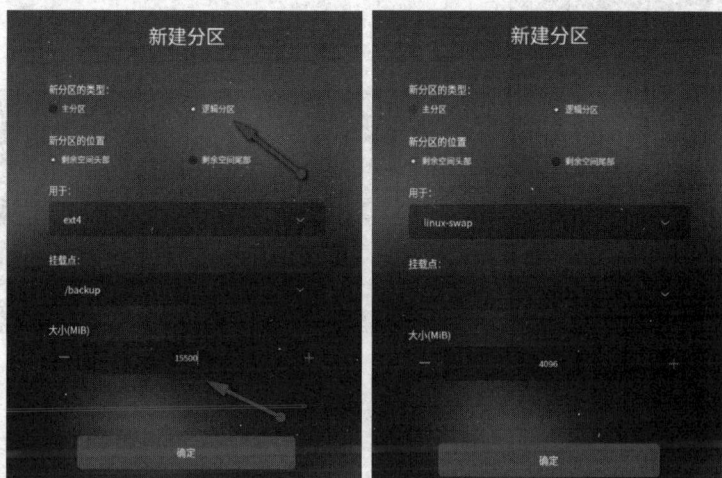

图 7-17　新建 backup 分区和 swap 分区

　　接下来新建 data 分区。"新分区的位置"默认为"剩余空间尾部"开始位置,文件系统仍然选择 ext4,挂载点为"/data",如图 7-18 所示。

　　以上创建完成后,显示所有分区信息,如图 7-19 所示。

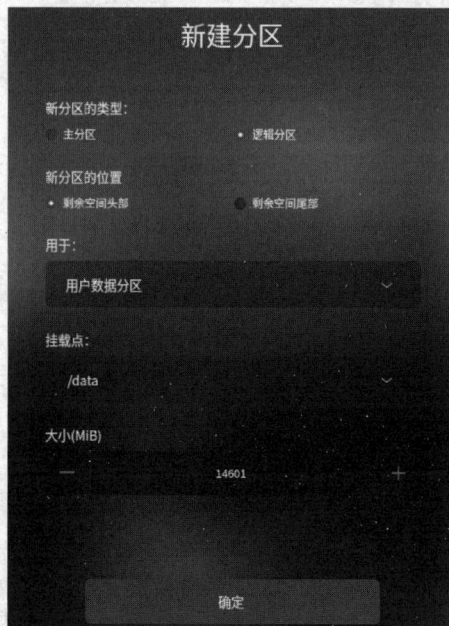

图 7-18　新建 data 分区

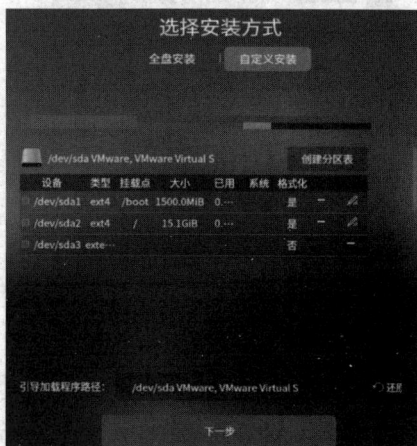

图 7-19　新建 backup 分区

(4)单击"下一步"按钮,确认自定义安装,如图 7-20 所示。接下来要创建账户,如图 7-21 所示。

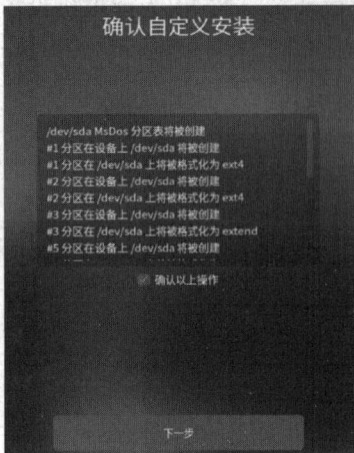

图 7-20　确认安装

图 7-21　创建账户

选择"立即创建"后,进入"创建用户"界面,输入"用户名"和"密码",密码设置规则为不少于 8 个字符,要包含两类不同字符,如图 7-22 所示。

(5)单击"下一步"按钮后,选择要安装的应用,如图 7-23 所示,安装系统将把选择的相关应用也一并安装到系统中。

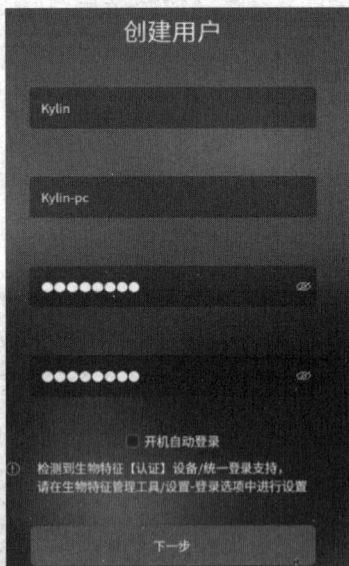

图 7-22　输入用户名和密码

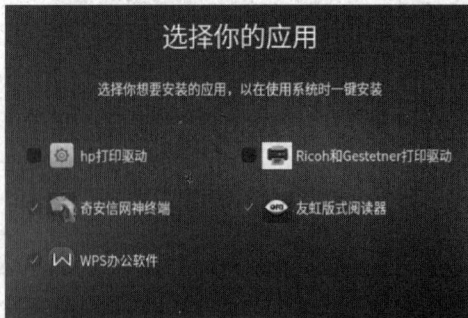

图 7-23　选择应用

下一步将进入自动安装过程,等待安装完成,如图 7-24 所示。

(6)重新启动系统,后进入菜单选择,默认选项为第一个菜单,等待几秒后,系统开始启动,进入登录界面,输入安装之前新建的用户名和密码,如图 7-25 所示。

登录完成后,进入系统桌面主界面,如图 7-26 所示。

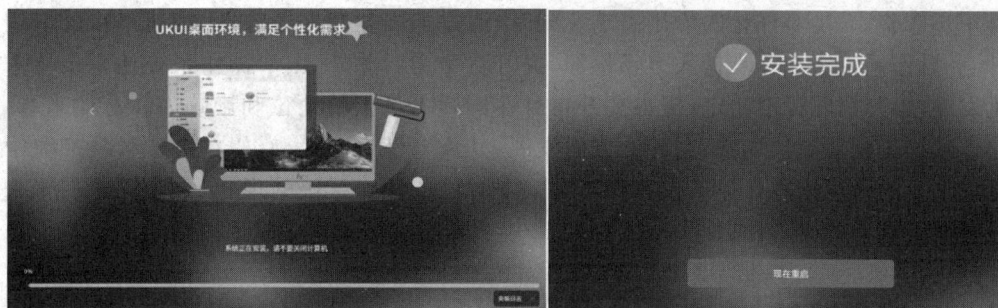

图 7-24　安装并完成

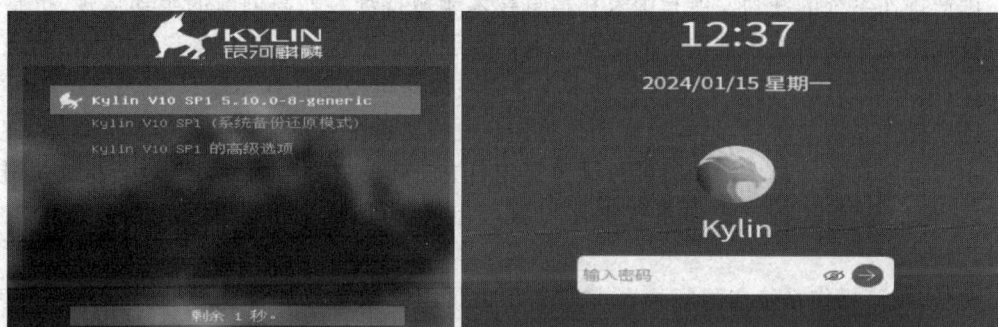

图 7-25　登录

图 7-26　系统主界面

7.2.5　任务小结

　　本任务深入探讨了国产操作系统的全面情况,从发展历程到当前市场现状,再到技术创新与生态构建,都进行了详尽的分析。国产操作系统在技术创新方面取得了显著成果,不断提升用户体验,满足多样化的应用需求。同时,通过加强软硬件兼容性,构建丰富的应用生态,国产操作系统正在逐步扩大市场份额,提升竞争力。此外,国产操作系统还积极寻求国际化发展,参与国际标准制定,努力提升自身在国际市场上的地位和影响力。总体来看,国产操作系统正朝着更加成熟、完善的方向发展,其未来潜力巨大,有望在全球科技产业中发挥更加重要的作用。本任务不仅有助于深入了解国产操作系统的现状,也为同学们未来的发展提供了有益的参考和启示。

7.2.6 职场赋能

国产操作系统的蓬勃发展是国家在信息技术领域持续耕耘与创新的生动体现,也是国家科技战略与市场需求紧密结合的结晶。这一领域的显著进步不仅丰富了全球操作系统的多样性,更为国内用户带来了更为契合本土需求且安全可控的计算环境。

国产操作系统的崛起,是国家推动科技创新及构建自主可控信息技术体系的具体实践。它展示了国家在关键技术领域突破封锁及实现自立自强的决心与能力。通过不断优化用户体验,强化生态建设,国产操作系统正逐步赢得市场认可,成为推动数字经济发展的重要力量。

此外,国产操作系统在国际舞台上的亮相也是国家软实力和科技影响力提升的体现。它们不仅承载着技术创新与文化自信,还促进了国际的技术交流与合作,为构建开放包容的科技生态贡献了力量。国产操作系统的蓬勃发展,是国家在信息技术领域持续进步与创新的缩影,体现了国家对于科技自立自强、创新驱动发展的高度重视与坚定实践。

7.2.7 习题小测

一、单选题

1. 国产操作系统通常基于( )内核开发。

    A. Windows 内核   B. macOS 内核

    C. Linux 内核   D. Android 内核

2. ( )不是国产操作系统的特点。

    A. 高度安全性   B. 良好的用户体验

    C. 仅支持中文界面   D. 兼容性强

3. 在国产操作系统中,( )应用商店提供了大量的国产软件。

    A. Google Play   B. Apple AppStore

    C. 麒麟应用商店   D. Microsoft Store

4. 国产操作系统在安全性方面通常采用( )措施。

    A. 仅依靠用户自行安装杀毒软件   B. 内置安全机制和定期更新补丁

    C. 完全不需要安全措施   D. 依赖外部硬件防火墙

5. 国产操作系统在政府和企业中推广使用的主要目的是( )。

    A. 降低成本   B. 提高效率

    C. 保障信息安全   D. 增加娱乐功能

二、判断题

1. 国产操作系统通常提供对国产硬件的更好支持。（　　）

2. 国产操作系统不能运行任何国外软件。（　　）

3. 国产操作系统的用户界面通常与 Windows 操作系统完全不同。（　　）

4. 国产操作系统的主要用户群体是政府机构和大型企业。（　　）

5. 国产操作系统的发展完全是为了替代国外操作系统。（　　）

项目 7　信息素养与社会责任电子活页

参 考 文 献

[1] 孙勤红,沈凤仙,刘满兰.大学计算机基础与计算思维[M].北京:人民邮电出版社,2023.

[2] 吴亚坤,王大勇.大学计算机基础教程(Windows 10+Office 2019)[M].北京:清华大学出版社,2024.

[3] 李继平.计算机应用基础模块化教程[M].广州:中山大学出版社,2024.

[4] 余明辉,汤双霞,谢海燕,等.信息技术与人工智能基础[M].北京:人民邮电出版社,2023.

[5] 徐云龙,苏梦.信息技术基础[M].苏州:苏州大学出版社,2023.

[6] 张磊,袁辉.新一代信息技术[M].西安:西安电子科技大学出版社,2021.

[7] 樊重俊.人工智能基础与应用[M].北京:清华大学出版社,2020.

[8] 汪楠,成鹰.信息检索技术[M].北京:清华大学出版社,2020.

[9] 华为区块链技术开发团队.区块链技术及应用[M].北京:清华大学出版社,2021.

[10] 游林,曹成堂.区块链技术教程[M].西安:西安电子科技大学出版社,2022.

[11] 李建辉,易朝刚,刘满兰.区块链技术原理与应用[M].西安:西安电子科技大学出版社,2023.

[12] 王良明.云计算通俗讲义[M].北京:电子工业出版社,2022.

[13] 王晓卓.麒麟操作系统应用活页式教程[M].北京:电子工业出版社,2024.